全国建设行业中等职业教育推荐教材

房屋设备管理与维护

（物业管理专业适用）

主　编　何增虎

副主编　许志平

主　审　吕　广

U0214051

中国建筑工业出版社

图书在版编目(CIP)数据

房屋设备管理与维护/何增虎主编. —北京:中国建筑工业
出版社,2004
全国建设行业中等职业教育推荐教材.物业管理专业适用
ISBN 978-7-112-06834-0

Ⅰ.房… Ⅱ.何… Ⅲ.①房屋建筑设备—管理—专业学
校—教材②房屋建筑设备—维护—专业学校—教材 Ⅳ.TU8

中国版本图书馆 CIP 数据核字(2004)第 102168 号

全国建设行业中等职业教育推荐教材
房屋设备管理与维护
(物业管理专业适用)

主　编　何增虎
副主编　许志平
主　审　吕　广

*

中国建筑工业出版社出版、发行(北京西郊百万庄)

各地新华书店、建筑书店经销

北京密东印刷有限公司印刷

*

开本:787×1092 毫米　1/16　印张:14¼　字数:344 千字
2005 年 2 月第一版　　2011 年 8 月第二次印刷
定价:25.00 元
ISBN 978-7-112-06834-0
(20948)

本书是物业管理专业的一门主干课程，重点研究房屋设备的运行和维护对整个建筑在使用功能上的完整性、舒适性和方便性，是研究如何合理地确定各种设备的维护、维修方法的一门综合性、实践性较强的应用型课程。本书主要内容包括：流体力学与热工学基础知识、建筑给水系统、建筑排水系统、消防系统、供暖系统、空调系统的组成及其维护维修、电梯的维护保养、操作规程及常见故障的排除方法。

　　本书可作为物业管理专业及给排水、暖通等相关专业师生的教材，也可供物业管理人员及相关工程技术人员参考使用，本书对物业管理教学和物业设备管理具有很大的适用价值。

＊　　　＊　　　＊

　　责任编辑：张　　晶
　　责任设计：孙　　梅
　　责任校对：刘　梅　王　莉

教材编审委员会名单（按姓氏笔画为序）

王立霞　甘太仕　叶庶骏　刘　胜　刘　力　刘景辉

汤　斌　苏铁岳　吴　泽　吴　刚　何汉强　邵怀宇

张怡朋　张　鸣　张翠菊　邹　蓉　范文昭　周建华

袁建新　游建宁　黄晨光　温小明　彭后生

出 版 说 明

　　物业管理业在我国被誉为"朝阳行业"，方兴未艾，发展迅猛。行业中的管理理念、管理方法、管理规范、管理条例、管理技术随着社会经济的发展不断更新。另一方面，近年来我国中等职业教育的教育环境正在发生深刻的变化。客观上要求有符合目前行业发展变化情况、应用性强、有鲜明职业教育特色的专业教材与之相适应。

　　受建设部委托，第三、第四届建筑与房地产经济专业指导委员会在深入调研的基础上，对中职学校物业管理专业教育标准和培养方案进行了整体改革，系统提出了中职教育物业管理专业的课程体系，进行了课程大纲的审定，组织编写了本系列教材。

　　本系列教材以目前我国经济较发达地区的物业管理模式为基础，以目前物业管理业的最新条例、最新规范、最新技术为依据，以努力贴近行业实际，突出教学内容的应用性、实践性和针对性为原则进行编写。本系列教材既可作为中职学校物业管理专业的教材，也可供物业管理基层管理人员自学使用。

建设部中等职业学校

建筑与房地产经济管理专业指导委员会

2004 年 7 月

前　　言

　　近年来，在我国社会经济和建筑业持续、稳定、高速发展的带动下，我国的各类商用建筑物和民用住宅也得到了很快的发展。为了发挥建筑物应有的功能，现代化的建筑物必须设置相应水平的设备、设施与之配套，而对物业设备、设施的维护与管理就提升到了一个很重要的地位。随着房地产体制改革的不断深化，物业管理行业应运而生，已经形成了一个很大的职业群体，吸引了大批的管理和工程技术人员。

　　本书是物业管理专业的一门主干课程，重点研究房屋设备的运行和维护对整个建筑在使用功能上的完整性、舒适性和方便性，主要介绍了流体力学与热工学基础知识、建筑给水系统、建筑排水系统、消防系统、供暖系统、空调系统的组成及其维护维修、电梯的维护保养、操作规程及常见故障的排除方法。

　　本书适用性强，可操作性好，适合物业管理专业及给排水、暖通等相关专业用于教学，也可供有关专业的管理和工程技术人员参考使用。

　　本书所用计算例题、图、表、文字资料，部分引自参考文献，对被引用了有关资料的原作者，在此表示衷心感谢。

　　本书由河北城乡建设学校何增虎主编，并编写第八章至第十章，许志平为副主编，并编写了第一章至第七章。

　　本书由河北建筑工程学院吕广教授审阅，他对本书提出了宝贵意见，在此表示感谢。

　　由于编者水平所限，缺点错误在所难免，恳请读者批评指正。

目　录

绪　　论

《房屋设备管理与维护》是中等专业学校物业管理专业的一门主干课程。本课程重点研究房屋设备的运行和维护对整个建筑在使用功能上的完整性、舒适性和方便性，是研究如何合理地确定各种设备的维护、维修方法的一门综合性、实践性较强的应用型课程。

课程主要介绍：流体力学及热工学基础知识、建筑给水系统、建筑排水系统、小区给排水及建筑中水工程、建筑消防系统、供暖系统、空调系统，机电设备基础知识和电梯的维护保养、操作规程及常见故障的排除方法，以及相关设备的维护与日常管理等知识。

一、课程的主要内容

1. 建筑设备工程的基本知识

在本课程中，无论是建筑给排水、供暖工程、通风与空调工程，涉及的常用介质有：冷水、热水、空气、蒸汽等，都是流体。作为一种基本的物质形态，流体有一些重要的基本特性，学习和掌握这些基本特性，是学习建筑设备相关知识的基础。

在供暖工程中，供暖的原理、散热器的选择、设备的维护、管理等知识都要用到传热学的知识。因此，传热学的基础知识也是本课程基础知识中不可缺少的重要组成部分。

2. 建筑及小区给排水

主要介绍建筑给排水、小区给排水、小区中水等几个方面的内容。主要包括：建筑给排水系统的基本形式、基本组成、施工方法及要求、给排水设备及管材；小区给排水的基本形式、组成以及小区中水工程的实施方法，以及对我国现阶段的水资源现状的意义等内容。

3. 建筑消防

建筑消防的相关知识，直接关系到建筑物的安危，对于一个合格物业管理人员来说，充分掌握相关知识，是非常重要的。

本部分主要介绍普通建筑和一些特种建筑消防系统的组成、形式、工作原理以及一些特殊的管理维护方法。常见的消防设备和器材的特性、基本构造、适用场合和使用方法。建筑消防管理的基本知识和国家规范对建筑消防的一些规定。

4. 供暖工程

供暖工程主要是北方寒冷地区为了冬季取暖的要求而设的供热系统。这部分内容主要学习供暖的基本概念、供暖系统的工作原理、组成、主要设备、系统的启动、运行管理和维护、常见的故障及排除；常见锅炉的类型、基本构造、工作过程、特性以及锅炉房设备的组成等。

5. 空调设备

通风与空调工程，主要是为了达到人体的舒适性要求或生产工艺要求而对空气进行处理并输送到特定地点的工程系统。在民用建筑中，冬天送暖风、夏天送冷风都是由通风空调系统来完成的。另外根据环境保护的要求，一些排出大量的污染环境的有害气体的生产过程，必须经过无害化处理后才允许排放。在一些生产精密仪器的车间，以及一些使用精密仪器的实验室中，对空气的温度、湿度、清洁度等都提出了较高的要求，这些都是由通风空调系统来完成的。

对通风空调系统，主要介绍空气调节的任务和作用、空调制冷的基本原理，常见空调系统的设备、操作和运行管理、日常维护、常见的故障及处理方法。

6. 电梯设备

对于高层建筑和一些公共建筑来说，电梯是人员出入建筑物必不可少的设备。随着我国经济的不断发展，电梯的使用越来越普及，极大地方便了人们的生活。在电梯的使用过程中，如果使用、维护不当，可能会危及电梯使用者的人身安全。

本部分主要介绍电梯的基本知识，电梯的种类、型号、性能、基本组成，电梯的安全使用管理、日常检查、维护、保养和电梯的安全操作规程，以及电梯使用过程中常见的故障和排除方法。

二、我国建筑设备的发展概况

近些年来，我国经济持续高速发展，人民生活水平迅速提高，逐步由"温饱"向"小康"生活过渡，工业也稳步发展，尤其是一些沿海发达城市，已经达到中等发达国家水平。人们在日常生产、生活中，对供水、供暖、供电、供气、消防、空调以及电梯等建筑设备的要求和标准迅速提高，甚至一些智能信息电子装置也开始进入千家万户，为了适应社会和市场的要求，各种各样美观、适用、多功能的新型设备不断涌现，如：高效节能换热器、大型中央空调系统的开发和推广使用、节水型卫生设备的开发等。这些新的设备、产品和技术正在不断提高建筑物的功能和舒适程度，提高人们的生活质量。建筑设备发展势头十分迅猛，产品更新日新月异，这些都要求作为建筑的设计、建造和管理者，一定要紧跟技术进步的步伐，不断努力提高自己的专业知识，不断学习新涌现出来的新设备、新技术，否则就面临着被市场、被技术淘汰的命运。

三、学习目的及要求

本课程是物业管理专业的一门主要专业课，通过本课程的学习，应该掌握房屋设备原理、基础知识以及维护、维修、保养的基本技能，初步形成在物业管理工作岗位和其他相关工作岗位上解决实际问题的能力。

应掌握的基础知识有：流体力学基础知识和热工学基础知识；了解建筑给排水、消防系统及其维护方法；掌握室内供暖、空调系统及其维护方法；掌握电梯的维护、保养、操作规程。

应掌握的基本技能有：能正确运用给排水原理解决实际问题；能正确使用消火栓、消防带、水枪等；能正确运用供暖、空调系统的原理来维护保证系统正常运行，了解锅炉的运行、维护方法；正确理解电梯的工作原理、结构，了解电梯的基本操作、维护知识。

第一章 流体力学基础知识

物质的存在状态有固态、液态、气态，其中的气态和液态可以统称为流体。流体力学是用试验和理论分析的方法来研究流体平衡和运动规律及其实际应用的一门科学。

在给排水、供暖通风和空调工程中，广泛采用水、蒸汽和空气等流体作为工作媒介物质，是以流体力学作为理论基础的。所以，掌握一定的流体力学基础知识，是学习给排水、供暖通风和空调工程的前提。

第一节 流体的主要物理性质

流体的平衡和运动规律，是通过流体自身的物理性质来表现的。研究流体自身的物理性质，是研究流体力学的出发点。

在日常生活中流体是十分常见的，如：水、空气、油、牛奶等。

流体具有的一个共同特征就是流动性：没有固定的形状，盛在什么容器中，就表现出什么样的形状。这是流体区别于固体的最显著的特征。这是因为，由于流体的分子间距比固体大，分子间作用力很小，抵抗拉力和剪切力的能力很小，不能使分子间的相互位置保持固定，也就没有固定的形状。

流体可以承受较大的压力。利用这一特性，可以把水和蒸汽利用管道输送到千家万户。还有，可以利用这个性质，使压缩空气带动各种气动工具，使蒸汽推动汽轮机发电，等等。

流体的主要物理性质有：

1. 密度与重度

液体和气体与固体一样，具有质量和重量，分别用密度和重度来表示。

密度是单位体积流体的质量。即：

$$\rho = \frac{M}{v}$$

单位是：千克/立方米（kg/m³）。

重度是单位体积流体的重量（表1-1）。即：

$$\gamma = \frac{Mg}{v} = \rho g$$

单位是：牛顿/立方米（N/m³）。

几种常见的流体的重度 表1-1

流体名称	空 气	水 银	汽 油	酒 精	海 水
重度(N/m³)	11.82	133280	6674～7350	7778.3	9996～10084
测定温度(℃)	20°	0°	15°	15°	15°

工程计算中，一般取淡水的密度为 $\rho = 1000 (kg/m^3) = 1 (t/m^3)$，重度 $\gamma = 9.8 (N/m^3)$。

2. 黏滞性

流体在流动时，会显示出一种称为黏滞性的性质。这种性质可以用河水的流动来说明，如图 1-1 所示。当水在河中流动时，河中心流速最快，越靠近河岸，流速越慢，呈曲线形变化。

由于相邻水流的流速不同，产生相对运动，相邻水流间就会产生阻碍相对运动的摩擦力（称为黏滞

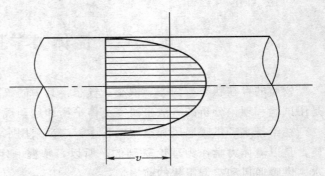

图 1-1　水流断面流速分布

力），表现出黏滞性。流体流动时必需克服黏滞力，需要消耗能量。黏滞性对流体的流动影响很大，而黏滞性与温度有关，水的黏滞性随温度的升高而减少，空气的黏滞性随温度的升高而增强，流体黏滞性的大小一般可以用黏滞性系数来表示。需要说明的是，只有当流体运动时，黏滞性才能表现出来，静止时，不显示黏滞性。

一般的流体力学中引入理想流体的模型，不考虑黏滞性。

3. 压缩性和热胀性

流体压强增大，体积减小，密度增大的性质称为流体的压缩性。

流体温度升高，体积增大，密度减小的性质称为流体的热胀性。

一般情况下液体的压缩性和热胀性很小，可以忽略不计，认为液体是不能压缩的。当在某些特殊情况下，如：热水供应系统中，必须考虑水的热胀；在研究突然关闭阀门造成的水锤时，就必须考虑水的压缩性。

气体的压缩性和热胀性都很大，压强和温度的变化都可以引起密度的较大变化。但在一般的供暖通风工程中，由于流速较低，压强和温度的变化都较小，也可以看成是不可压缩的。

这样，就可以建立"不可压缩流体模型"，简化分析计算。

4. 表面张力

液体具有表面张力，这是因为，液体与气体不同，液体具有自由表面，而且存在使自由表面收缩到最小的表面形状的力，这种力称为表面张力。表面张力的大小可以用表面张力系数来度量。表面张力系数是自由表面上单位长度上所受的拉力，单位为牛/米（N/m）。

表面张力很小，一般情况下可以不考虑它的影响，但某些现象就是由表面张力造成的，如：毛细现象。用一根细玻璃管，插入水中，由于水是玻璃的浸润液体，玻璃管中的液面会上升；插入水银中，由于水银是玻璃的不浸润液体，玻璃管中的液面会下降，见图1-2。在工程中应当充分重视毛细现象，如设置防潮层，防止地下水由于毛细现象由墙体上升，使建筑物受潮。

5. 饱和蒸汽压（汽化压强）

液体分子逸出液面向空间扩散的过程称为汽化，液体汽化为蒸汽。反过来，汽化的逆

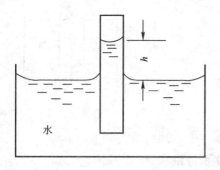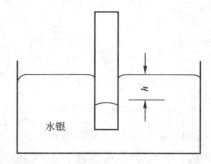

图 1-2　毛细现象

过程称为凝结，蒸汽凝结为液体。液体中，汽化与凝结同时存在，当这两个过程达到平衡时，宏观的汽化现象停止，表现为液体不再减少，此时液体的压强称为饱和蒸汽压，或汽化压强。液体的饱和蒸汽压与温度有关，水的汽化压强随温度变化情况见表1-2。

水的汽化压强　　　　　　　　表 1-2

水　温（℃）	0	5	10	15	20	25	30
汽化压强（kN/m²）	0.61	0.87	1.23	1.70	2.34	3.17	4.24
水　温（℃）	40	50	60	70	80	90	100
汽化压强（kN/m²）	7.38	12.33	19.92	31.16	47.34	70.10	101.33

第二节　液体静压强及其特征

液体处于静止状态时，液体质点间无相对运动，而处于相对静止或相对平衡状态，所以不存在切应力，但有压力和重力的作用。液体静止时产生的压力称为静压力。如：水杯中的水，对于水杯壁和底都有压力作用，这种压力就称为静水压力。

压力一般是指作用在某一面积上的总压力，而静压强是指作用在单位面积上的压力。液体静压强具有的基本特征有：

（1）静水压强指向作用面，并与作用面垂直。

（2）液体内任意一点的静压强在各个方向上是相等的。

根据静压强的特性，可以对不同形状的容器和管道中的静压强的方向作出分析和判断，见图1-3。

下面分析一下液体静压强的分布规律：

在静止的液体中取出一个竖直的小圆柱体，作为分析对象，见图1-4。已知液体与空气交界面处的压强为 p_0，圆柱体的顶面与气液交界面重合，高度为 h，端面面积为 Δw。首先对圆柱体进行受力分析：

（1）圆柱体顶面压力垂直向下，等于气体压强与顶面的乘积 $p_0 \cdot \Delta w$。

（2）圆柱体底面压力垂直向上，等于底面上的压强与底面的乘积 $p \cdot \Delta w$。

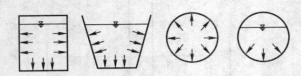

图 1-3 几种容器和管道中静压强的方向　　　　图 1-4 静止液体中的圆柱体

（3）圆柱体侧面上的压力是水平的，且对称，大小相等，故相互平衡。

（4）圆柱体的重力垂直向下，等于重度与体积的乘积 $\gamma \cdot h \cdot \Delta w$。

由于圆柱体处于静止状态，故受力是平衡的，写出沿竖直方向各力的平衡方程式：

$$p \cdot \Delta w - p_0 \cdot \Delta w - \gamma \cdot h \cdot \Delta w = 0 \tag{1-1}$$

上式各项都除以 Δw，整理后得出：

$$p = p_0 + \gamma \cdot h \tag{1-2}$$

式中　p——静止液体内某点的压强；

　　　p_0——液面压强；

　　　γ——液体重度；

　　　h——某点在液面下的深度。

压强的单位是帕斯卡，代号为 Pa，1Pa 是指 1 平方米的面积上作用 1 牛顿的力，即 $1Pa = 1N/m^2$。1000Pa 称为千帕。

式(1-2)是重力作用下的压强的分布规律，称为静压强基本方程式。有以下几点含义：

（1）静止液体中任意一点的压强等于液面压强与该点深度与重度之积的和。

（2）静止液体内的压强随深度按直线规律变化。

（3）在静止液体内，深度相同压强也相同。液体内各点压强相等的面称为等压面。等压面的特性是恒与重力正交。

（4）如果液面压强增加 Δp，则内部各点压强均增加 Δp。即处于平衡状态不可压缩液体内的任一点压强的变化，等值地传到液体内各点，这个规律称为帕斯卡定律，利用这个原理可以制作水压机、水力起重机等，见图 1-5。

现在进一步研究一下静压强的分布规律。有一个装满液体的密闭容器，在容器下面任意取一个平面 0—0 作为基准平面，此平面是各点位置高度的起点。在容器内任意取两点 A、B，高度分别为 Z_a、Z_b，在 A、B 两点分别接一根上端开口的细玻璃管（称为测压管）。容器内液体会沿玻璃管上升，上升高度分别为 h_a、h_b，则 $h_a = \dfrac{p_a}{\gamma}$，$h_b = \dfrac{p_b}{\gamma}$，见图 1-6。事实上，两个测压管的水位应该处于同一水平面上，从而可以得出静压强的基本方程式：

$$Z_a + \frac{p_a}{\gamma} = Z_b + \frac{p_b}{\gamma} = 常数 \tag{1-3}$$

$$Z + \frac{p}{\gamma} = 常数 \tag{1-4}$$

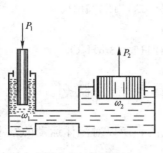

图 1-5 水压机

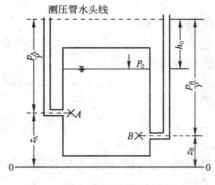

图 1-6 测压管水头

式中，Z 称为位置水头，$\dfrac{p}{\gamma}$ 称为压强水头，$Z+\dfrac{p}{\gamma}$ 称为测压管水头。这个方程表明，在静止的液体中，各点的测压管水头都相等。

压强的大小，因基准的不同，分为绝对压强和相对压强。

设想以绝对真空状态下的气体压强为零点起算，这样的压强称为绝对压强，用 p_{abs} 表示。

以当地大气压强 p_0 为零点起算的压强称为相对压强，用 p 表示。

在实际工作中，多采用相对压强来表示压强的大小，相对压强与绝对压强的关系是：

$$p = p_{abs} - p_0 \tag{1-5}$$

当绝对压强比大气压大时，相对压强是正值，称为正压，可以用压力表直接测到。当绝对压强比大气压小时，相对压强是负值，是一种真空状态，大小可以用真空度表示，可以用真空表测量。

图 1-7 表示以上几种压强的相互关系。

压强值的度量单位有以下几种：

（1）用单位面积上的压力表示，单位是 Pa 或 N/m^2。

（2）用液柱高度表示，单位是 mH_2O，mmH_2O，mmHg。

液柱高度计算公式为：

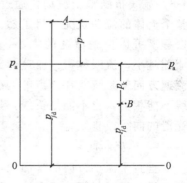

图 1-7 几种压强的关系

$$h = \frac{p}{\gamma} \tag{1-6}$$

（3）在工程技术中，常用工程气压表示。

1 工程大气压 $= 9.8 \times 10^4 Pa = 98kN/m^2 = 10 mH_2O = 736 mmHg$

1 标准大气压 $= 101325 Pa = 101.325 kN/m^2 = 10.332 mH_2O = 760 mmHg$

$1 mH_2O = 9807 Pa = 9.807 kPa$

$1 mmHg = 133.32 Pa$

【例 1-1】 有一游泳池，已知水深为 3m，大气压强为 760 mmHg，求池底的相对压强和绝对压强？

【解】 因游泳池直接敞开于大气中，故液面压强为：

$$p_0 = 760\text{mmHg} = 101325\text{Pa}$$

池底的绝对压强为：

$$P_{abs} = p_0 + \gamma \cdot h = 101325 + 9.807 \times 10^3 \times 3 = 130746\text{Pa}$$

池底相对压强为：

$$p = p_{abs} - p_0 = 130746 - 101325 = 29421\text{Pa} = 3\text{mH}_2\text{O}$$

第三节　流体运动的基本规律及相关概念

水暖和通风工程都是通过气体或液体的流动来实现的，所以对流体运动的基本规律应当充分了解。

为了研究流体运动的规律，首先需要了解几个描述流体运动的相关概念。

1. 流线和迹线

流线是同一时刻连续流体质点的流动方向线；迹线是同一质点在连续时间内的流动轨迹线。

流线是为了形象地描述流体的运动而引入的概念，在实际流体中并不存在流线，只是为了研究方便人为加上去的。对于流体，我们关心的是它的运动状况，而不是运动轨迹，研究流线可以搞清楚流体在某一固定断面或固定空间的运动状况，所以我们主要研究流线，而不是迹线。

流线可以反映流体的一些性质，见图1-8，流线布满整个流场，通过观察流线，整个流体的流动状况一目了然。流线的疏密程度可以反映流速的大小，流线越疏，流速越小，流线越密，流速越大。某点的流速方向就是流线在该点的切线方向。流线不能相交，也不能是折线，只能是一条光滑的曲线或直线。

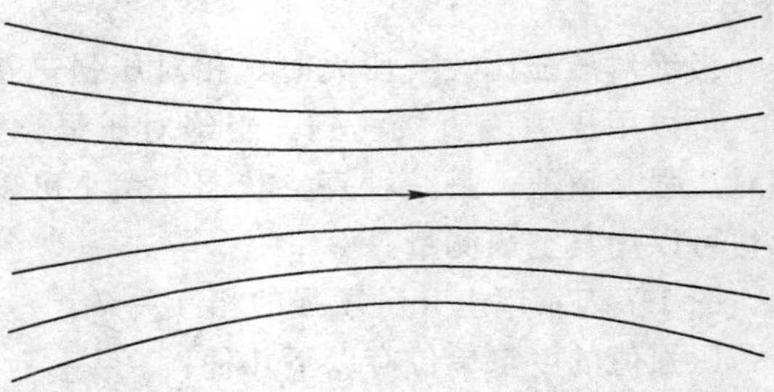

图 1-8　流线图

2. 过流断面

垂直于流动方向的平面上，取任意封闭曲线，经过封闭曲线上的全部点作流线，这些流线组成的管状曲面称为流管。流管以内的流体称为流束。垂直于流束的断面称为流束的过流断面。

3. 流量

流体流动时，单位时间内通过过流断面的流体体积称为流体的流量。一般用 Q 表示，单位是 m³/s 或 L/s。

4. 流速

单位时间内流体所移动的距离，称为流速。由于黏滞性的影响，在过流断面上各点的实际流速并不相同，但在工程上一般采用断面上流速的平均值即平均流速来分析和解决流体运动问题。

平均流速其实是一个假想流速，假设过流断面上各点的流速都相等，而按该流速计算出的流量就恰好等于实际流量，此时的流速就是平均流速。过流断面上有些点的流速比平均流速大，而有些点的流速比平均流速小。

流量、平均流速和过流断面的关系可以用下面公式表示：

$$Q = wv \qquad (1\text{-}7)$$

式中　Q——流量，m^3/s；

　　　v——平均流速，m/s；

　　　w——过流断面，m^2。

另外，根据流体的运动特点，可以对流体的运动进行分类。

根据流体流动时压力、流速等运动要素随时间是否变化来划分，流体的流动可以分为恒定流和非恒定流。

流体在流动过程中，各点的流速和压强以及黏性力、惯性力等，不随时间而变化，仅与空间位置有关，这种流动称为恒定流；反之，流体各点的流速和压强不仅与空间位置有关，而且还随时间变化，这种流动称为非恒定流。

例如水箱的小孔出流试验中，如果在出流的同时，不断向水箱充水，保持水箱水位不变，这时孔口出流的水流形状、流速和压强均不随时间变化，属于恒定流。如果不向水箱充水，在整个出流过程中，水位是不断下降的，此时水流形状、流速和压强都是随时间变化的，属于非恒定流。在工程实践中遇到的大部分流体运动的问题都可以大大简化，按恒定流处理。只有某些流体运动，如水跃、水流撞击等现象，才需要按非恒定流处理。

根据流体的流动周界与固体壁面的接触情况来划分，流体的流动又可以分为有压流和无压流。

如果沿流程整个流体的周界都与固体壁面接触，而无自由表面，这种流动称为有压流或压力流。如：自来水管道中的水流、供热管道中的水流都属于有压流，或称压力流。

压力流有三个特点：①流体充满整个管道；②不能形成自由表面；③流体对管壁有一定的压力。

液体沿流程仅部分周界与固体壁面接触，有自由表面，与大气接触，这种流动称为无压流又称重力流。如：河道中的水流，明渠中的水流等都属于无压流。

无压流有两个特点：①流体没有充满管道；②流体在管道或渠道中能够形成自由表面。

压力流和无压流的图解见图 1-9。

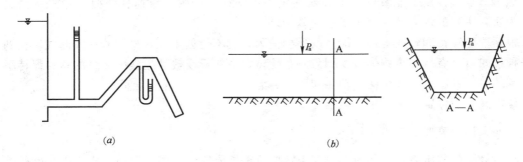

图 1-9　压力流和重力流

下面介绍两个描述流体运动规律的基本方程式。

1. 连续性方程式

这是流体力学中的一个基本方程式，是质量守恒定律在流体力学中的具体体现。流体的运动和其他物体的运动一样，都是遵守质量守恒定律的。在不可压缩连续液体的恒定流的管道上任取1—1 和 2—2 两个断面，面积分别是 ω_1，ω_2，见图 1-10，两断面的平均流速分别为 v_1，v_2，由于是不可压缩连续液体，中间无空隙。流体又是恒定流，流体各点流速一定，不随时间变化，液体

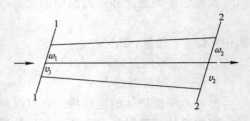

图 1-10　恒定流流段

不能横向流入或流出。根据质量守恒定律，通过断面 1—1 和 2—2 的流量是相等的，即

$$Q=v_1\omega_1=v_2\omega_2 \tag{1-8}$$

这就是恒定流连续性方程式，它表明在恒定流条件下，流体通过各断面的流量都相等。

连续性方程确定了各个过流断面的平均流速和断面面积的关系，在知道流量的情况下，已知流速可以求过流断面积，或已知过流断面积可以求流速。也可以已知某一断面的流速和断面积，求其他断面的流速或断面积。

当管道出现三通时，仍然可以使用连续性方程。

分流时，方程变为：$Q=Q_1+Q_2$

合流时，方程变为：$Q_1+Q_2=Q$

【例 1-2】　直径 d_0 为 200mm 的城市给水管道中有一段变径管，实测得管道内的流量 Q 为 10L/s，变径管段最小截面处的断面平均流速 $v=20$m/s，求给水管道的断面平均流速 v_0 和最小截面处的直径 d。

【解】

$$v_0=\frac{Q}{\pi D^2/4}=\frac{10\times10^{-3}}{3.14\times0.2^2/4}=0.32\text{m/s}$$

$$d^2=\frac{v_0 d^2}{v}=\frac{0.32\times0.2^2}{20}=0.00064\text{m}^2$$

$$d=25\text{mm}$$

2. 恒定流能量方程式（伯努利方程）

这个方程式体现了能量的守恒和转换定律，阐述了压强、流速、断面位置三者的关系，为实际工程的水力计算奠定了理论基础。

根据能量守恒和转换定律，能量既不会消灭，也不会创生，它只能从一种形式转换到另一种形式，或者从一个物体转换到另一个物体，在转换或转移过程中能量的总和保持不变。流体有三种能量，即位能、动能和压力势能。

位能又称为位置水头，用 z 表示。

动能又称为流速水头，用 $\dfrac{v^2}{2g}$ 表示。

压力势能简称压能，又称为压强水头，单位重量流体的位能、动能、压能之和就是单位重量流体的机械能，简称为单位总能量，又称总水头，用 $\dfrac{p}{\gamma}$ 表示。

理想液体恒定流能量方程式：

$$z_1 + \frac{p_1}{\gamma} + \frac{v_1^2}{2g} = z_2 + \frac{p_2}{\gamma} + \frac{v_2^2}{2g} \tag{1-9}$$

或
$$z + \frac{p}{\gamma} + \frac{v^2}{2g} = 常数$$

这个方程说明，在不可压缩恒定流中，各个过流断面上的单位重量流体的位能、压能和动能之和相等。各水流断面总能量不变，或总水头不变。充分体现了能量守恒的原理。

对于实际流体，与理想流体不同的是，要考虑液体黏滞性的影响。实际流体在流动过程中一定会克服摩擦阻力而消耗能量。沿流动方向，流体的机械能是逐步减少的。如果两个过流断面间的平均单位能量损失为 h_w，实际流体的能量方程式变为：

$$z_1 + \frac{p_1}{\gamma} + \frac{v_1^2}{2g} = z_2^2 + \frac{p_2}{\gamma} + \frac{v_2^2}{2g} + h_w \tag{1-10}$$

与理想流体的能量方程式比较，多了一项能量损失 h_w，这个方程式是解决实际过程水力计算的基础，流体力学计算的各个重要公式，基本都可以由这个方程推演出来，具有很大实用意义。

【例 1-3】　有一个水位恒定的开口水箱，见图 1-11，通过底部一条直径 $d=100\text{mm}$ 的管道向外供水。已知水箱水位与管道出口断面中心的高差为 3.5m，管道水头损失为 $3\text{mH}_2\text{O}$，求管道出口流速和流量。

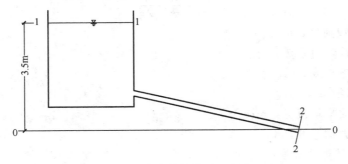

图 1-11　带出水管的开口水箱

【解】　取水箱水面为 1—1 断面，管道出口为 2—2 断面，管道出口断面中心为 0—0 断面。列出断面 1—1 和断面 2—2 的能量方程式。

$$z_1 + \frac{p_1}{\gamma} + \frac{v_1^2}{2g} = z_2 + \frac{p_2}{\gamma} + \frac{v_2^2}{2g} + h_w$$

式中 z_1 为 3.5m，z_2 为 0，p_2、p_1 为外界大气压，相对压强为 0，断面 1—1 面积远远大于断面 2—2，所以 v_1 远远小于 v_2，可以认为 $v_1=0$，代入方程式：

$$3.5 + 0 + 0 = 0 + 0 + \frac{v_2^2}{2g} + 3$$

$$\frac{v_2^2}{2g} = 0.5$$

$$v_2 = 3.13\text{m/s}$$

流量
$$\begin{aligned} Q &= v_2 \omega_2 \\ &= 3.13 \times 3.14 \times 0.1^2 / 4 \\ &= 0.0246\text{m}^3/\text{s} = 24.6\text{L/s} \end{aligned}$$

下面看一下能量损失 h_w 是如何确定的：

流体在流动过程中，由于黏滞性的存在和固体壁面对流体的阻滞作用，产生了流动阻力。流体为了克服这些阻力，要消耗能量，就形成了能量损失（或水头损失）。由实际流体的能量方程式可知，能量损失就是单位重量流体所消耗的机械能。这个方程式要想应用于实际问题，必须掌握能量损失的确定方法。工程上，确定能量损失是一项重要计算内容，一般称为水头损失计算，是水泵和风机选择的重要依据。

流体在流动过程中主要有两种阻力：一是沿程阻力，二是局部阻力。所以在流体流动过程中产生的能量损失也有两种，一是沿程损失，二是局部损失。

沿程损失产生的原因是由于流体具有黏滞性，而且管壁表面不光滑。流体在流动过程中，在流体内部和流体与管壁间，就会有摩擦力，从而使一部分能量以热能的形式散发形成能量损失。当流体在过流断面和流动方向不变的直管道中流动时，流动阻力只有沿程不变的摩擦力或切应力，称为沿程阻力；克服沿程阻力造成的能量损失，称为沿程损失。

局部损失产生的原因是，当流体流经一些管件（如三通、弯头、阀门等）时，对流体形成局部障碍，流体的流动状态发生急剧变化，出现漩涡区和速度分布的改变，形成集中阻力，称为局部阻力。克服局部阻力造成的能量损失，称为局部损失。

沿程损失的计算公式为：

$$h_l = \frac{\lambda l}{d} \cdot \frac{v^2}{2g} \tag{1-11}$$

式中　　h_l——沿程损失，mH_2O；

　　　　λ——沿程阻力系数；

　　　　l——管道长度，m；

　　　　d——管径，m；

　　　　v——断面平均流速，m/s；

　　　　g——重力加速度，m/s^2。

局部损失的计算公式为：

$$h_j = \zeta \frac{v^2}{2g} \tag{1-12}$$

式中　　h_j——局部损失，mH_2O；

　　　　ζ——局部阻力系数；

　　　　v——断面平均流速，m/s；

　　　　g——重力加速度，m/s^2。

流体在整个管路中流动的总的能量损失，等于各个管段的沿程损失和局部损失之和。

$$h_w = \Sigma h_j + \Sigma h_l$$

复 习 思 考 题

1. 静水压强的分布规律是什么？
2. 压力流和无压流有何不同？
3. 沿程损失和局部损失的产生原因有何不同？
4. 为什么要引入理想液体的概念？

第二章　热工学基础知识

第一节　热工学基础概念

在供热通风工程中，主要解决建筑物的各种关于能量传递和传热、通风等方面的问题。如：采暖工程、空调工程等，这些工程设备是建筑物正常使用中不可缺少的组成部分。为了学习空调、采暖、通风等专业知识，必须先了解一些关于热工学的基础知识，主要是下列一些基本参数：

1. 压力

（1）概念

宏观上，单位面积上所受到的垂直作用力称为压力，也称为压强。即：

$$p = \frac{P}{f}$$

式中　P——作用于容器壁的总压力，N；

　　　f——容器壁的总面积，m^2。

在充满气体的容器中，气体分子不停的做不规则热运动，这种不规则的热运动，不但使系统中分子之间不断相互碰撞，同时，气体分子也不断与容器壁碰撞，大量分子碰撞的总结果就形成了气体对容器壁的压力。气体对容器壁压力的大小，取决于单位时间内受到的分子撞击的次数，以及每次撞击力的大小。单位时间撞击的次数越多，撞击力越大，气体对容器壁的压力就越大。压力的方向总是垂直于容器壁，这种压力称为气体的绝对压力。

（2）压力单位

国际单位制规定，压力的单位是帕斯卡，用 Pa 表示，

$$1Pa = 1N/m^2$$

帕斯卡的单位较小，工程中常用"千帕"，用 kPa 表示；"兆帕"，用 MPa 表示。它们的关系为：

$$1kPa = 10^3 Pa$$

$$1MPa = 10^6 Pa$$

在工程中常用的压力单位还有："巴"、"标准大气压"、"工程大气压"、"米水柱"和"毫米汞柱"等，它们的换算关系见表 2-1。

（3）绝对压力与相对压力

工程中用气压计测量的压力，是利用的力平衡原理，实际显示的压力是与大气压的差值，这个差值称为相对压力，或表压。

大气压是由气候条件和地理位置等因素决定的，绝对压力和相对压力和当地大气压之

间的关系为：

常用压力换算单位 表 2-1

压力单位	帕斯卡 (Pa)	兆帕 (MPa)	巴 (bar)	标准大气压 (atm)	工程大气压 (at)	米水柱 (mH₂O)	毫米汞柱 (mmHg)
帕斯卡	1	10^{-6}	10^{-5}	9.86923×10^{-6}	1.01972×10^{-5}	1.01972×10^{-4}	7.50062×10^{-3}
兆　帕	10^6	1	10	9086923	10.1972	101.972	7500.62
巴	10^5	0.1	1	0.986923	1.01972	10.1972	750.062
标准大气压	101325	0.101325	1.01325	1	1.03323	10.3323	760
工程大气压	98066.5	0.0980665	0.980665	0.967841	1	10	735.559
米水柱	9806.65	9.80665×10^{-3}	9.80665×10^{-2}	9.67841×10^{-3}	10^{-1}	1	73.559
毫米汞柱	133.322	1.33322×10^{-4}	1.33322×10^{-3}	1.31579×10^{-3}	1.3595×10^{-3}	0.013595	1

正压时（表压大于当地大气压）：$P = B + P_g$

负压时（表压小于当地大气压）：$P = B - H$

式中　B——当地大气压；

　　　P_g——高于当地大气压的相对压力，表压；

　　　H——低于当地空气的相对压力，即表压。

2. 温度

我们用手接触各种各样的物体的时候，会感到有些物体热，有些物体冷，这是因为这些物体的温度不同的缘故。所谓温度是物体冷热程度的度量。其本质是物体分子热运动平均动能的大小。

物体的温度是用温度计测量出来的，常见的温度计的种类很多，有玻璃管温度计、热电阻温度计等。温度计测量温度的原理是根据热平衡原理，即当两个物体相互接触时，热的物体逐渐变冷，冷的物体逐渐变热，最后这两个物体的冷热程度达到相同，这种现象称为热平衡，温度计与被测量物体经过充分接触后，温度计与被测量物体达到热平衡，温度计所显示出来的温度就是被测量物体的温度。

温度的表示方法有两种，一种是摄氏温度，一种是热力学温度。

摄氏温度是工程中常用的一种温度的表示方法，规定在标准大气压下，以纯水开始结冰（冰点）时的温度为 0℃，以沸腾时（沸点）的温度定为 100℃。在 0 与 100 之间分为 100 等分，每分就是 1 度，用符号 t 表示，单位为℃。

热力学温度又称为绝对温度，是国际单位制规定的温标。用符号 K 表示，单位是 K。以分子热运动趋于停止的状态为温度的起点，定为 0K，相当于 −273.15℃。取水的冰点温度定为 273.15K，1K 与 1℃ 的间隔大小完全相同，绝对温度与摄氏温度的关系是：

$$T = t + 273.15$$

一般工程计算公式为：

$$T = t + 273$$

另外，西方一些国家还习惯用一种华氏温度，用符号 t 表示，单位是 ℉，它与摄氏温度的关系可以用下式换算：

$$t(℃)=\frac{5}{9(t(℉)-32)}$$

3．比容与密度

比容是指单位质量的物质所占用的体积，用符号 v 表示，单位是 m^3/kg。比容一般只用于液体和气体，比容的计算公式为：

$$v=\frac{V}{M} \quad (m^3/kg) \tag{2-1}$$

单位体积内的物质的质量称为密度，用符号 ρ 表示，单位 kg/m^3。密度的计算公式为：

$$\rho=\frac{M}{V} \quad (kg/m^3) \tag{2-2}$$

比容和密度互为倒数，这两个参数中，知道其中的任何一个，可以求出另一个。

4．热量

在热力学中的热量是指：在温差的作用下，所传递的能量。在日常生活中，温差是到处存在的，因此到处都存在热量的传递和转移现象。热量只能从温度高的物体传向温度低的物体，而不能从温度低的物体传向温度高的物体，这是自然规律。

在国际单位制中，热量的单位与能量、功的单位是一样的，都是焦耳(J)和千焦(kJ)。

另外，在米制单位中热量的单位是卡(cal)，两种单位的换算为：

$$1kcal≈4.19kJ$$

5．比热容

单位质量的物体，温度升高(或降低)1度所吸收的热量称为比热容。对于液体和固体，一般指单位质量的比热，用 c 表示，单位是 $kJ/(kg·K)$。

对于气体，有质量比热容和容积比热容之分。

6．热力学定律

(1) 热力学第一定律

又称为能量守恒和转化定律，能量既不可能被创造，也不可能无故消失，只能从一种形式转化成另一种形式，或从一个系统转移到另一个系统。

热力学第一定律主要说明，热能和机械能在转化时总量守恒，产生一定的热能，必定消耗相应量的机械能；反之，消耗一定量的机械能，也必定产生相应量的热能。如：供热工程中的热交换器中的热交换过程，热能虽然没有形式上的转换，只是从一个物体经过传热面传递到另一个物体，但转移前后的总量是守恒的。

(2) 热力学第二定律

热力学第二定律有三种说法：

1) 不可能制造一种只从一个热源取得热量，使之完全变成机械能而不引起其他变化的热机。也就是说，两个温度不同的热源，是实现热能连续转变为机械能的必要条件。

2) 热量不可能自发地从低温物体传递到高温物体。如果将热能从低温物体传递向高温物体，只能通过制冷机或热机补偿机械能后才能实现。

3) 热量不可能全部转变成机械能，只能将其中一部分转化成机械能，其余部分则从热源转移到冷源。

第二节　气　体

一、理想气体与实际气体

根据分子运动论，气体是由大量的、不停的杂乱运动分子组成的。气体的分子之间存在着吸引力，而且本身具有一定的体积，但是，分子之间的平均距离相对于分子本身来说是很大的，故分子之间的相互吸引力很小，分子本身所占的体积比气体的容积也小得多。

实际气体具有极其复杂的物理性质，很难找出分子运动的规律，为了便于分析得出较为普遍的规律，在热力学中引入理想气体的概念。

所谓理想气体是指气体分子本身不占体积，分子之间完全没有引力的气体。实际上，它是一种假想的气体，是一种抽象的热工模型。对于实际气体，当气体分子的本身的体积与整个气体的体积比较起来是微不足道的，而且气体分子的平均距离很大，分子之间的吸引力可以忽略不计时，这种气体就可以被认为是理想气体，事实上，把这样的气体当作理想气体，误差很小。

实践证明，如果气体温度不太低，压力不太高，且比容较大时，距离液化点越远，该气体就越接近理想气体。如：氧气，标准大气压下，沸点－182.5℃，在常温下氧气距离液化点很远，我们可以把常温下的氧气视为理想气体。但对于某些气体，气体温度较低，压力很高，比容较小，且距离液化点很近，就不能视为理想气体。如：锅炉中的饱和蒸汽，应视为实际气体。对于空气中的水蒸气，由于压力小，比容大，可以视为理想气体。

二、理想气体定律

1. 波义耳—马略特定律

对于一定量的气体，当温度不变的情况下，有：

$$pv = RT = 常数$$
$$PV = mRT = 常数 \tag{2-3}$$
$$P_1 V_1 = P_2 V_2 \tag{2-4}$$

对于一定量的气体，当温度不变时，压力与比容成反比。

2. 查理斯定律

对于一定量的气体，当气体的比容或体积不变时，有：

$$\frac{P}{T} = 常数 \tag{2-5}$$

$$\frac{P_1}{T_1} = \frac{P_2}{T_2}$$

$$\frac{P_1}{P_2} = \frac{T_1}{T_2}$$

当容积或比容不变时，理想气体的热力学温度与绝对压力成正比。

3. 盖·吕萨克定律

对于一定量的气体，当气体的压力不变时，气体的比容或容积与热力学温度之间的关系为：

$$\frac{v}{T} = 常数 \tag{2-6}$$

$$\frac{V}{T} = 常数 \tag{2-7}$$

$$\frac{v_1}{T_1} = \frac{v_2}{T_2} \tag{2-8}$$

$$\frac{V_1}{T_1} = \frac{V_2}{T_2} \tag{2-9}$$

当压力不变时，气体的比容或容积与热力学温度成正比。

4. 克拉伯龙方程

当气体的三个基本性能参数都发生变化时，有：

$$\frac{P_1 v_1}{T_1} = \frac{P_2 v_2}{T_2} = 常数 \tag{2-10}$$

$$\frac{P_1 V_1}{T_1} = \frac{P_2 V_2}{T_2} = 常数 \tag{2-11}$$

表明在理想气体的状态参数发生变化时，气体的压力和比容（或容积）的乘积与热力学温度的比值仍保持不变。即对于一定量的气体，如果压力和温度不同时，其比容也不同。

【例 2-1】 某容器装有 $0.6m^3$ 的空气，压缩前的绝对压力为 $3 \times 10^5 Pa$，压缩后的绝对压力为 $6 \times 10^5 Pa$，若压缩前后的空气温度保持不变，试求压缩后的空气的体积？

【解】 $V_2 = \frac{P_1 V_1}{P_2} = 3 \times 10^5 \times 0.6 / 6 \times 10^5 = 0.3m^3$

【例 2-2】 如图 2-1 假设一活塞，如果忽略活塞与汽缸的摩擦，初始状态时活塞中有 $1.5m^3$ 的空气，温度为 32℃，如果活塞后退，汽缸中的空气体积变为原来的 2 倍，在气体压力不变的情况下，此时气体的温度是多少？

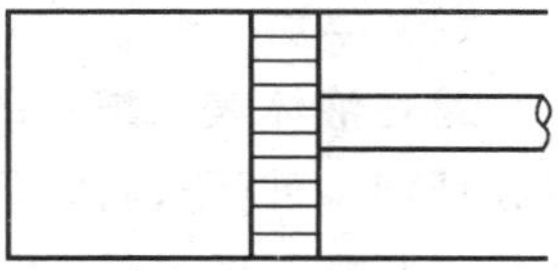

【解】 $T_2 = \frac{V_2 T_1}{V_1} = 1.5 \times 2 \times (32 + 273) / 1.5 = 610K$

即 $t_2 = 337℃$

图 2-1 活塞

三、阿佛加德罗定律

同温度、同压力下，同体积的各种气体具有相同的分子数。

如果气体的分子量为 M，Mkg 的各种气体都具有相同的分子数，根据实验，为 6.023×10^{26} 个。工程上，对于 Mkg 的气体的量称为 1mol，并占有相同的体积。在标准状态下，即温度 0℃，压力为 1 个标准大气压，其体积为 22.4L。

如果气体质量为 mkg，体积为 Vm^3，则状态方程为：

$$pV = mRT$$

由于理想气体在同温，同压下的摩尔容积是相同的，即对于所有理想气体 mR 值相等，用 R_0 表示，称为气体常数，它是一个定值：

$$R_0 = \frac{PV_M}{T} = 101235 \times 22.4 / 273.15 = 8314J/(mol \cdot K)$$

如果知道每种气体的分子量，则每一种气体的气体常数为：

$$R = \frac{R_0}{M}$$

【例 2-3】 由增压器流出的压缩空气压力 $P=0.22$MPa，温度 $t=106℃$，每小时的流量为 3000m³，求压缩空气的质量流量？

【解】 空气的气体常数：

$$R=8314/28.97=287J/(mol·K)$$

由理想气体方程：

$$v=\frac{RT}{P}=287×379/0.22×10^6=0.4944m^3/kg$$

压缩空气质量流量为：

$$Q=\frac{V}{v}=3000/0.4944=6068kg/h$$

第三节 水 蒸 气

水蒸气是采暖工程中常用的介质。它是实际气体，不是理想气体，在工作过程中常发生相态变化，性质与前面研究的理想气体有一定区别。

一、基本概念

在不同的条件下，物质有三种基本的状态，即固态、液态和气态。水可以在这三种不同状态之间转变。气态时就称为水蒸气。

1. 汽化

物质由液态变为气态的过程称为汽化，汽化有两种形式：蒸发与沸腾。

（1）蒸发

是在液体表面进行的汽化过程。实质是水分子脱离液体，飞散到自由空间去。蒸发可以在任何条件下进行，但液体温度越高，蒸发就越快。蒸发可以分为两种情况，一种是靠消耗自身能量的自然蒸发；另一种是靠外界供给能量的强制蒸发。

（2）沸腾

在一定压力下，当液体温度达到某一温度时，在液体的内部和表面同时进行的剧烈的汽化现象，称为沸腾。

沸腾可以在敞开环境中进行，也可以在封闭环境中进行，工业上多在封闭容器内进行。工业上所用的蒸汽都是以封闭容器内的沸腾方式获得的。

液体在沸腾时，虽然对它继续加热，但液体的温度仍保持不变，而且液体与蒸汽的温度相同。液体沸腾时的温度称为沸点。

2. 凝结

物质由汽态变为液态的过程称为凝结（或液化），凝结过程与汽化过程相反，要释放热量。

在一定压力下，水蒸气遇冷放热成为液体，液体的沸点也就是蒸汽的凝结温度。在凝结温度下，汽、液同时存在，若此时不断向液体供给热量，则发生沸腾，液体会转变为气体，例如水在锅炉内的汽化过程；若此时不断散发热量，则发生凝结，气体转变为液体，放出热量，如蒸汽采暖系统散热器中的蒸汽凝结放热，向房间供热。

3. 饱和状态

当液体在有限的密闭空间内汽化时，液体的汽化和蒸汽的液化是同时进行的，液化速度取决于液面上蒸汽压力的大小，蒸汽压力越大，液化得越快。当液体的汽化速度和蒸汽的液化速度相等时，如果不再改变它们的温度，则蒸汽和液体的量保持相对不变，气液两相处于动态平衡，这种处于两相平衡的状态称为饱和状态。此时液体和气体的压力相同，称为饱和压力。液体和气体的温度相同，称为饱和温度。

此时，如果对液体加热，使其温度升高，则汽化速度加快，并大于液化温度，平衡破坏，压力升高。当温度升高到某一值不再升高时，汽液两相又重新建立动态平衡，此时蒸汽压力对应于新温度下的饱和压力。水的饱和压力与饱和温度的关系见表 2-2。从表中可以看出，饱和压力随饱和温度升高而升高。

水的饱和压力和饱和温度的关系　　　　　　　　　　　　　　　　表 2-2

饱和压力(MPa)	0.005	0.05	0.1	0.2	0.3	0.4	0.5	1.0
饱和温度(℃)	32.9	81.35	99.63	120.23	133.54	143.62	151.85	179.88

二、定压下水蒸气的形成过程

生产过程所用的水蒸气都是在锅炉内定压加热产生的，下面研究一下定压下水蒸气的形成过程。

设计了一个简单的实验设备，如图 2-2 所示，将 1kg 水置于汽缸中，活塞上放置恒定的重物，使水变为蒸汽的过程保持在一定的压力下进行，此过程可以分为三个阶段。

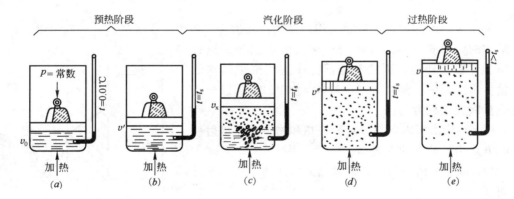

图 2-2　水蒸气定压形成过程示意图

1. 未饱和水的定压预热阶段

如图 2-2(a) 所示，对未饱和水加热，水的压力保持不变，水温逐渐上升。当水温达到与压力 p 对应的饱和温度时，水开始沸腾，在水的内部产生气泡，此时的水称为饱和水，如图 2-2(b)。水在定压下从未饱和水加热到饱和水称为预热阶段。该阶段水所吸收的热量称为液体热，又称为预热。

2. 饱和水的定压汽化阶段

将预热到饱和温度的水继续加热，水便逐渐汽化成蒸汽。这时水和蒸汽的温度仍然保持饱和温度不变。随着汽化的进行，容器中的水量逐渐减少，蒸汽逐渐增多，容积随蒸汽的增多而迅速增大。这种蒸汽与饱和水共存的状态称为饱和湿蒸汽，简称湿蒸汽。如图

2-2(*c*)。

再继续加热，当容器中的最后一滴饱和水完全变为蒸汽时，温度仍然为饱和温度，这时的蒸汽称为干饱和蒸汽，简称干蒸汽。如图 2-2(*d*)。

由饱和水完全变成干饱和蒸汽的阶段是一个等温加热的阶段，这一阶段所吸收的热量称为汽化热。所谓汽化热就是，把 1kg 饱和水定压加热成干饱和蒸汽所需要的热量。

在湿蒸汽中，饱和水和干蒸汽所占的比例可以用干度和湿度来表示。所谓干度，就是 1kg 湿蒸汽中所含干蒸汽的质量称为干度。所谓湿度，就是 1kg 湿蒸汽中所含饱和水的质量称为湿度。干度与湿度之和为 1。

3. 干饱和蒸汽的定压过热阶段

对饱和蒸汽继续定压加热，蒸汽温度上升，比容增大，此时的蒸汽称为过热蒸汽，如图 2-2(*e*)所示。

此时蒸汽温度超过相应压力下的饱和温度的数值，称为过热度。过热度越高，说明蒸汽离饱和状态越远，此时，过热蒸汽的体积远远大于饱和蒸汽的体积，也就更不容易凝结。

此阶段相当于蒸汽在锅炉的过热器中定压过热过程。

第四节 热 量 传 递

关于传热的知识，是供暖工程的基础。在供暖工程中，供暖热负荷的确定需要计算围护结构的传热量。建筑物的围护结构传热主要是通过外墙、外窗、外门、顶棚和地面。在这些围护结构的热量传递过程中，要经历三个阶段，如图 2-3。以外墙的热量散失过程为例：

（1）热量由室内空气以对流换热和物体间的辐射换热的方式传给墙壁的内表面。

（2）墙壁的内表面以固体导热的方式传递到墙壁外表面。

（3）墙壁外表面以对流换热和物体间辐射换热的方式把热量传递给室外环境。

在其他条件不变的情况下，室内外温差越大，传热量越大。例如散热器内热媒的传热过程，同样经历

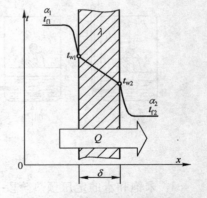

图 2-3 冷热流体间传热过程

三个阶段：热媒的热量以对流换热方式传到散热器壁的内侧，再以固体导热的方式传递到壁外侧，然后外壁以对流换热和物体间热辐射的换热方式传给室内。

整个传热过程是由导热、对流、辐射三种基本的传热方式组成的。要想对传热过程了解清楚，必须对三种基本的传热方式的规律进行分析。

一、传导

传导是指物体各个部分无相对位移，或不同物体直接接触时，依靠物质分子、原子及自由电子等微观粒子的热运动而进行的热量传递现象。单纯的传导只能发生在密实的固体

中。在传导过程中，传导的热流量与壁两侧的温差成正比，与壁的厚度成反比，并与材料的导热性能有关。基本计算公式为：

$$Q = \frac{\lambda}{\delta} \cdot \Delta t \cdot F \tag{2-12}$$

或
$$q = \frac{\lambda}{\delta} \cdot \Delta t \tag{2-13}$$

式中　Q——热流量，W；

　　　q——热流通量，W/m^2；

　　　λ——导热系数，反映材料导热能力的大小，$W/(m \cdot ℃)$；

　　　δ——壁厚，m；

　　　Δt——壁两侧的温差，℃；

　　　F——壁面积，m^2。

上式就是传导的热流量计算公式，在传热分析中常用到电学中的欧姆定律的形式：

电流＝电位差/电阻

热流量＝温度差/热阻

$$Q = \frac{\Delta t}{R_\lambda} = \frac{\Delta t}{\frac{\delta}{\lambda}} \cdot F \tag{2-14}$$

其中：$R_\lambda = \frac{\delta}{\lambda F}$

单位面积的导热热阻为 $\frac{\delta}{\lambda}$。

利用热阻概念分析传热问题，是传热学中普遍使用的方法。

二、对流

对流是依靠流体的运动，把热量由一处传递到另一处。与传导一样，也是传热的一种基本方式。在工程实践中，例如：流体与固体壁面接触时的换热，在这种情况下，换热过程就不单有流体的对流作用，同时伴随着导热，我们把对流和导热共同存在的过程，称为对流换热过程。对流换热过程较复杂，基本计算公式为：

$$Q = \alpha(t_w - t_f)F \tag{2-15}$$

或
$$q = \alpha(t_w - t_f)$$

式中　t_w——固体表面的温度，℃；

　　　t_f——流体温度，℃；

　　　α——换热系数，意义是 $1m^2$ 壁面积上，当流体与壁之间的温差为 1℃ 时，每秒钟所传递的热量，$W/(m^2 \cdot ℃)$。

同样应用热阻的概念，$Q = \frac{\Delta t}{R_\alpha} = \frac{\Delta t}{\frac{1}{\alpha}} \cdot F$

其中对流换热热阻 $R_\alpha = \frac{1}{(\alpha \cdot F)}$（℃/W），对于单位面积，换热热阻为 $\frac{1}{\alpha}$（$m^2 \cdot ℃/W$）。

三、辐射

无论对流或传导，必须通过冷热物体的直接接触来传递热量。但热辐射不同，热辐射是依靠物体表面发射的可见和不可见的射线来传递热量。物体表面每平方米对外辐射的热量的大小，与物体表面的性质和温度有关。

　　物体间辐射换热的特点是：在热辐射过程中，伴随着能量形式转换（物体内能-电磁波能-物体内能）；不需要冷热物体直接接触；无论温度高低，物体都在不停地辐射电磁波能。如果两物体温度相同，则相互辐射的电磁波能相等，如果温度不同，温度高的物体向温度低的物体辐射的电磁波能大于温度低的物体向温度高的物体辐射的电磁波能，结果是能量由温度高的物体传到温度低的物体。

　　辐射换热量的计算较复杂。一般不作单独计算，可以把辐射换热能量转换成对流换热量，相应的加大对流换热系数来考虑辐射换热的因素。

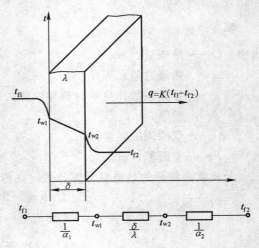

图 2-4　通过平壁的传热过程

四、传热过程

　　了解了三种基本的换热方式后，就可以导出整个传热过程的热流量计算公式。如图 2-4 所示。

　　假设两侧的流体温度为 t_{f1}、t_{f2}，壁两侧的对流换热系数分别为 α_1、α_2，壁两侧的温度分别为 t_{w1}、t_{w2}，壁的导热系数为 λ，壁厚为 δ，壁面积为 F，传热处于稳定状态，壁的长度和宽度远远大于壁厚，可以认为热流方向与壁面垂直，则沿着传热方向，列出三个阶段的热流量计算式为：

$$Q = \alpha_1 (t_{f1} - t_{w1}) F$$

$$Q = \frac{\lambda}{\delta} \cdot (t_{w1} - t_{w2}) \cdot F$$

$$Q = \alpha_2 (t_{w2} - t_{f2}) \cdot F$$

　　由于是稳定传热，在热量传递过程中，热流量保持不变，即 Q 相等，则三个等式可以改写成：

$$t_{f1} - t_{w1} = \frac{Q}{\alpha_1 F}$$

$$t_{w1} - t_{w2} = \frac{Q\delta}{\lambda F}$$

$$t_{w2} - t_{f2} = \frac{Q}{\alpha_2 F}$$

　　三式相加：

$$t_{f1} - t_{f2} = \frac{Q}{F} \left(\frac{1}{\alpha_1} + \frac{\delta}{\lambda} + \frac{1}{\alpha_2} \right)$$

　　令

$$K = \frac{1}{\dfrac{1}{\alpha_1} + \dfrac{\delta}{\lambda} + \dfrac{1}{\alpha_2}}$$

则有

$$Q=KF(t_{f1}-t_{f2})=KF\Delta t \tag{2-16}$$

若传热热阻为 R，则可得：

$$R=\frac{1}{K}=\frac{1}{\alpha_1}+\frac{\delta}{\lambda}+\frac{1}{\alpha_2}=R_{a1}+R_\lambda+R_{a2} \tag{2-17}$$

由此可知，传热过程的热阻等于热流体、冷流体的换热热阻及壁的导热热阻之和。传热热阻的大小与壁两侧流体的性质、流动情况、壁的材料、形状等许多因素有关。

从传热工程来看，工程中的传热可以分为两种类型：一种是增强型传热，即提高传热设备的换热能力，如散热器应尽量提高传热能力，缩小设备的尺寸；另一种是减弱传热，即减少热损失，保持室内的适宜的工作温度，例如：建筑物的围护结构和管道的保温层。

【例 2-4】 混凝土板的厚为 $\delta=100mm$，导热系数 $\lambda=1.54W/(m \cdot ℃)$，两侧空气温度分别为 $t_1=5℃$，$t_2=30℃$，换热系数 $\alpha_1=25W/(m^2 \cdot ℃)$，$\alpha_2=8W/(m^2 \cdot ℃)$，求单位面积上传热过程的各项热阻、传热热阻、传热系数及热流通量。

【解】 单位面积的各项热阻：

$$R_1=\frac{1}{a_1}=\frac{1}{25}=0.04m^2 \cdot ℃/W$$

$$R_2=\frac{\delta}{\lambda}=\frac{0.1}{1.54}=0.065m^2 \cdot ℃/W$$

$$R_3=\frac{1}{a_2}=\frac{1}{8}=0.125m^2 \cdot ℃/W$$

传热热阻为：

$$R=R_1+R_2+R_3=0.04+0.065+0.125=0.23m^2 \cdot ℃/W$$

传热系数为：

$$K=\frac{1}{R}=1/0.23=4.35W/(m^2 \cdot ℃)$$

热流通量为：

$$q=K \cdot \Delta t=4.35\times(30-5)=109W/m^2$$

复 习 思 考 题

1. 如何理解热力学第一、第二定律？
2. 理想气体与实际气体有何差别？
3. 水的饱和压力与温度有何关系？为什么？
4. 热量传递的基本方式有几种？各自有何特点？

第三章 给 水 系 统

第一节 建筑给水系统的分类及组成

建筑给水系统的任务是,根据用户的不同用途,在满足用户对水量、水质和水压的要求的条件下,将水从室外管网引入建筑物内部,并送到各个配水点(如水龙头、生产设备、消火栓等)。

一、建筑给水系统的分类

建筑给水系统根据水的用途,可以分为生活、生产和消防给水系统三类。

1. 生活给水系统

供给住宅、公共建筑和工业企业建筑内部,用于饮用、烹调、洗涤、盥洗、淋浴等的给水系统。

对于生活给水系统,水质必须符合国家颁布的《生活饮用水卫生标准》(GB 5749—85)的要求。水量、水压根据建筑物性质、用途的不同,根据《建筑给水排水设计规范》(GB 50015—2002)的规定,通过计算确定。

2. 生产给水系统

为了满足生产需要的给水系统,就是生产给水系统。由于生产的工艺不同,生产给水系统的种类也很多,常见的有:生产设备的冷却、原料及产品的洗涤、锅炉用水以及作为生产原料用水等。不同的生产工艺,对水量、水压、水质及安全等方面的要求差异是很大的,实践中生产给水系统的设计要根据生产工艺的实际需要来进行。

近年来,我国由于水资源匮乏,出台了一系列关于节水的法律法规,其中很大部分是针对生产的。为了节约用水,一些污染较严重的,用水量较大的企业,在满足生产对水质的要求下,一般都在生产给水系统中设置循环用水系统和重复使用(循序)给水系统。

3. 消防给水系统

供给层数较多的住宅、大型公共建筑及某些生产车间、库房等的消防系统的消防设备用水的给水系统。消防用水对水质要求不高,但对水量、水压的要求较严格,应根据《建筑设计防火规范》(GBJ 16—87)来确定。

根据用水对象对水量、水质、水压的要求,上述三种给水系统,可以单独设置,形成相互独立的给水系统。也可以将其中的两种或三种组合起来,形成联合供水系统。常见的联合系统有生活-消防给水系统、生活-生产给水系统、生产-消防给水系统以及生活-生产-消防给水系统。实践中,使用独立系统还是联合系统,主要是根据建筑物室内外的管网实际情况,在保证供水安全的前提下,通过经济、技术比较确定的。

二、建筑给水系统的组成

建筑给水系统一般由以下几部分组成,如图 3-1。

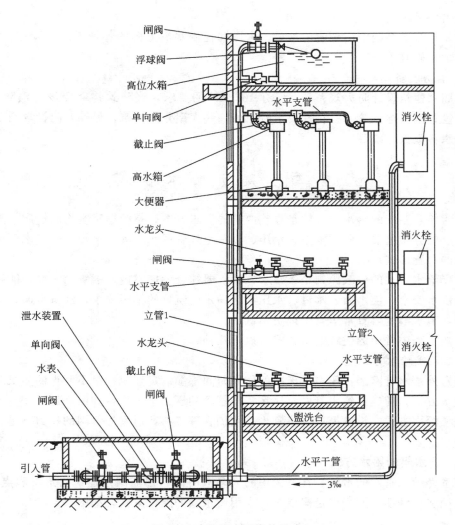

图 3-1　建筑给水系统的组成

1. 引入管及水表节点

引入管是建筑物的室内管网与室外管网之间的连接管，又可以称为进户管。

水表节点是指引入管上装设的水表及前后阀门、泄水装置等的总称。其中水表的作用是对建筑物的用水量进行计量，阀门用于维修、更换水表时关闭管段，泄水装置为检修时放空管道内的水。

2. 配水管道

配水管道包括建筑内部的给水水平干管、立管、给水横支管、支管。

3. 用水设备

用水设备包括各种水龙头及卫生器具。

4. 加压及贮水设备

当室外管网的水量、水压不能满足建筑物内部对安全供水的要求时，需要设置各种附属设备，如：水泵、水箱、贮水池、气压罐等。

5. 给水附件

主要指管道系统中用来调节水量、水压和控制水流方向的各种阀门、管件。如闸阀、截止阀、止回阀等。

6. 消防设备

按照《建筑设计防火规范》（GBJ 16—87）的要求，当建筑物需要设置消防系统时，一般应设置消火栓系统。有特殊要求时，如一些大型公共建筑，另外专门设自动喷水灭火系统或水幕灭火系统等。

第二节　建筑给水方式

建筑给水系统的给水方式就是建筑内部的供水方案，是根据建筑物的性质、高度、室内用水点的分布情况、所需水量、水压、以及室外管网水压等因素，综合考虑而确定的供水系统的布置形式。

选择给水方式的一般原则是，技术方面，要综合考虑室内外的管网情况，能够保证建筑物的供水安全，使水质、水量、水压都能满足建筑物的实际要求；经济方面，做到基建投资少，节水节能，日常运营管理费用低。

一般工程中常用的建筑给水方式有以下几种：

一、直接给水方式

当室外给水管网的水压在一天中的任何时间都能满足建筑物最不利点的要求时，采用直接给水方式。使建筑给水管网直接在室外管网的压力下工作，如图 3-2。

这种给水方式，设备简单，投资少，维护管理容易，但室外管网的压力不足，会造成间断供水。

二、设水箱的给水方式

当室外给水管网的水压，在一天中的大多数时间，都能满足建筑物最不利点的要求，仅仅在用水高峰期间不能满足需要时，采用设水箱的给水方式，如图 3-3。

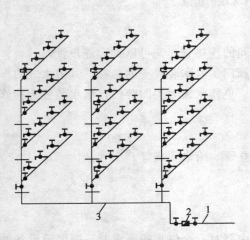

图 3-2　直接给水方式

1—给水引入管；2—水表；3—给水总干管

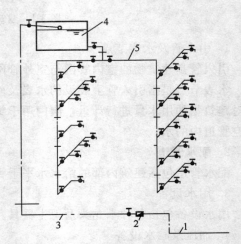

图 3-3　设水箱的给水方式

1—给水引入管；2—水表；3—给水干管；
4—水箱；5—给水干管

在建筑给水系统的上部设高位水箱，一般设在屋顶水箱间，或最高层房间内。在室外管网压力充足时(一般是夜间)，向水箱充水；在室外管网压力不足时(一般是白天用水高峰期间)，水箱供水。这种给水方式，尤其适用于室外管网的供水压力周期性不足，而且用水量不大时采用，但一定要充分掌握室外管网的水压逐时变化资料，保证水箱有足够的充水时间。在某些要求水压均匀稳定的建筑物，也可以采用。

这种给水方式，水箱能储备一定水量，能实现不间断供水。但水箱一般设于楼顶，而且体积一般较大(但不大于 $20m^3$)，增加了建筑结构的负荷，提高了造价。

三、设水泵的给水方式

当室外给水管网的水压，在一天中的大多数时间，都不能满足建筑物最不利点的要求，且建筑物内部的用水量较大而且较均匀时，采用设水泵的给水方式，供水压力由水泵提供，如图 3-4。

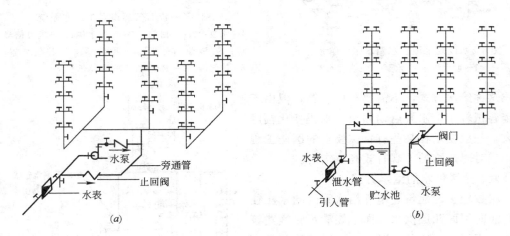

图 3-4　设水泵的给水方式

由于水泵的供水一般是均匀的，这就要求建筑物的用水最好是均匀的，所以这种供水方式非常适用于工业企业的车间。对于用水较不均匀的建筑物，如住宅、高层建筑等，采用多台水泵定速并联运转，耗能很大，很不经济。现在一般采用水泵变速运行的方式，节能效果显著，但变频调速设备较昂贵。近年，我国大多数高层建筑采用这种运行方式。

四、设水泵、水箱的联合供水方式

当室外给水管网的水压低于或周期性的低于建筑物内部最不利点的要求，而且建筑物内部的用水量不均匀时，一般采用水泵、水箱联合供水方式，如图 3-5。

与设水箱的给水方式相比，由于采用水泵向水箱主动充水，可以使水箱的体积大为减小；与设水泵的给水方式相比，由于有水箱的调节作用，水泵出水量稳定，可以使水泵在高效率下定速运转。如果在水箱内安装浮球继电器等装置，可以很容易实现水泵启闭自动化。

这种给水方式适用面广，技术上较合理，供水安全可靠，设备较简单，日常管理维护容易，实践中广泛采用。

五、设气压罐的给水方式

对于一些高度很大的高层建筑、大型公共建筑等，需要的供水压力很大，室外管网无法满足要求，而由于外观或结构上的要求，不能设置高位水箱或水塔，可以采用设气压罐的给水方式，如图3-6。

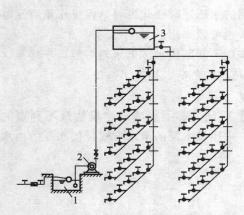

图3-5 设贮水池、水箱水泵的给水方式
1—贮水池；2—水泵；3—高位水箱

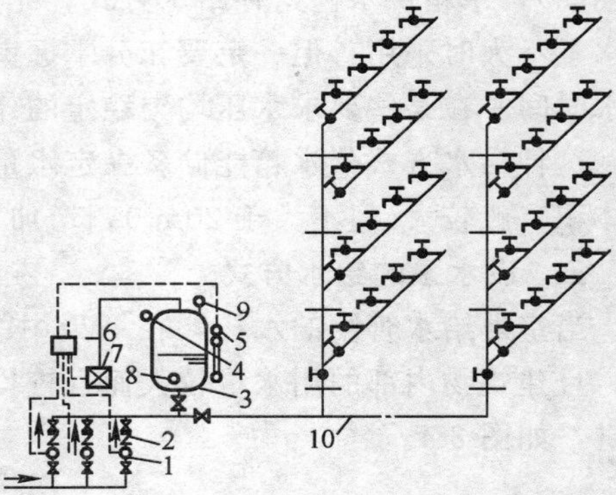

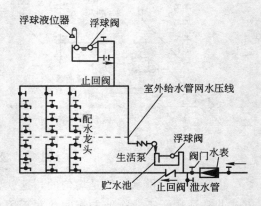

图3-6 设有气压设备的给水系统
1—水泵；2—止回阀；3—气压水罐；4—压力信号器；5—液位信号器；6—控制器；7—补气装置；8—排气阀；9—安全阀；10—给水干管

这种给水方式，不需要高位水箱，但由于贮罐容积较小，水泵启动频繁，水压变化幅度较大，一般使用在某些有特殊要求的国防工程中，或对建筑物的外观有较高要求时。

六、分区供水的给水方式

层数较多的建筑，室外给水管网的水压往往只能向下面几层供水，而不能满足整幢建筑物的水压要求，这种情况下，可以把建筑给水系统分成上下两个供水区，充分利用室外管网的水压，如图3-7。

这种给水方式对裙楼设有洗衣房、大型餐

图3-7 分区给水方式

厅、浴池等用水量大的设施的高层建筑尤其有意义。

第三节 建筑给水系统的管材、管件及附件

建筑给水系统是由管道、管件和各种附件连接而成的。它们的费用在造价中占了很大比重，选择得是否适用、经济、安全可靠，对工程质量和造价以及使用寿命都会产生直接影响。为了合理选用管材、管件和附件，就必须了解它们的种类、规格、性能及选用要求等，做到因地制宜，按需选材。

建筑给水系统的管材主要根据给水要求选用。常用的管材主要有金属管和非金属管两类，金属管有钢管和给水铸铁管，非金属管有给水塑料管。

一、钢管

钢管有焊接钢管和无缝钢管两种。

无缝钢管一般在给水系统中使用很少，主要使用在一些高温高压的管道上。

建筑给水系统中常用的钢管是焊接钢管，又称为有缝钢管。焊接钢管按壁厚又分为普通钢管和加厚钢管，每种又可以分为镀锌钢管（也称白铁管）和非镀锌钢管（也称黑铁管）两种。镀锌钢管的内外表面进行了镀锌处理，起到防腐的作用，延长管道的使用寿命，同时也可以保护水质。生活饮用水一般使用白铁管，而非饮用水可以使用黑铁管。

普通钢管和加厚钢管的外径一般相同，所以管壁加厚使内径缩小，这主要是为了加工时使用统一的管件，而且外观与普通钢管保持一致。

焊接钢管的规格用公称直径表示，公称直径不是管道的外径或内径，而是为了保证管道、管件、附件之间具有互换性，而规定的一种通用直径。是对管道及附件尺寸的一种公认的称呼，所以也叫称呼直径或名义直径。不管管道内径、外径是多大，只要公称直径相同，就可以相互连接，而且具有互换性。

非镀锌钢管的规格尺寸见表 3-1。

非镀锌钢管的规格　　　　　　　　　　　　　　　　　　表 3-1

公 称 直 径		钢管外径	普通钢管		加厚钢管		备　　注
（mm）	（in）	（mm）	壁　厚（mm）	重　量（kg/m）	壁　厚（mm）	重　量（kg/m）	
15	1/2	21.35	2.75	1.25	3.25	1.44	
20	3/4	26.75	2.75	1.63	3.50	2.01	1. 普通钢管工作压力为 98kPa；加厚钢管工作压力为 157kPa
32	11/4	42.25	3.25	3.13	4.0	3.77	
40	11/2	48	3.50	3.84	4.25	4.58	2. 镀锌钢管比非镀锌钢管重 3%～6%
50	2	60	3.50	4.88	4.50	6.16	
65	21/2	75.50	3.75	6.64	4.50	7.88	3. 钢管长度有螺纹的为 4～12m，无螺纹的为 4～9m
80	3	88.50	4.0	8.34	4.75	9.81	
100	4	114	4.0	10.85	5.0	13.44	
125	5	140	4.5	15.04	5.5	18.24	
150	6	165	4.5	17.81	5.5	21.63	

钢管的优点是强度高，承压大，抗震性能好，长度大，接头少，内壁光滑阻力小，加工容易，连接方便。缺点是造价高，耐腐蚀性能差。一般埋地管道管径在 70mm 以上时，采用铸铁管。

钢管的连接方式有螺纹连接、焊接和法兰连接。

1. 螺纹连接

螺纹连接也称为丝扣连接，是钢管最常用的连接方法。

管径在 100mm 以下的镀锌钢管，一般都使用螺纹连接。连接时，在管道外壁加工螺纹，使用各种形式的内壁带螺纹的管件，将管道连接起来，如图 3-8。管件为可锻铸铁制成，抗腐蚀性较好，机械强度大，有镀锌和非镀锌两种，选用时应与管材一致。一般建筑给水系统管道明装，均使用镀锌钢管和镀锌管件。

丝扣连接时，需要在管道外壁带丝扣处缠绕麻丝，涂抹铅油，增加管道连接的严密性。

2. 焊接

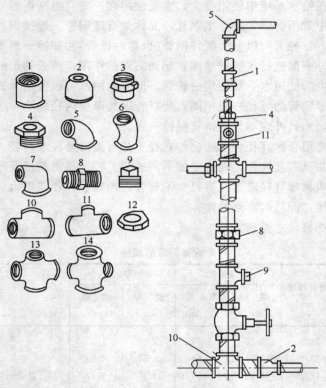

图 3-8　钢管螺纹连接配件和连接方法

1—管箍；2—异径管箍；3—活接头；4—补心；5—90°弯头；6—45°弯头；

7—异径弯头；8—内管箍；9—管塞；10—等径三通；11—异径三通；

12—根母；13—等径四通；14—异径四通

钢管常用的焊接方法有氧乙炔焊和电弧焊。

焊接只能用于非镀锌钢管，否则镀锌层被破坏，反而会加速管道锈蚀。一般管径大于 32mm 时才使用焊接。

管径在 40mm 以下或薄壁钢管可用气焊，管径 50mm 以上的钢管，可以使用电弧焊。

焊接的优点是：接口严密，连接坚固不漏水；不需要连接管件；安装迅速。缺点是不能拆卸。多用于暗装管道的连接。

3. 法兰连接

法兰连接是将法兰盘焊接或用螺纹连接在管道一端，再用螺栓将两个法兰盘连接起来，中间加橡胶垫密封。

法兰用于连接较大管径的管道，50mm 以下的管道一般不使用法兰连接。

法兰连接的最大优点是拆卸方便，所以一般使用在各种阀门、水泵、水表等经常需要检修、拆卸的管段上。

二、给水铸铁管

使用在给水系统中的铸铁管称为给水铸铁管。与钢管相比，给水铸铁管耐腐蚀，使用寿命长，价格低。多使用在室外管道和室内埋地管道中。

给水铸铁管按工作压力的大小可以分为：低压（工作压力不大于 0.45MPa）、普压（工作压力不大于 0.75MPa)、高压(工作压力不大于 1.0MPa)三种。

常用的连接方法有承插和法兰盘连接。

承插接口的连接方法主要有青铅接口、石棉水泥接口、膨胀性填料接口,自应力水泥接口等。

法兰接口一般使用在高层建筑中,可以适应高层建筑中管道的轴向位移和横向挠曲变形。具体连接方法与钢管中的法兰连接基本相同。

三、给水塑料管

常用在给水系统中的塑料管有硬聚氯乙烯管(PVC 管)、聚乙烯管(PE 管)等。

塑料管的优点是:耐腐蚀性强;有一定机械强度,质量轻;管壁光滑,水流阻力小;加工容易,安装方便;节约金属。缺点是容易老化,使用寿命短;强度比金属管材低;对温度敏感,过热变软,过冷变脆。其中应用较广泛的是硬聚氯乙烯塑料管,但有一定溶出物,可能使水受到铅污染,不能用于生活饮用水管道,只能用于工业给水管道。

塑料管的连接方法有:承插连接、热空气焊接、法兰连接和螺纹连接等。

四、管道附件

给水系统的管道附件指的是在管道和设备上,用来调节和分配水流,具有启闭和调节作用的装置。可以分为配水附件和控制附件。

常见的配水附件有:

1. 配水龙头

(1) 旋压式配水龙头

又称为球形阀式配水龙头,见图 3-9 (a)。是最常见的普通水龙头,装设在洗涤盆、盥洗槽、拖布池和集中供水点。一般由铜和可锻铸铁制成,也可以见到塑料和尼龙制品。

水流通过这种龙头时水流方向改变,所以阻力较大。常见规格有 15mm、20mm、25mm,工作压力不大于 0.6MPa,由于内部采用橡胶垫密封,所以工作温度小于 50℃。

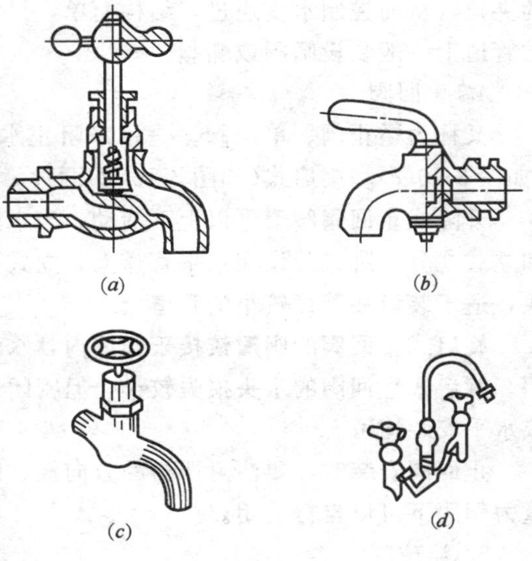

(2) 旋塞式配水龙头

装设在压力不大于 0.1MPa 的给水系统中,一般由铜制成,见图 3-9(b)。这种配水龙头旋转 90°就完全开启,获得最大流量,水流直线型通过龙头,阻力较小。但由于启闭迅速,易产生水锤,适于用在浴池、洗衣房和开水间。

2. 盥洗龙头

装设在洗脸盆上专供冷水或热水用的龙头,材质多为铜,表面镀镍,光洁不生锈,见图 3-9(c)。

图 3-9　配水龙头
(a)球形阀配水龙头;(b)旋塞式配水龙头
(c)盥洗龙头;(d)混合龙头

种类很多，常见的有角式、莲蓬式、长脖式、鸭嘴式等多种形式。

3. 混合龙头

是装设在洗脸盆和浴盆上用来调节冷热水的龙头，供盥洗、洗涤、洗浴用，样式很多，见图3-9(d)。

此外还有小便器龙头、皮带龙头、消防龙头、红外线自动龙头等很多其他形式的龙头。

常见的控制附件主要是指各种阀门：

1. 截止阀

截止阀是给水管道上常用的一种阀门。主要作用是开启和关闭水流通路，也有一定的调节流量和压力的作用。截止阀关闭严密，但水头阻力大，一般装设在管径小于等于50mm的管道中。按阀体形式可以分为直通式、角阀式和直流式三种。其中最常用的是直通式，如图3-10(a)，安装时要注意方向，不能装反，介质由阀瓣下部流入，上部流出。

2. 闸阀

闸阀是另一种常用的阀门，如图3-10(b)，作用是启闭水流通路，适于全开全闭。闸阀全开时，水流呈直线型通过，水流阻力小，但杂质容易落入阀底，使阀不能关闭到底，产生磨损和漏水。闸阀一般使用在管径大于50mm的管道中。

3. 蝶阀

如图3-10(g)，蝶阀的启闭件为一个盘状圆板，绕其自身中轴旋转改变与管道中心线的夹角，从而控制水流通过，结构简单，尺寸紧凑，启闭灵活，水流阻力小。在双向流动的管道上一般装设闸阀或蝶阀。

4. 止回阀

又称为逆止阀、单向阀。是用来阻止水流反向流动的阀门。按结构可以分为升降式（如图3-10(c)和旋启式（如图3-10(d)两种。

升降式止回阀阀瓣可以上下活动，当水流由下向上时开启，由上向下时关闭。有卧式和立式之分，卧式装设在水平管道上，立式装设在竖直管道上。升降式止回阀水头损失较大，适于装设在管径较小的管道上。

旋启式止回阀的阀瓣铰接于阀体内，水流方向与阀瓣旋启方向一致时开启，相反时关闭。旋启式止回阀的水头损失较小，但密闭性较差，适于装设在较大管径的管道上，竖直或水平安装均可。

止回阀安装时，要注意严格的方向性，阀瓣或阀芯的启闭要与水流方向一致，要求在重力作用下可以自行关闭。

5. 浮球阀

浮球阀是一种可以控制自动进水、自动关闭的阀门，一般装设在水箱或水池内，如图3-10(e)。浮球一直漂浮在水面上，随水位的高低而起落，浮球通过连杆与阀体相连。当水箱水位达到预定水位时，浮球也浮起到一定高度，关闭进水口，停止进水。水位下落，进水口开启，自动向水箱充水。浮球阀直径一般为15～200mm，根据管道管径选用。

6. 安全阀

主要作用是保障管道安全，当管网和设备中的压力超过规定范围时，此阀打开释放压力，使管网、设备或水箱等免受破坏。一般有弹簧式和杠杆式两种，如图3-10(f)。

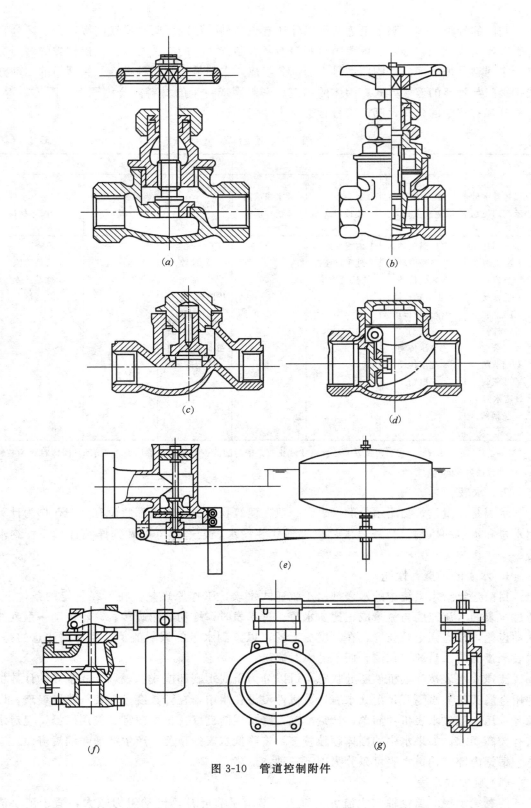

(a) (b)

(c) (d)

(e)

(f) (g)

图 3-10　管道控制附件

阀门的种类很多，除了上述几种以外还有很多种，如减压阀、排气阀等，为了区分和正确选择这些阀门，必须了解我国《阀门型号编制方法》的有关规定。任何种类的阀门都有特定的型号加以区分。阀门型号由七部分组成，它们是：阀门种类；开关阀门的驱动方式；阀门与管路的连接方式；阀体的构造；密封圈或衬里的材料；公称压力；阀体材料。每部分都有特定的含义，阀门符号含义见表3-2。

阀 门 符 号 含 义　　　　　　　　　　　　　　　　　　　　表3-2

1	2	3	4	5	6	7
汉语拼音字母表示阀门类别	数字表示驱动方式	数字表示连接形式	数字表示阀体结构形式	汉语拼音字母表示密封圈或衬里材料	表示公称压力（MPa）	汉语拼音字母表示阀体材料
Z-闸阀 J-截止阀 L-节流阀 X-旋塞阀 Q-球阀 D-蝶阀 A-安全阀 T-调节阀 Y-减压阀 S-疏水阀 H-止回阀	1-电磁驱动 2-电磁液动 3-蜗轮传动 4-正齿轮传动 5-伞齿轮传动 6-气动 7-液压传动 8-气压传动 9-电动	1-内螺纹连接 2-外螺纹连接 3-法兰连接		T-铜合金 X-橡胶 N-尼龙 B-巴比特合金 CJ-衬胶 W-无密封圈在本体上加工 H-耐酸钢		Z-铸铁 K-可锻铸铁 Q-球墨铸铁 T-铸铜

举例：J11T-1.6DN20，表示内螺纹手动直通式截止阀，密封圈为铜合金，公称压力1.6MPa，阀体材料为灰铸铁，公称直径为20mm。

五、水表

水表是计量建筑物用水量的仪表。一般在建筑物的引入管上都装设有水表，作为计算用水量和水费的依据。另外要求每户都独立装设水表，这样可以做到详细计量，杜绝浪费。

1. 水表的类型、性能

目前建筑给水系统中的水表都属于流速式水表，工作原理是：在管径一定的条件下，通过水表的水流速度与流量成正比。水流通过水表时，推动翼轮旋转，翼轮传动一系列的联动齿轮，传递到记录装置，在刻度盘上就可以读到水量的累积值了。要特别注意的是，水表测量的是水量的累积值，而不是瞬时流量。

流速式水表按计数机件所处状态，可以分为干式水表和湿式水表，干式水表的计数机件用金属圆盘与水隔开；湿式水表计数机件浸没在水中，在计数度盘上装一块厚玻璃，以承受水压。湿式水表机件简单，计量准确，密封性能良好，价格便宜，应用广泛。但对水质有较高要求，如果水中的固体颗粒较多，将降低水表的精度，产生磨损，缩短寿命。

根据内部结构，水表可以分为以下三种：

（1）旋翼式水表

旋翼式水表的翼轮轴与水流方向垂直，装有平直叶片，流动阻力较大，适于测小流量，多用在管径小于等于 50mm 的管道上。如图 3-11(*a*)。旋翼式水表技术参数见表 3-3。

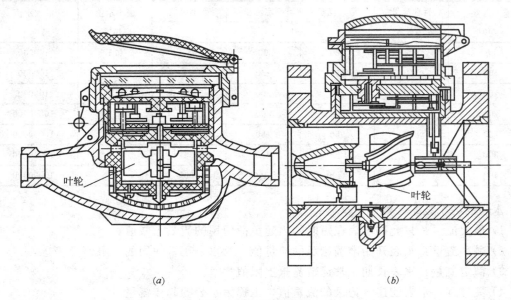

(*a*)   (*b*)

图 3-11　流速式水表

(*a*)旋翼式水表；(*b*)螺翼式水表

旋翼式水表技术参数　　　　　　　　　　　　　　　　　　　　表 3-3

直　径 （mm）	特性流量	最大流量	额定流量	最小流量	灵　敏　度	最大示值
	m³/h				（m³/h）	m³
15	3	1.5	1.0	0.045	0.017	1000
20	5	2.5	1.6	0.075	0.025	1000
25	7	3.5	2.2	0.090	0.030	1000
32	10	5	3.2	0.120	0.040	1000
40	20	10	6.3	0.220	0.070	100000
50	30	15	10.0	0.400	0.090	100000
80	70	35	22.0	1.100	0.300	1000000
100	100	50	32.0	1.400	0.400	1000000
150	200	100	63.0	2.400	0.550	1000000

（2）螺翼式水表

螺翼式水表的翼轮转轴与水流方向平行，叶片为螺旋型，水流阻力小，适于测量较大流量，多用在管径大于等于 80mm 的管道上，如图 3-11(*b*)。螺翼式水表技术参数见表 3-4。

（3）复式水表

复式水表是为了解决当管道流量变化较大时的水量测量问题。复式水表由主表和副表组合而成，流量小时，副表计数，流量大时，主表、副表同时计数，水量为二者显示数值之和。这样就避免了使用单表时，流量过大冲坏机件，流量过小指针不动的问题。

直 径 (mm)	特性流量	最大流量	额定流量	最小流量	最小示值 (m³)	最大示值 (m³)
			m³/h			
80	65	100	60	3	0.1	100000
100	110	150	100	4.5	0.1	100000
150	270	300	200	7	0.1	100000
200	500	600	400	12	0.1	10000000
250	800	950	450	20	0.1	10000000
300		1500	750	35	0.1	10000000
400		2800	1400	60	0.1	10000000

水表的各个技术参数的含义是：

1) 最大流量：只允许水表在短时间内超负荷使用的流量上限值。

2) 最小流量：水表开始准确指示的流量值，为水表正常使用的下限值。

3) 额定流量：水表长期正常运转流量上限值。

4) 灵敏度：水表能连续记录的流量值，也称为水表的起步流量。

5) 流通能力：水流通过水表产生 10MPa 水头损失时的流量。

6) 特性流量：水流通过水表产生 100MPa 水头损失时的流量。

2. 水表的选择计算

第一步：考虑水表的工作环境，如：水温、水压、水质、流量变化情况等，选择水表类型。

第二步：根据室内给水系统的设计流量，不超过水表的额定流量，选择水表直径。

第三步：校核水表的灵敏度，使系统平均流量的 6%～8% 不小于水表的灵敏度。分户水表不需要进行此项校核。

如果消防和生活共用一套给水系统，要对消防流量进行复核，使总流量不超过水表的最大流量。

最后计算水表的水头损失。水表水头损失规定值见表 3-5。

系统情况 \ 表型	旋 翼 式	螺 翼 式
正常用水时	25	13
消防试验时	50	30

【例 3-1】 已知某建筑物的给水系统设计流量为 30m³/h，平均小时流量为 6.6m³/h，试选择水表。

【解】

(1) 根据设计流量查表 3-3，选定直径为 100mm 的旋翼式水表。其额定流量为 32m³/h，大于系统设计流量。

(2) 复核：

该水表的灵敏度为 0.4 ，取平均流量的 6%～8%得：

$$6.6×(6\%～8\%)=0.396～0.528$$

基本符合要求。

（3）计算水头损失：

查表得特性流量为 100m³/h，则：

$$K=\frac{Q_t^2}{10}=\frac{100^2}{10}=1000$$

$$H=\frac{Q^2}{K}=\frac{30^2}{1000}=0.9\text{mH}_2\text{O}$$

3. 水表节点的组成及安装要求

水表节点包括水表、前后阀门和泄水装置，如图 3-12。前后阀门的作用是在检修和更换水表时，切断前后水流。泄水装置的作用是在检修室内管道或测量水表精度时，放空管道内的水。

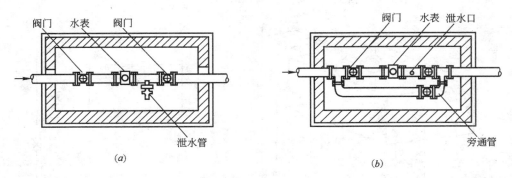

图 3-12 水表节点

（a）无旁通管的水表节点；（b）有旁通管的水表节点

在给水系统是生活和消防共用的系统中，不允许间断供水，如果只有一条引入管，应设水表旁通管，管径与引入管相同。旁通管在正常使用的条件下是关闭的，只有当检修水表或发生火灾时打开，阀门要加铅封，防止用户随便开关。

水表节点应设在便于察看，维护检修方便的地方，而且还要防止曝晒，防冻，防止振动碰撞。水表应按照水表上标明的方向，水平安装，前后应有不少于 0.3m 的直线管道，螺翼式水表与前面阀门间至少要有 8～10 倍水表直径的直线管段。

第四节　建筑给水系统中的常用设备

一、水箱

建筑给水系统中，很多情况下，都需要设水箱。水箱的作用是增压（与水泵配合）、减压、稳压、储存调节水量。如：当室外管网中的水压经常性或周期性不足时，需要单独设水箱或设泵-箱联合系统保障建筑物供水；当用户需要水量储备时，设水箱或水池作为储存空间；对水压稳定性要求较高时，设置水箱起稳定压力作用。

水箱一般用钢板或钢筋混凝土制成。钢质水箱耐腐蚀性较差，内外表面都应当作防腐处理。钢筋混凝土水箱自重较大，增加了建筑结构承重。现在有用玻璃钢制作水箱的，这种水箱重量轻、强度高、耐腐蚀、造型美观，可以预制成形，也可以现场拼装，安装维修都较方便，现在已经开始普遍使用。

　　水箱一般设置在水箱间中。水箱间净高不得小于2.2m，要求采光通风良好，不结冻，室温不低于5℃，寒冷地区有结冻可能时，需要设保温和防结露措施。水箱应加盖，严格避免污染。水箱之间和水箱与建筑结构之间的距离应符合表3-6中的规定。

水箱之间及水箱与建筑结构之间的最小距离　　　　　　　　表3-6

水 箱 形 式	水箱至墙面距离(m)		水箱之间净距 (m)	水箱顶到屋顶最低点距离(m)
	有阀门一侧	无阀门一侧		
圆　　形	0.8	0.5	0.7	0.6
矩　　形	1.0	0.7	0.7	0.6

　　如图3-13(a)所示，水箱上一般设置下列管道：

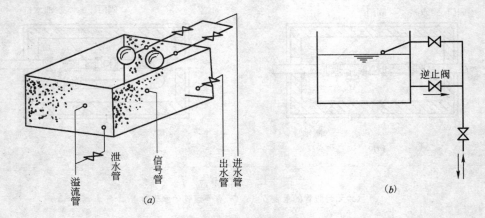

图3-13　水箱进出水管的两种连接方式

　　1. 进水管
　　进水管距离水箱上沿150～200mm。如果水箱直接从管网进水，则应装设不少于两个浮球阀或液压水位控制阀，目的是根据水箱水位的变化自动开启或关闭进水管。为了检修的需要，每个阀前需设置阀门。管径应根据设计流量或水泵的流量确定。
　　2. 出水管
　　管口下沿应高出水箱底50～100mm，防止水箱内沉淀的污物进入给水管网。出水管可以单独设置，要装设阀门。出水管也可以与进水管合用一根管道，但出水管上要设止回阀，防止出水管中的水倒流进入水箱。如图3-13(b)。
　　3. 溢流管
　　作用是控制水箱的最高水位，如果浮球阀失灵，为了防止水位超过水箱的最高允许水位，设置溢流管排出多余的水。溢流管管口底应在允许最高水位以上20mm，距箱顶不小于150mm，管径比进水管大1～2号，水箱底部以下部分管径可以与进水管相同。为了防止水箱中的水受污染，溢流管不能与污水管直接连接，必须设空气隔断，如经过断流水箱，并设水封装置。溢流管可以直接开口在屋顶上。另外，溢流管上不允许装设阀门。

4．信号管

装设在水箱壁溢流管底以下 10mm 处，管径一般 15～20mm，另一端一般通往值班室的污水池上，以便随时发现浮球阀等设备是否失灵，当信号管有水流出时，一般说明浮球阀等设备损坏，应立即维修。如果采用一些其他手段监视水箱水位，如液位继电器等设备，可以不设信号管。

5．排水管

为了清理、检修水箱时放空水箱，或排出冲洗水箱的污水，管口由水箱底部接出，连接在溢流管上，一般管径 40～50mm，应装设阀门。

6．泄水管

当水箱装设托盘时，需要在托盘底部设置泄水管，收集并排出箱壁凝结水。泄水管可以连接在溢流管上，管径 32～40mm，托盘上的管口应设栅网，拦截大颗粒固体，泄水管上必需要设阀门。

水箱的有效容积应根据调节水量、生活和消防储备量、生产事故储备量等参数来确定。

二、水泵

当室外管网的水压经常或周期性不足，而且单独设置水箱也不能满足要求时，为了保障室内管网所需要的水压，一般要设置水泵。

建筑给水系统中一般采用离心泵，离心清水泵优点是结构简单、体积小、效率高、运行平稳可靠、价格便宜、维修管理方便，流量和扬程有一定调节余地。所以在建筑给水系统中使用十分广泛。下面，简单了解一下离心泵的构造、工作原理、性能和选择方法等方面的知识。

离心泵的构造和工作原理：

离心泵的主要工作部件是叶轮。根据叶轮的数目，可以将离心泵分为多级泵和单级泵，只有一个叶轮的称为单级泵，有一个以上叶轮的称为多级泵。根据叶轮的进水方式可以分为单吸泵和双吸泵，叶轮单侧进水的称为单吸泵，叶轮双侧进水的称为双吸泵。所有离心泵的工作原理都是一样的，下面就用最简单的单级单吸式离心泵，来说明离心泵的基本构造和工作原理。如图 3-14 所示。

主要工作部件叶轮是由前后有盖板和夹在盖板中间的叶片组成的，叶轮装在泵轴上，在蜗形泵壳中。水泵的进水口称为吸水口，与吸水管相连。水泵的出水口与压水管相连。

水泵启动前必须先将吸水管和泵壳内灌满水。启动后，在电动机的带动下，叶轮高速旋转，在离心力的作用下，叶

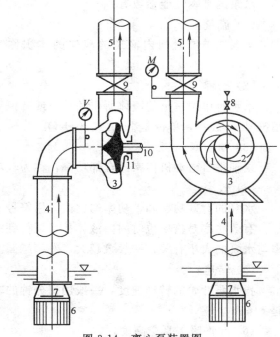

图 3-14　离心泵装置图

1—工作轮；2—叶片；3—泵壳；4—吸水管；5—压水管；6—拦污栅；7—底阀；8—加水漏斗；9—阀门；10—泵轴；11—填料涵；M—压力表；V—真空表

轮中的水被高速甩出，此时水流速度很快，具有很高的动能。高速水流沿蜗形泵壳组成的流道流向压水管过程中，过流断面逐渐扩大，水流的动能转化成压力势能，在压水管中的水就有了很大的压力。同时，由于水被高速甩出，在叶轮中心就会产生真空，吸水池中的水在大气压的作用下，就被压送到叶轮中心。由于水泵的运行是连续的，所以水泵就可以不停的完成吸水和压水，水就不停地被加压，连续流出。

从水泵的工作原理可以看出，水泵启动前先灌泵的作用是，当事先灌入的水被甩出，才能在叶轮中心产生真空，吸水过程才能完成，水泵才能连续运行，否则水泵就难以启动。

水泵可以从水池吸水，也可以从管道吸水。水泵直接从管道吸水的方式，可以利用室外管网的水压，由于管道没有对外开口，所以能保证水质不受污染。但水泵从管道直接吸水，会导致管网压力降低，影响其他用户用水，一般情况下，这种吸水方式是很少被允许采用的。水泵从水池吸水的吸水方式有自灌式和非自灌式两种。自灌式是指水池的最低水位比水泵泵壳的最高点要高。这种吸水方式能使水泵始终充满水，工作可靠。非自灌式是指水池的最低水位比水泵的最高点低，水无法自行流入泵壳。这种吸水方式，水泵启动前必须进行灌泵，或真空引水。

另外为了保证离心泵的正常工作，监控离心泵的工作状态，还必须装设一些管路附件，如：闸阀、压力表（出水口）、真空表（吸水口）、止回阀、放气阀等，如果需要灌泵，吸水管底部需要装设底阀。

1. 离心泵的性能参数和选择方法

水泵的基本性能参数有：

（1）流量：

水泵在单位时间内输送的液体的体积称为流量。用符号 Q 表示，单位是 m^3/h 或 L/s。

（2）扬程：

水泵对单位重量的液体所作的功，或者说单位重量的液体通过水泵后所增加的能量。用符号 H 表示，单位是 J/kg 或 mH_2O。

（3）轴功率：

泵轴得自电动机传来的全部功率，称为轴功率。用符号 N 表示，单位是 kW。

（4）效率：

水泵的有效功率和轴功率的比值。用符号 η 表示。

有效功率是指单位时间内液体从水泵得到的能量，也就是水泵传给液体的净功率。效率与水泵的大小有关，一般泵越大，效率越高。一些大型水泵的效率可以达到 90%。

（5）转速：

指水泵叶轮的转动速度，一般用每分钟的转动次数来表示。用字母 n 表示，常用单位是 r/min。

（6）允许吸上真空高度：

指水泵在标准状态下（水温 0℃、表面压力为一个标准大气压）运转时，水泵所允许的最大吸上真空高度。一般用符号 H_s 表示，单位为 mH_2O。允许吸上真空高度与水温有关，水温越高，允许吸上真空高度越小，当水温达到 75℃ 时，允许吸上真空高度为 0。

上述的 6 个性能参数之间的关系，水泵厂一般用水泵的性能曲线来表示。在水泵出厂的资料中，除了对水泵的构造、重量、尺寸等做出说明外，更重要的是提供了一套表示各性能曲线之间相互关系的特性曲线。通过这条曲线，可以使用户全面了解水泵的性能。图 3-15 表示的是一台离心泵的性能曲线。

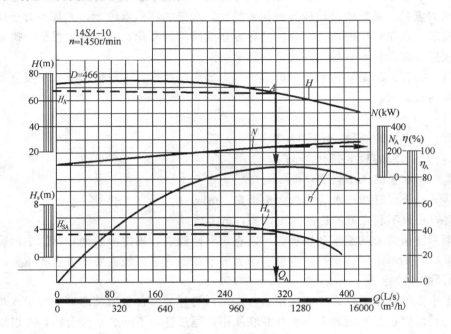

图 3-15　离心泵性能曲线

另外，为了用户的使用，水泵厂一般在每台水泵的泵壳上都钉有一块铭牌。铭牌上简单地表示出了水泵在设计转速下运转，效率最高时的流量、扬程、轴功率和允许吸上真空高度。这组参数是该水泵在设计工况下的参数，对应着特性曲线上效率最高点的参数。如 12Sh-28A 型水泵的铭牌为：

离 心 式 清 水 泵

型号：12Sh-28A　　　　　转数：1450r/min

扬程：10m　　　　　　　　效率：78％

流量：684m³/h　　　　　　轴功率：28kW

允许吸上真空高度：4.5m　　重量：660kg

铭牌上水泵型号各符号和数字的意义：

12—水泵吸水口的直径。单位是英寸(in)。

Sh—单级双吸卧式离心泵。

28—表示水泵的比转数被 10 除的整数，即该水泵的比转数是 280。

A—表示该水泵已经切削了一档。

建筑给水系统中的水泵选择时，主要根据两个参数，即流量和相应流量下的扬程。

确定流量时一般有两种情况：一种是单设水泵的系统，流量按给水系统的设计秒流量确定，这样供水安全性较高；另一种是水泵和水箱联合工作的系统，由于水箱的调节作用，在最大秒流量出现时，可以由水箱中的水供给一部分，所以可以使水泵的流量减少，流量可以取系统的最大小时用水量，甚至可以取系统的平均小时流量。另外，在水泵水箱联合工作的系统中，水泵的流量不是单独考虑的，确定水泵流量时必须同时考虑水箱的容积。水泵的流量与系统的设计秒流量相差越大，水箱的容积就越大。尤其是对于建筑规模较大的建筑，水箱容积的增大，会直接导致建筑结构的变化，从而增加造价，确定水泵流量时应根据具体条件，进行经济技术比较来确定。

水泵的扬程应满足建筑系统中的最不利点的水压要求。一般情况下，水泵从贮水池吸水，水泵的扬程为：

$$H = Z_1 + Z_2 + h + H_4 \qquad (3-1)$$

式中　H——水泵的扬程，mH_2O；

　　　Z_1——水泵的吸水高度，m；

　　　Z_2——水泵的压水高度，m；

　　　h——吸水管和压水管的总水头损失，mH_2O；

　　　H_4——最不利点处所需的流出水头，mH_2O。

根据系统所需要的流量和扬程，可以查水泵性能表，确定水泵型号，这个过程称为选泵。选泵时，要考虑所选水泵的流量和扬程等于或稍大于系统需要的流量和压力。一般有5％～10％的安全余量。

对于小型的给水系统，一般选用一台水泵，另外加一台备用泵即可。对于水量较大的给水系统，可以选择两台或多台水泵并联使用，通过开动不同的水泵台数，可以增加供水的灵活性。

上述单设水泵的系统选泵过程，主要考虑要满足供水最不利的情况。而实际情况是这种最不利情况一般出现的时间很短，大部分时间用水量小于设计流量，而水泵的运行是等速的，供水能力实际上是过剩的，势必会造成能量浪费。为了解决这个问题，又出现了水泵的变速运行技术，现在常用的技术称为变频调速技术。使水泵的运行速度是可变的(转速变化幅度一般在额定转速的80％～100％)，使水泵的流量和扬程恰好与系统所需要的流量和扬程相等，避免了能量浪费，节省了电费支出。

水泵的变速运行技术，可以使水泵水箱联合工作的给水系统不设水箱，节省了水箱间和相关设备，是目前最有效、最合理的节能措施。近年来，随着变频调速设备的国产化水平的提高，价格得以降低，得到广泛的普及。现在高层建筑和大型公共建筑一般都采用这种供水方式。

2. 水泵的安装高度

水泵的安装高度指的是水泵的轴线与吸水池的最低设计水位的垂直距离。这个距离最大不能大于水泵的允许吸上真空高度，否则，会造成水泵无法吸水，不能工作。也不能过低，否则会造成泵房埋深过大，造价增加。水泵的最大允许安装高度，可以用下面公式确定：

$$H_v = H_s - \Sigma h - \frac{v^2}{2g} \qquad (3-2)$$

式中　H_v——水泵最大允许安装高度，m；

H_s——水泵允许吸上真空高度，m；

Σh——水泵吸水管路中的水头损失，mH_2O；

$\dfrac{v^2}{2g}$——水泵吸水口处的流速水头，mH_2O。

3. 泵房的布置

水泵所在的工作间称为水泵房。泵房一般要通风采光良好，不结冻，有完善的排水设施。由于水泵机组的运行有一定噪声，泵房不能与对噪声和振动有要求的建筑物或房间相邻。

水泵机组的布置原则是：管线最短、弯头最少，管路便于安装。布置尽量紧凑，尽量减少泵房的平面尺寸和埋深，降低造价。

为了保证水泵机组的安全运行，管理维护方便，水泵的布置应符合以下要求：

(1) 水泵机组基础侧面与墙面及相邻基础的距离不得小于 0.7m，吸水口直径小于 50mm 的水泵此距离不得小于 0.2m。

(2) 如果电机与墙相邻，电机与墙的距离，必须保证维修时能抽出电机轴。

(3) 为了避免事故时受水浸泡，水泵基础应高出地面，不得小于 0.1m。

(4) 为了检修方便，一般泵房要设置起重设备。

三、气压给水设备

气压给水设备的工作原理是，利用密闭在压力罐内的压缩空气，将进入到罐内的水送到各个配水点的升压装置，可以贮存一部分水量并保持水压，作用相当于水塔或高位水箱。水由水泵加压送入气压罐，随着水逐渐进入气压罐，罐中的空气不断被压缩，不断获得能量，直到罐中的压力高于系统所需的设计压力。罐中的水在压缩空气的作用下，被压送到给水管网，罐中的水逐渐减少，空气膨胀，压力减小。当降低到最小工作压力时，水泵启动，水泵出水除了供给用户外，多余部分进入气压罐，空气又被压缩，压力上升。当压力又增大到最大压力时，水泵停车，由压力罐向管网供水。气压供水设备如图 3-16。

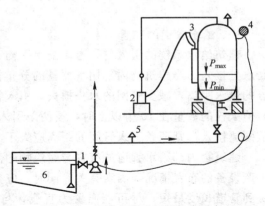

图 3-16　单罐变压式气压给水设备
1—水泵；2—空气压缩机；3—水位继电器；
4—压力继电器；5—安全阀；6—水池

气压给水装置主要由以下几部分组成：

(1) 气压罐：充满水和空气。

(2) 水泵：将水压送到气压罐。

(3) 空气压缩机：向罐内补充空气或对水加压。

(4) 控制装置：用来启动和控制水泵及空气压缩机的。

气压罐中由于水与空气直接接触，经过一段时间后，空气会因为漏失或溶解于水而逐渐减少，使调节容积减少，水泵启动频繁，因此需要定期补充。

新型气压罐如图 3-17，在罐内部有橡胶囊式弹性隔膜，隔膜将罐体内部隔成两部分，靠囊的伸缩变形来调节水量。这种气压罐可以一次充气长时间使用，不需要补气设备，简化了设备，减少了造价，降低日常维护管理费用。而且压缩空气与水不接触，使水质免受污染。

大型的气压给水设备可以使用双罐，一个罐充水，另一个充气，中间用管道相连。如果需要定压供水，在连接管上加一个调压阀即可。这种供水设备，在某些特殊场合，如隐蔽的国防工程、地震区的建筑、对外观要求较高的建筑等都可以应用。主要优点是：便于隐蔽、施工迅速、安装拆除方便，灵活性大，投资少。水在密闭系统内流动，不会受到污染。缺点是：调节能力差，能耗大，设备寿命较短，维护管理费用高，供水压力变化幅度大。如果设备出现故障，可能会造成压缩空气窜入给水管道，再启动时要重新补气，操作麻烦，启动时间长。

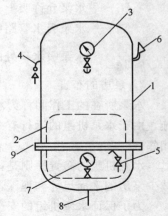

图 3-17　隔膜式气压给水设备
1—罐体；2—橡胶隔膜；3—电接点压力表；4—充气管；5—放气管；6—安全阀；7—压力表；8—进出水管；9—法兰

第五节　建筑给水管道的布置、敷设与安装

一、给水管道的布置

建筑给水系统的引入管，考虑配水平衡和供水可靠，应从建筑物用水量最大和不允许断水处接入。当建筑物内部用水器具的分布较均匀，应从建筑物中间引入，缩短向最不利点的供水距离，减少管网的水头损失。引入管一般设一条，当建筑物不允许间断供水或室内消火栓的数量在 10 个以上时，设两条引入管，但应从建筑物的不同侧接入。如果必须从同侧接入，则两条引入管间的距离应大于 10m，而且在两个接点间设置阀门。

建筑物内部给水管道的布置与建筑物的性质，建筑物的外形、结构状况、卫生器具和生产设备的布置情况等因素有关。同时，应充分利用室外给水管网的压力。布置时应尽量做到管道长度最短，尽可能布置为直线，与墙、梁、柱平行敷设，兼顾美观和施工检修方便。

给水干管应尽量布置在靠近建筑物内部用水量最大的设备或不允许间断供水的设备附近。一方面可以使大管径的管道最短，降低造价；另一方面，提高供水可靠性。

建筑物内部的给水管道不允许布置在排水沟、烟道和风道内。给水管道距离大小便槽的距离最小应有 0.5m，更不允许穿越大小便槽；不允许穿越橱窗、壁柜和木质装修；尽量避免穿越沉降缝，如果穿越，必须采取适当的措施。

建筑物内部给水系统的管道布置方式，按照其水平干管在建筑物内的位置，可以分为：

1. 下行上给式

如图 3-18，水平干管敷设在地下室顶棚下面、专门的地沟内或直接埋地，自下向上供水。这种给水方式特别适合直接利用室外管网的水压直接供水的情况。

2. 上行下给式

水平干管敷设于顶层顶棚、平屋顶上或吊顶中，自上而下供水。一般有屋顶水箱的给水系统或下行有困难的情况，适用于这种给水方式，见图 3-19。

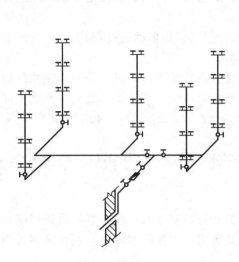

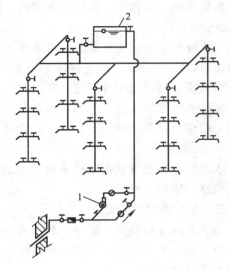

图 3-18　下行上给式　　　　　　　　　图 3-19　上行下给式

这种给水方式，由于干管直接暴露在空气中，所以，寒冷地区必须对管道做保温。另外，由于上行干管敷设在室内，如果发生泄漏，对室内装修的破坏是很严重的，而且维修困难，施工质量要求高。在没有特殊要求时，尽量不采用这种给水方式。

3. 环状式

环状式有两种情况，一种是水平干管闭合成环，另一种是立管闭合成环。环状式给水方式，一般使用在大型公共建筑或对供水要求较高不允许断水的建筑物。供水安全性很高，但管材使用量增加，造价提高，如图 3-20。

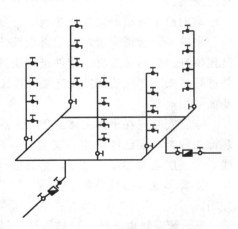

工厂车间内的给水管道，应不妨碍生产操作和交通运输。在遇水能引起爆炸、燃烧或损坏的原料、设备上方不允许布置给水管道。当管道埋地时，应避免被重物压坏或被设备振坏。做到尽量不穿越设备基础，如果无法避免，应采取相应的加固、减振措施。

图 3-20　环状给水方式

二、给水管道的敷设

建筑内部的管道的敷设方式一般可以分为两种：

1. 明装

即管道沿梁、柱、墙面暴露敷设。这种敷设方法造价低，施工简单，维护管理方便。但由于在使用中管道表面结露、积尘等，影响环境卫生。而且不够美观。一般民用建筑和工业车间内的管道，都采用明装的敷设方式。

2. 暗装

把管道敷设在顶棚上面或吊顶中，或设置管沟、管道井、管槽，隐蔽敷设。这种敷设方式，卫生条件好，美观，但造价高，维护管理很不方便。一般使用在对环境标准要求较高的高层建筑、宾馆中。某些工业车间，由于生产工艺要求室内洁净无尘，也采用这种敷设方法。

引入管的敷设，室外部分应考虑冰冻因素和地面荷载（如车辆通过）的影响。一般敷设在冰冻线以下 200mm，覆土厚度不小于 0.7～1.0m。

引入管穿越建筑物外墙进入室内时，无论从建筑物外墙下面穿过，还是直接从外墙穿过，都必须考虑引入管不能因建筑物的沉降而被破坏。所以，当管道从建筑物外墙下面穿过时，应砌分压拱或设置过梁。当管道穿过外墙时，应设套管，而且预留大于管径 200mm 的孔洞。

水表节点一般设置在室外单独的水表井中，要求不结冻（气温 2℃ 以上）、不受污染、便于检修、查表方便。

三、给水管道的安装

给水管道穿越楼板、墙体、基础时，必须设置套管，套管有钢质套管和镀锌薄钢板套管两种。钢质套管一般用于穿越建筑设备基础以及厨房、卫生间的楼板；镀锌薄钢板钢管多用于穿越墙体。

当管道穿越钢筋混凝土现浇结构时，先预留孔洞，一般在钢筋捆扎完成后进行。首先确定预留孔洞的位置，然后将模具固定到相应位置，然后浇筑混凝土。对于尺寸较大的孔洞，如果模具与多根钢筋相交时，需要土建专业人员校核，采取适当措施后，才能进行模具的安装。

室内给水管道的安装按照地下管道、立管、横支管的顺序进行。

室内地下管道安装时，应首先校核穿越墙或基础的孔洞、穿越地下室的外墙套管是否已预留好。然后对管材、管件进行质量检查并清除污物。按照各管段的顺序、长度下料，并进行试安装，然后按照工艺要求施工。同时按照平面图确定与立管连接口的位置以及与墙面的距离。

立管安装应在土建主体工程完工后进行。孔洞已经按照设计位置和尺寸预留好，室内装饰的种类厚度已经确定。安装时，首先检验孔洞，在顶层立管中心线位置，用重锤吊线，与底层立管连接口对正。然后进行立管安装，立管卡，最后封堵楼板预留孔洞。

立管和卫生器具安装完毕后，进行给水横支管的安装。卫生器具的安装在排水部分介绍。

四、管道防腐、防冻、防露、防漏措施

建筑系统的工作年限较长，除了日常维护管理外，施工中要采取一系列措施，延长管道系统的使用年限。

1. 防腐

建筑给水系统使用的管材，除了镀锌钢管以外，都需要作防腐处理。管道的防腐方法与管道的材质、用途和工作环境有关。

对于裸露在空气中的管道，一般采用刷油法，即先对管道表面除锈，然后刷防锈漆（樟丹等）两遍，最后刷银粉。如果管道需要特殊标记，表面可以涂刷调和漆或铅油等。质量较高的防腐方法是做管道防腐层，使用的原料是冷底子油、沥青玛瑞脂、防水卷材等。

埋地的铸铁管，一般是刷冷底子油，地上部分一般刷樟丹和银粉。

工业上一些输送有腐蚀性原料的管道，除了选择耐腐蚀性管材外，也可以在钢管或铸铁管内壁涂抹环氧树脂等耐腐蚀性材料。

2. 防冻

设置在温度低于 0℃ 的环境中的管道和设备，应该采取保温防冻措施。如屋顶水箱的一些相关管道。保温防冻措施一般在涂刷底漆后采取。常见的保温防冻措施为在管道外壁裹岩棉，膨胀蛭石等多孔隙材料。

3. 防露

在气候温暖潮湿的季节，空气湿度较大，此时如果管道或设备内的水温较低，在管道或设备的外壁上就会有凝结水。如果不加处理，久而久之会损坏墙面、腐蚀管道，影响管道寿命和环境卫生，必须采取防结露措施，一般方法与保温防冻措施相同。

4. 防漏

管道漏水不仅是一种浪费，对于某些特殊地基，甚至会破坏建筑物。如某些湿陷性黄土地区，管道漏水会造成灾难性后果。

常见漏水的情况有两种，一种是管道连接处不严密，造成漏水，这种漏水只能靠严格管理，提高施工质量来避免。另一种是卫生器具或水龙头或水箱的零件损坏，引起漏水，这种漏水一般靠经常检查，及时维修可以解决。

第六节 高层建筑给水系统

高层建筑层数多、高度大，与一般的多层建筑相比，有很多不同。高层建筑内部给排水设备数量多、标准高，建筑内人数多。如果发生供水事故，影响范围大，所以对给水安全性要求高。

由于高层建筑高度大，如果仍然采用普通建筑的给水方式，当给水压力满足建筑物内部最不利点的水压要求时，建筑物底部的管道中的静水压力就会很大，造成底层龙头和卫生器具水流喷溅无法使用。我国管件和卫生器具配件的工作压力一般为 0.34～0.4MPa，当管道和管件所承受的压力大于它们的额定工作压力时，就可能会产生破坏。我国《建筑给排水设计规范》(GBJ 15—88)规定，高层建筑生活给水系统应竖向分区：住宅、宾馆、医院一般为 300～350kPa；办公楼一般为 450kPa。

进行竖向分区后，高层建筑的给水方式与普通多层建筑有一些不同。常见形式有：

1. 并联给水方式

如图 3-21，各区独立设水泵和水箱，水泵集中设置在建筑底层或地下室，分别向各区供水。这是高层建筑中广泛采用的一种给水方式。具有显著优点：

(1) 各区水泵集中设置，便于管理。

(2) 各区都为独立系统，互不影响，供水安全可靠。

缺点是上面的分区水泵扬程大，压水管线长。高层建筑造价高，空间珍贵，水箱占用了一定建筑面积。

2. 串联给水方式

水泵分散设置在各区的设备层中，从下一区的水箱吸水。所以计算各区水箱容积时，不但要考虑本区的需要，还要考虑上面各区的用水量。这种给水方式的优点是：

（1）各区设备的流量和扬程按本区需要设计，工作效率高，能耗少。

（2）管道总量少，基建费用低。

缺点是：

（1）对各个设备层要求高，需要做到防振、防噪、防漏等。

（2）水泵分散布置不便管理。

（3）水箱容积越靠近底层越大，加大了结构的负担。

（4）工作不可靠，任何一区发生故障，都会影响上面各区。如果设备用泵，则增加造价。

由于缺点较多，所以在工程中较少采用。

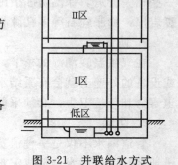

图 3-21　并联给水方式

3. 减压给水方式

如图 3-22，整个建筑的用水量都由设置在底层的水泵提升到顶层的总水箱。再由总水箱向下送到各区水箱，各区水箱分别给各区供水。各区水箱起减压作用，也叫减压水箱。减压水箱可以用减压阀代替。

这种供水方式的优点是：水泵和管道的投资少，管理简单。

缺点是：设置在最高层的水箱容积大，增加了结构的荷载，管道管径大。供水安全性差，上面的任何区的管道或水箱、减压阀出问题，都会影响下面各区供水。

4. 无水箱给水方式

如图 3-23，由能够变速运行的水泵机组供水，可以采用减压阀，也可以采用并联方式。根据系统的实际需水量，水泵机组自动改变水泵的转速，使水泵经常处于高效运行状态。随着调速设备的普及，这是目前使用较多的一种供水方式。

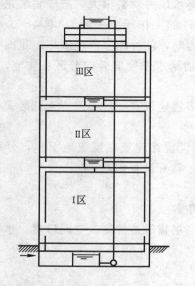

图 3-22　减压给水方式

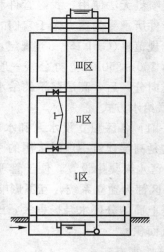

图 3-23　无水箱的减压给水方式

1—减压阀

5. 气压给水方式

如图 3-24, 由气压罐向建筑物供水。具体可以采用减压阀, 也可以采用并联方式。这种给水方式, 不需设高位水箱, 不占用高层建筑面积, 但水泵启动频繁, 动力费用高。

另外, 不管采用何种给水方式, 根据供水的安全程度, 都可以设计成竖向环网或水平向环网。水箱可以采用两条出水管连接到环网。在各个分水点, 适当设置阀门, 减小因管道检修时的影响范围。高层建筑的给水系统, 还应该注意消声、防振等措施, 一般可以采用消声止回阀、可挠曲橡胶接头、橡胶隔振垫、弹性支架等产品, 来尽量减少设备的噪声和振动。

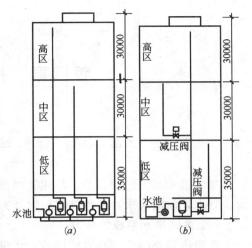

图 3-24　气压给水方式

复习思考题

1. 建筑给水系统由哪几部分组成?
2. 常见建筑给水方式有哪些? 各自在什么条件下使用?
3. 常见建筑给水管材有哪些? 一般采用什么连接方式?
4. 常见阀门种类有哪些? 各自作用是什么?
5. 如何选择水表?
6. 水箱一般设置什么管道? 一般设在什么位置?
7. 水泵一般如何布置?
8. 一般采取什么措施延长管道的使用寿命? 具体做法是什么?
9. 高层建筑常用的给水方式有哪些?

第四章 排 水 系 统

第一节 建筑排水系统的分类和组成

建筑排水系统的任务是：将建筑内部产生的生活、生产污（废）水以及降落在屋面上的雨、雪水，收集起来，并将其排到室外去。

一、建筑排水系统的分类

按照所排除的污（废）水的性质，建筑内部的排水管道可以分为三类。

1. 生活污（废）水系统

人们在日常生活中排出的盥洗污水、洗涤污水称为生活废水；生活废水和粪便污水统称为生活污水。用来排出生活污水的管道系统称为生活污水系统。按目前国内的实践情况，由于污水处理厂还未普及，生活污水一般单独排入化粪池进行局部处理，而生活废水则直接排入室外下水管道。当有污水处理厂时，可以考虑取消化粪池，生活废水和生活污水合流排出。

2. 工业废水系统

工业废水指生产废水和生产污水。生产废水是指未受污染或污染程度较轻，以及仅仅是温度升高的工业废水（如工厂中的冷却水）。生产污水是指污染较严重的工业废水。

由于工业的种类繁多，各种工业的污染物各不相同，所以工业废水的性质非常复杂。一般情况下，工业废水应根据性质分别用不同的管道排出。生产废水由于污染程度轻，一般考虑循环使用或循序使用。生产污水由于所含污染物质较多，一般都是一些工业原料，如：酸、碱、重金属等，对环境污染较严重，要经过处理后排放。在处理过程中，往往可以进行一些工业原料的回收和再利用。

3. 雨（雪）水系统

雨（雪）水系统是用来收集和排放降落在屋面的雨水和融化的雪水的管道系统。通常情况下雨（雪）水用外排水系统排除。但是一些大型厂房、仓库、和高层建筑等，使用外排水比较困难，可以由建筑物内部设管道系统排出，称为雨（雪）水的内排水系统。

上面的三种污、废水，如果分别用管道排出建筑物，称为建筑分流制排水。如果将其中的两类或三类用一套管道排出，称为建筑合流制排水。确定建筑物到底采用分流还是合流，不仅必须要考虑是否与市政排水体制相适应，同时还要考虑经济和技术的因素。一般原则是：

(1) 生活粪便污水不能与雨水合流；

(2) 生产废水可以与雨水合流；

(3) 主要含有机污染物的生产污水可以与生活粪便污水合流；

(4) 含有一些特殊污染物的生产污水，如固体污染物、强酸、强碱、有毒物质等，必须经过局部处理，达到国家规定的有关标准后，才能排入市政管网。

二、建筑排水系统的组成

建筑排水系统不仅要迅速、安全地将污水排除到室外，而且还要保持管道系统的工作稳定，防止管道中的有毒有害气体由管道进入到室内。所以一般建筑排水系统一般由排水管道系统和通气管道系统组成。

如图 4-1，完整的建筑排水系统一般由以下几部分组成：

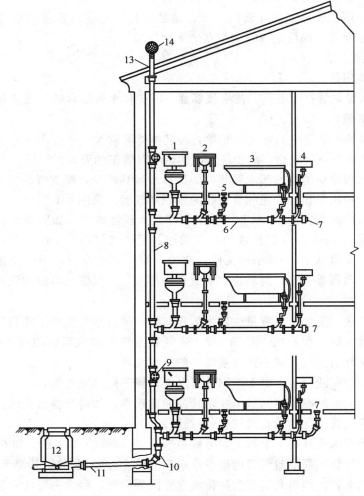

图 4-1　建筑内部排水系统

1—大便器；2—洗脸盆；3—浴盆；4—洗涤盆；5—地漏；6—横支管；

7—清扫口；8—立管；9—检查口；10—45°弯头；11—排出管；

12—排水检查井；13—伸顶通气管；14—网罩

1. 卫生器具或污水受水器

卫生器具是接纳和收集污水的设备，是整个建筑排水系统的起点。

2. 排水管道系统

排水管道系统由器具排水管、横支管、立管、排出管和清扫口、检查口等组成。

器具排水管是连接污水器具和横支管间的一段短管，除了坐式大便器外，包含有存水弯。

横支管是连接器具排水管和立管的管道，承接卫生器具的污水送到立管。一般情况下，沿墙明装悬吊于楼板下，底层埋地敷设。如果对美观要求较高，可以采用暗装方式，敷设在夹层或设备层中。

立管作用是承接各横支管的污水，排至排出管。一般靠近排水量最大的卫生器具，沿墙角明装。当要求较高时，可以暗装或敷设在管道井中。

排出管的作用是承接排水立管的污水，送到室外。是室内管道和室外检查井的连接管。排出管一般埋设于底层地下或安装在地下室顶板下。

3. 通气管道系统

通气管的作用是：

（1）向排水管系统补充空气，使水流畅通，减少排水管道内的气压变化幅度，防止存水弯内的水封被破坏。

（2）使室内排水管道中的臭气和有毒有害气体排除到大气中去。

（3）使管道内的空气流通，减少管道内的废气对管道的腐蚀。

对于低层民用建筑的生活污水系统，如果污水器具较少，横支管较短时，可以将排水立管向上延长，伸出屋顶作为通气管，称为伸顶通气管。见图4-1。

伸顶通气管应高出屋面0.3m以上，并大于最大积雪厚度。如屋顶为有人活动的平屋顶，至少伸出屋面2m，并设置相应的防雷措施。距通气管出口4m以内有门或窗时，通气管应高出门、窗顶0.6m，或引向无门、窗的一侧。通气管管口不应设置在建筑物的屋檐檐口、阳台、雨篷等下面。为防止雨雪或杂物落入，通气管出口应装设网形或伞形通气帽，并设纱网。

对于层数较多，卫生器具数量也较多的建筑物，伸顶通气管将不能满足稳定系统压力的要求，必须设置通气管系统。见图4-2，通气管系统与排水系统相连，但其内不通水，只是向排水系统补给空气，减小排水系统中的压力波动。

根据国内外的实践经验，对于不同的情况要设置不同的通气管：

对于一些对卫生标准和控制噪声要求较高的建筑物，如高级旅游宾馆，应在每一个器具排水管上设通气管，称为器具通气管（小透气）。

对于连接的污水器具在4个以上，且距立管大于12m或连接6个和6个以上大便器时，应设环形通气管。环形通气管连接在排水横支管上，如图4-2。设置环形通气管的同时，应设置通气立管。如果通气立管与排水立管同侧设置，称为主通气立管。通气立管与排水立管分开设置，就称为副通气立管。

在设置环形通气管的情况下，如果排水横支管过长，就必须设置安全通气管，加强通气能力，如图4-2。

如果建筑物有卫生器具的层数在10层或10层以上时，设专用通气管。连接在排水立管上，一般底层和底层必须连接，中间每隔2层与排水立管用结合通气管连接，如图4-2。

通气管的管径一般比相应的排水管的管径小1～2级，通气管的最小管径见表4-1。

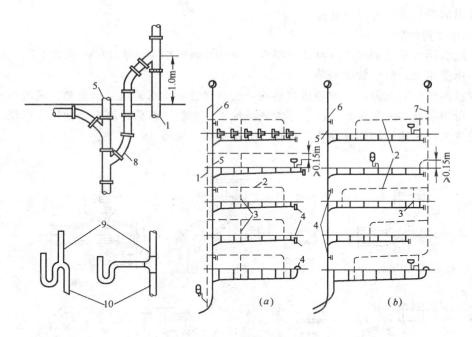

图 4-2　通气管系

(a)排水、通气立管同边设置；(b)排水、通气立管分开设置

1—主通气立管；2—环形通气管；3—安全通气管；4—清扫口；5—排水立管；6—伸顶通气管；

7—副通气立管；8—结合通气管；9—器具通气管；10—器具排水管

<table>
<tr><td colspan="7" align="center">通 气 管 管 径</td><td align="right">表 4-1</td></tr>
<tr><td>污水管管径(mm)</td><td>32</td><td>40</td><td>50</td><td>75</td><td>100</td><td>150</td></tr>
<tr><td>器具通气管(mm)</td><td>32</td><td>32</td><td>32</td><td></td><td>50</td><td></td></tr>
<tr><td>环形通气管(mm)</td><td></td><td></td><td>32</td><td>40</td><td>50</td><td></td></tr>
<tr><td>通气立管管径(mm)</td><td></td><td></td><td>40</td><td>50</td><td>75</td><td>100</td></tr>
</table>

4. 抽升设备

建筑物的地下室、人防建筑物等处的污水不能自流排到室外，此时必须设抽升设备，最常用的抽升设备是污水泵。

5. 污水局部处理构筑物

当建筑物排出的污水的污染程度较重，或含有某些特殊污染物质（如易燃物等）时，不允许直接排入室外排水管网或自然水体，必须要进行局部处理。进行处理的设施就是污水局部处理构筑物，最常见的有进行粪便污水局部处理的化粪池；去除大颗粒固体杂质的沉砂池；去除污水中油脂的隔油池等。

第二节　建筑排水系统的管材、管件及卫生器具

一、建筑排水的管材和管件

建筑排水系统使用何种管材，要根据排水管道设置的地点、条件和污水性质来决定。

其中常用的管材主要有以下几种：

1. 排水铸铁管

是建筑排水系统的主要管材，管径在 50～200mm 之间。与给水铸铁管不同，它在工作时不承受压力，所以管壁较薄。

排水铸铁管有两种，一种是排水铸铁承插口直管和排水铸铁双承直管。通过各种管件连接，所用的配件都是定型产品，不能现场加工、切割。但管件齐全，使用很广泛。常见管件有弯头、三通、四通、曲管、管箍、大小头等，见图 4-3。

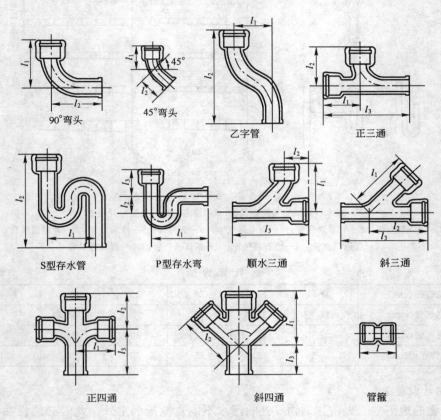

图 4-3　排水铸铁管管件

2. 排水塑料管

目前建筑排水系统中常用的排水塑料管是硬聚氯乙烯塑料管。这种管材的优点是重量轻；管壁光滑；不腐蚀；切割安装容易；节省金属；投资少造价低。缺点是强度低；耐热性差；由于管壁薄故立管噪声大；防火性能差；阳光直射易老化。

硬聚氯乙烯塑料管的管件形状与排水管基本相同，见图 4-4。承插口用胶粘剂粘接。

排水硬聚氯乙烯塑料管的规格见表 4-2 所示。

3. 陶土管

陶土管又称为缸瓦管，分为有釉和无釉两种，承插接口。陶土管表面光滑，耐酸碱腐蚀，价格低廉，可以替代铸铁管。但强度低，运输安装损耗大，切割困难，单节管道长度短，接口工作量大。只能使用在荷载和振动较小的地方，一般可以作为室外排水管材。

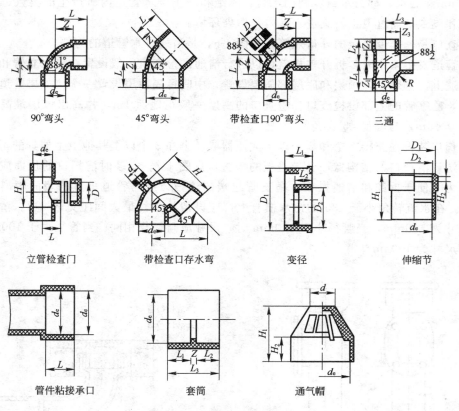

| 90°弯头 | 45°弯头 | 带检查口90°弯头 | 三通 |

| 立管检查门 | 带检查口存水弯 | 变径 | 伸缩节 |

| 管件粘接承口 | 套筒 | 通气帽 |

图 4-4　常用塑料排水管件

排水硬聚氯乙烯塑料管规格　　　　　　　　　　　　　　　　　　　　　　表 4-2

公称直径(mm)	40	50	75	100	150
外　径(mm)	40	50	75	110	160
壁　厚(mm)	2.0	2.0	2.3	3.2	4.0
参考重量(g/m)	341	431	751	1535	2803

陶土管中有一种耐酸陶土管，可以抵抗强酸腐蚀，可以使用在含有强酸的工业污水中。

4. 石棉水泥管

重量轻，耐腐蚀，管壁光滑，加工容易，但机械强度低，不能承受撞击力，易破损，可以用作通气管。

二、排水管道附件

建筑排水管道附件主要有：存水弯、检查口、清扫口、检查井、地漏、通气帽等。

存水弯是设置在卫生器具排水管(坐便器除外)和其他一些污水受水器的泄水口上的排水附件。构造如图4-5。有 P 形和 S 形两种。工作原理是，在弯曲的管段内存有

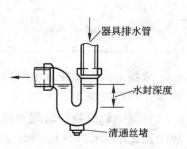

图 4-5　带清通丝堵的 P 形存水弯

55

60～70mm深的水，称为水封。利用水封，隔绝和防止排水管道内所产生的臭气、有毒有害气体和飞虫，通过卫生器具进入室内，污染环境。

检查口是一个带盖板的开口短管，见图4-6，是清通排水管道的管件。

当管道发生堵塞时，拆开盖板就可以进行清通。检查口一般设置在排水立管和较长的水平管道上。立管上，顶层和底层都需要设置，中间每隔两层设置一个。如果管道上有乙字管时，乙字管的上部设检查口。检查口的高度一般距地面1m，并高出该层最高卫生器具上沿0.15m，与墙呈45°夹角。

清扫口装设在连接2个和2个以上大便器或3个和3个以上其他卫生器具的污水横支管的起端。清扫口的结构像一个带盖板的弯头，见图4-7。安装时清扫口的顶面应与地面相平。为了便于拆卸和清通操作，横支管起端的清扫口应与管道垂直的墙面距离不小于0.15m。在水流转角小于135°的污水横管上，应设清扫口，最大间距见表4-3。清扫口的最大尺寸为100mm，当管径小于100mm时，尺寸应与管径相同；当管径大于100mm时，清扫口尺寸为100mm。

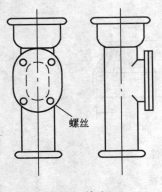

图4-6 检查口

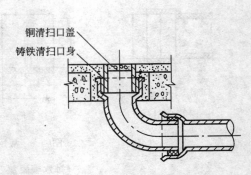

图4-7 清扫口

污水横管直线管段上检查口或清扫口的最大间距　　　　　　表4-3

管径(mm)	生产废水	生活污水或成分接近的生产污水	含有大量悬浮物和沉淀物的生产污水	清扫设备的种类
	距离(m)			
50～75	15	12	10	检查口
	10	8	6	清扫口
100～150	20	15	12	检查口
	15	10	8	清扫口
200	25	20	15	检查口

地漏一般设置在卫生间、浴室、盥洗室等需要从地面排水的房间内，用来排除地面的积水，构造见图4-8。

地漏一般由铸铁或塑料制成，在排水口处带有箅子，防止杂物进入排水管道。安装时箅子顶比地面低5～10mm，地面有不小于0.01的坡度，坡向地漏。地漏有自带水封和无水封的两种，自带水封的地漏，水封深度不得小于50mm。

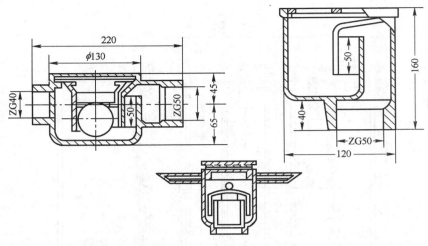

图 4-8　地漏构造

通气帽设在通气管的顶端，防止杂物进入通气管。常见的形式有两种，见图 4-9。温暖地区使用网状通气帽；寒冷地区要使用镀锌薄钢板制作的伞形通气帽，可以避免因为潮气的结霜堵塞网眼现象的发生。

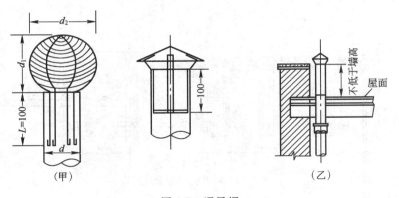

图 4-9　通风帽

三、卫生器具

卫生器具是满足日常生活的卫生用水以及收集、排除生产、生活中的污水的设备。常用的卫生器具按用途可以分为：便溺用卫生器具、盥洗、淋浴用卫生器具、洗涤用卫生器具等。

卫生器具的种类繁多，形式各异，但也有一些共同特点，如：表面光滑、不透水、耐腐蚀、耐冷热、容易清洗，牢固耐用等。常用的材质是陶瓷、搪瓷、塑料、石材等。

（一）便溺用卫生器具

1. 大便器

（1）蹲式大便器

蹲式大便器一般装设在公共卫生间、家庭、旅馆等建筑物内。常见的冲洗方式有高水箱冲洗、低水箱冲洗、自闭式冲洗阀冲洗三种。具体安装形式见《给排水标准图集》

（S342），如图 4-10。

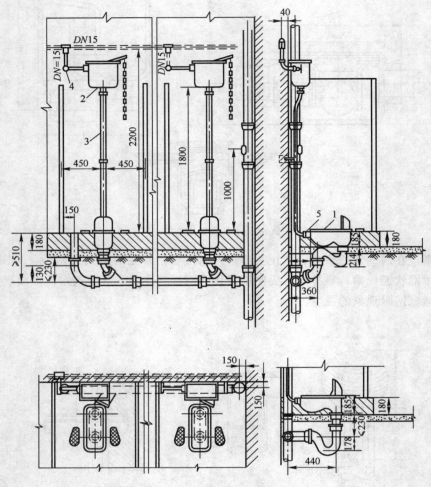

图 4-10 蹲式大便器及安装

安装时，排水管已安装完毕，蹲式大便器排水支管承口上缘比地坪高出 10mm，按排水支管的中心，画出大便器的中心线，并引至大便器后墙上，由此确定冲洗水管和冲洗水箱的安装线。

在大便器中心线的两侧用水泥砂浆砌筑两排红砖，高度比台阶高度低 20mm。将大便器的出水口外表面缠上油麻，抹上油灰，将出水口插入排水支管的承口内，再在周围间隙填塞油灰，压实、抹平、刮去多余油灰。

用水平尺校正大便器的平正，大便器纵向可以略微后倾，以便在冲洗后存有少量的水，避免大便器底很快干燥。

按照冲洗方式，安装好冲洗水箱、冲洗水管。冲洗水管一般采用塑料管或白铁管，冲洗水管底部安装 90°弯头，与大便器之间用胶皮碗连接，小头套在冲洗水管上，大头套在大便器的进水口上，然后分别用 1.2mm 的紫铜丝缠绕 5～6 圈后拧紧，见图 4-11。注意，不能用钢筋的绑扎丝，否则，5～6 年后绑扎丝锈断，就会出现漏水。在大便器周围填入白灰拌好的炉渣拍平；按要求抹好地面。

（2）坐式大便器

坐式大便器一般使用在较高级的住宅、医院、宾馆的卫生间内。根据结构和冲洗的水力原理的不同，可以分为两种：冲洗式，是利用冲洗设备具有的水压完成冲洗；虹吸式，是利用冲洗设备的水压和虹吸作用的抽吸作用进行冲洗。

坐式大便器本身带有存水弯，器具排水管上不需要再设存水弯。一般常用低水箱冲洗，如图 4-12。

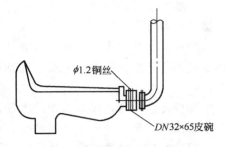

图 4-11　大便器和冲洗水管的连接

坐式大便器也可以使用自闭式冲洗阀。常见的虹吸式大便器是漩涡虹吸式连体坐式大便器。安装形式见《给排水标准图集》（S342）。

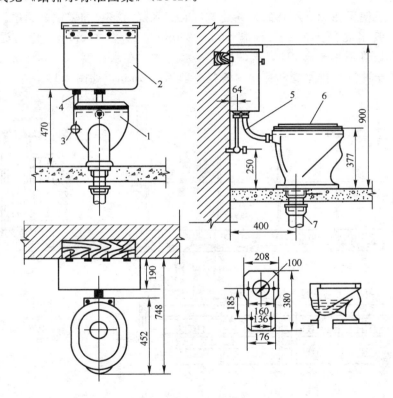

图 4-12　坐式大便器及安装

坐式大便器的安装应在墙面和地面工程都完成后进行，按照已安装好的排水支管中心为基准，在地面上画出大便器的安装中心线，并引到后墙上，确定水箱的竖直中心线。从地面向上测出高度为 825mm，弹出水平线，此线为低水箱上缘的安装位置。

首先安装低水箱，可以预埋木砖，也可以打孔埋木塞，用木螺钉固定，也可以用膨胀螺栓固定，无论用哪种方法，螺帽和水箱间需要加 2mm 厚的铅垫圈。

将大便器摆放在地面上的安装位置，用圆钉从地脚螺栓孔中穿下去，确定地面上地脚螺栓的位置，画出地脚螺栓的安装十字线。

在地面上的地脚螺栓的位置打孔，埋入 40mm×40mm×40mm 的用沥青煮过的木砖，木砖为楔形，上小下大，木纹横放。用木螺钉固定大便器。

先在大便器的出水口外缠石棉绳、抹上油灰，两人抬着坐便器将出水口插入排水支管的承口内，调整好位置，最后上地脚木螺钉，木螺钉头与大便器的接触处垫 2mm 的铅垫圈。

连接冲洗水管、接通水箱给水管。坐式大便器的冲洗水管为 50mm 的铜管或塑料管，包括连接件，都是坐式大便器的配套件，应与坐便器一起到货。

安装完成，经过试水合格后（包括水箱内的浮球阀、橡胶球的动作是否灵活、准确），可以将坐便器的坐圈和盖板装好。

对于连体式坐便器，可以省略和墙体的固定，只是在地面用螺钉固定。

（3）大便槽

大便槽一般使用在标准不高的公共建筑（如工厂、学校中）和城镇公厕中。

大便槽一般用混凝土制成，槽宽 200～250mm，底宽 150mm，起端深度为 350～400mm。槽底坡度不小于 0.015，末端做有存水门坎，存水深度 10～50mm，使粪便不会粘在槽底，易于冲洗。排水管和存水弯管径一般为 150mm，如图 4-13。

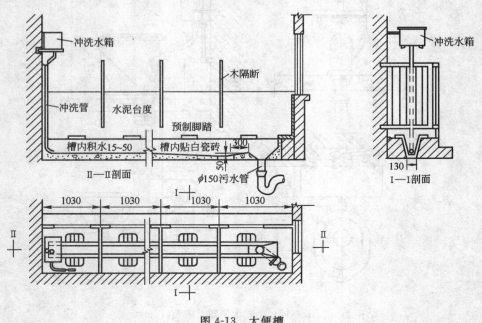

图 4-13　大便槽

2. 小便器

小便器设于公共建筑的卫生间内，有挂式小便器、立式小便器和小便槽三种。

（1）小便器

小便器一般使用在标准较高的建筑，按照安装形式，可以分为挂式小便器（如图4-14）和立式小便器。一般为白色陶瓷制品，冲洗设备采用冲洗水箱或冲洗阀，每只小便器都应该设置存水弯。小便器常布置成排式，两个小便器中心之间的距离为 700mm。

安装小便器时应该首先放线定位，确定小便器的中心线和中心垂线，根据已安装好的排水支管的中心线，在墙上画出小便器的中心线（用铅锤找垂直），将小便器放置在正确位置，确定钉眼位置，用手电钻在墙上钻孔，孔深 60mm，埋膨胀螺栓，将小便器固定。另一种固定方法是埋设木砖或打孔埋木塞，用木螺钉固定。

然后安装相应的给水和排水管道。

小便器的存水弯的下端缠上石棉绳，抹油灰插入排水支管的承口内，上端套入小便器的排水口，上下口均用油灰填塞。

图 4-15 是立式小便器的安装图。

立式小便器的高为 900mm（或 1000mm），宽 410mm 的白色陶瓷制品，安装定位方法与挂式小便器的相同。安装时，先在小便器的排水口上用胶皮垫和锁母装好排水栓，在排水栓的短管和小便器底部和周圈的空隙处填石灰膏，并在排水栓短管上套橡胶圈防止漏水。抬起小便器对准墙上的中心线，将排水栓插入排水支管的承口内，校正好位置，在承口周围间隙填满油灰并抹平。给水管的安装与挂式小便器相同。

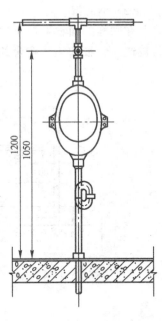

图 4-14　挂式小便器

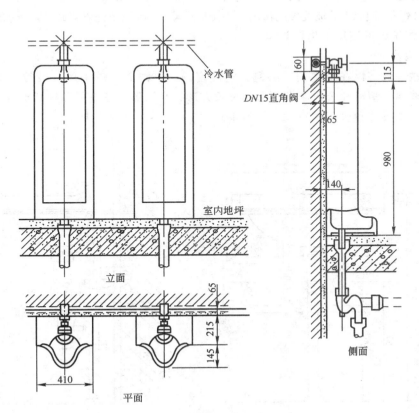

图 4-15　立式小便器安装图

（2）小便槽

在同样的面积下，小便槽比小便器可以满足更多的人使用。而且建造经济，所以在公共建筑、学校和集体宿舍的男厕所中被广泛使用，如图4-16。

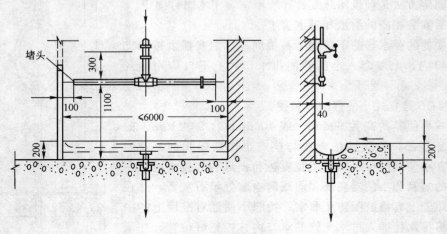

图4-16　小便槽

一般槽宽300～400mm，起端深度不小于100mm，槽底坡度不小于0.01，槽外侧有400mm的踏步平台，并有0.01的坡度坡向槽内，小便槽沿墙1.3m以下铺砌瓷砖，防止腐蚀。

（二）盥洗、淋浴用卫生器具

1. 洗脸盆

洗脸盆一般装设在卫生间、浴室、盥洗室内，供洗面、洗手用。最常见的是陶瓷制品，也有玻璃、塑料和金属制品。形状有长方形、半圆形、三角形和椭圆形等。安装方式有墙架式、柱脚式和台面式三种，如图4-17。

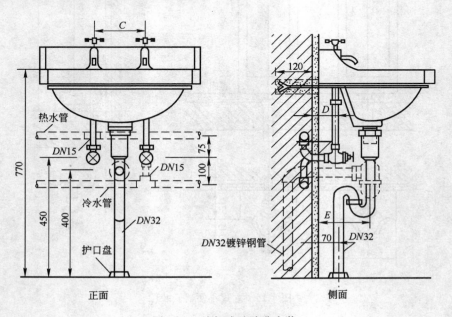

图4-17　墙架式洗脸盆安装

洗脸盆安装时首先按排水支管的中心位置，确定洗脸盆的中心线位置，安装高度为：地面至洗脸盆上缘，一般为760～800mm，幼儿园为500mm，多个洗脸盆成排安装，中心间距不小于700mm。

墙架式洗脸盆的安装：用配套的铸铁脸盆架固定在墙上。安装时用木螺钉将铸铁架固定在预埋于墙上的木砖上，洗脸盆用螺栓固定在铸铁架上。洗脸盆安装稳固后，可以进行排水管路的安装。连接管道前，先将冷、热水嘴和排水栓固定在洗脸盆上，安装水嘴时，热水在左，冷水在右。

管道明装时，排水支管上装S形存水弯，存水弯的下端缠石棉绳插入排水支管承口内，填塞油灰、撮实、抹平；管道暗装时，排水管横装在墙槽内，排水支管上暗装P形存水弯，安装时，先穿上管压盖(也称为瓦钱，是管道和墙结合部位的装饰品)，再在出水端缠上石棉绳，插入墙内排水支管的三通承口内，用油灰填满间隙、撮实、抹平、压紧管压盖。

和给水管道连接时，暗装管用角阀、铜管相连；明装管用丝扣闸阀和活接头相连接，镀锌钢管丝扣连接。一般冷热水管在沿着左右方向平行敷设时，热水管在上面；在沿着上下方向平行敷设时，热水管在左边。

柱脚式洗脸盆的安装：首先根据排水支管的管口位置确定洗脸盆安装的中心线，根据洗脸盆的排水口到洗脸盆背部边缘的距离，确定立柱安装位置。实际测量洗脸盆背部螺孔的位置，确定出墙上埋设螺栓的位置，打上洞，栽上螺栓。先在地面上立柱安装的位置铺上10mm厚的油灰，用力压实，刮去多余的油灰。在立柱上部和洗脸盆结合处的凹槽内铺上油灰，摆上洗脸盆，结合紧密并压实，刮去多余油灰，拧紧背部螺栓。

给排水管道的安装和墙架式洗脸盆相同，存水弯和排水管要放置在空心柱脚内。

2. 盥洗槽

盥洗槽一般装设在标准不高的公共建筑的盥洗室和工厂生活间内。一般为长方形，可以单面使用，也可以做成双面使用。常用钢筋混凝土水磨石或瓷砖现场建造。长方形盥洗槽一般宽500～600mm，距离槽上边缘200mm处装置水龙头。水龙头一般间距700mm，槽内靠水龙头一侧设有泄水沟。

3. 浴盆：

浴盆一般用搪瓷、玻璃钢或塑料制成，外形多为长方形，如图4-18。一般设置在宾馆、住宅、医院等的卫生间或浴室内。一般配有冷热水混合龙头和淋浴设备，排水口和溢水口都设在龙头同侧。盆底有0.02的坡度坡向排水口。

4. 淋浴器

淋浴器多用于工厂、学校、机关等的公共浴室和集体宿舍的卫生间内。与浴盆相比，有占地面积小，设备费用低，耗水量小，清洁卫生，避免疾病传播等优点。有制成品，也可以现场安装，如图4-19。成排设置时，相邻两喷头之间的距离为900～1000mm，莲蓬头距地面高度是2000～2200mm，浴室地面应有0.005～0.01的坡度坡向地漏。

（三）洗涤用卫生器具

洗涤用卫生器具供人们洗涤器皿用，主要有洗涤盆、污水池、化验盆等。

1. 洗涤盆

洗涤盆装设在厨房或公共食堂内用来洗涤碗碟、蔬菜等，常见的有单格和双格两种。

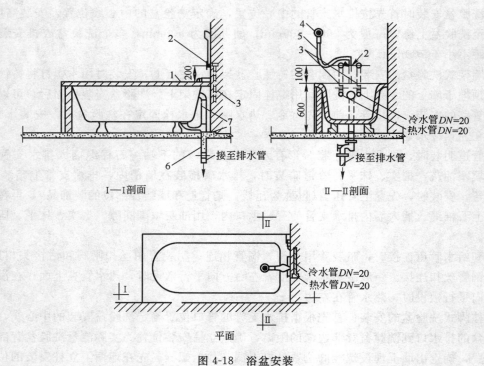

I—I剖面   II—II剖面

平面

图 4-18　浴盆安装

1—浴盆；2—混合阀门；3—给水管；4—莲蓬头；5—蛇皮管；6—存水弯；7—排水管

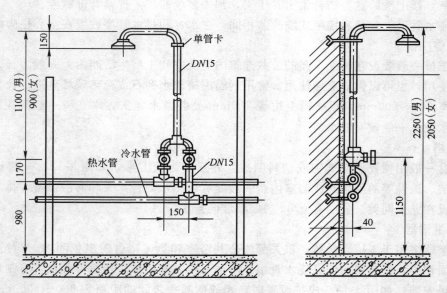

图 4-19　淋浴器的安装

洗涤盆的安装如图 4-20。

　　2. 污水池

　　污水池设置在公共建筑的厕所或盥洗室内，供洗涤拖布、打扫卫生、倾倒污水用。根据安装高度，污水盆有架空式和落地式之分，由于落地式污水盆的高度较低，使用方便，

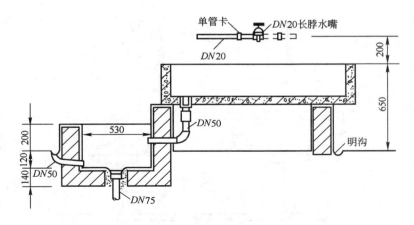

图 4-20　双格洗涤盆的安装

所以大量采用。落地式污水盆用砂浆固定在地面或楼板面上。排水口有两种形式：一种是装排水栓，但支管上要装存水弯，安装如图 4-21。另一种是池深为 400～500mm，多为水磨石或瓷砖贴面的钢筋混凝土制品，排水口上装 50mm 的地漏，这种形式，排水支管上可以不装存水弯。

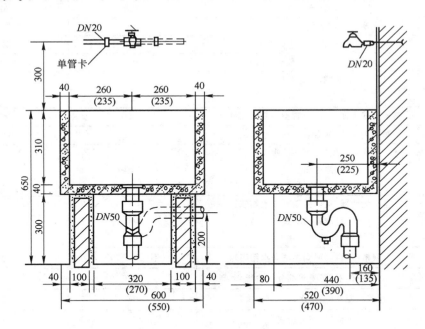

图 4-21　污水盆的安装

3. 化验盆

设置在工厂、科研机关和学校的化验室内，盆内一般带水封，配备单联、双联或三联鹅颈龙头，如图 4-22。

卫生器具的安装高度和平面位置是否合理，直接关系到使用是否方便，所以安装位置是否正确是很重要的问题，各种卫生器具的安装高度见表 4-4。

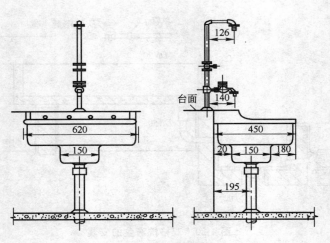

图 4-22　化验盆的安装

卫生器具的安装高度   表 4-4

序　号	卫生器具名称	卫生器具边缘距地面高度(mm)	
		居住和公共建筑	幼 儿 园
1	架空污水盆(池)(至上边缘)	800	800
2	落地式污水盆(至上边缘)	500	500
3	洗涤盆(池)(至上边缘)	800	800
4	洗脸盆、洗手盆(至上边缘)	800	800
5	盥洗槽(至上边缘)	800	500
6	浴盆(至上边缘)	480	
7	蹲、坐式大便器(从台阶面到高水箱底)	1800	1800
8	蹲式大便器(从台阶面到高水箱底)	900	900
9	坐式大便器(至冲洗水箱) 外露排出管式 虹吸喷射式	 510 470	 370
10	坐式大便器(从台阶面到高水箱底) 外露排出管式 虹吸喷射式	 400 380	
11	大便槽(从台阶面到冲洗高水箱底)	不低于 2000	
12	立式小便器(至受水部分上边缘)	100	
13	挂式小便器(至受水部分上边缘)	600	450
14	小便槽(至上边缘)	200	
15	化验盆(至上边缘)	800	

第三节　建筑排水管道的布置、敷设与安装

一、建筑排水管道的布置原则

排水管道的布置应满足工作可靠、水力条件好、便于维护管理、使用安全、寿命长，

经济美观的要求。要想达到这个目的，应遵循以下原则：

（1）污水立管应尽量靠近排水量最大，杂质最多的排水点处，使横支管流来的污水尽快进入立管，减少管道阻塞的机会。

（2）污水管道的布置应尽量避免不必要的转角和曲折，布置成直线。

（3）排出管应以最短的距离排出室外，原因是长距离水平埋地管道堵塞后不易清通，另外由于排出管有坡度，长度大还会造成室外管道埋深增加，增加室外管网的造价。

（4）多层建筑内，为防止底层卫生器具因受上面立管排水时产生的过大正压的影响，污水由卫生器具溢出，一般考虑底层生活污水管道采用单独排出。

（5）管道安装时，距离墙、地或其他管道设备应留有足够的空间，以便拆卸更换管件和进行清通维护工作。

（6）当污水排出管和给水引入管在建筑物同侧时，为了避免污水泄漏造成土壤潮湿管道腐蚀污染给水水质，两者间距至少应有 1.0m 的距离。

（7）管道不得穿越可能受设备振动和容易被重物压坏处，管道不得穿越生产设备的基础，如果必须穿越，应协同其他专业采取相应的措施。

（8）管道应尽量避免穿越伸缩缝、沉降缝，如果必须穿越，应采取相应技术措施，避免管道因建筑物沉降或伸缩被破坏。

（9）架空排水管道不能穿越有特殊卫生要求的厂房、仓库、通风小室和变、配电间。

（10）污水立管应尽量避免靠近与卧室相邻的墙壁。

（11）明装的管道应尽量沿墙、柱、梁作平行布置，保持室内美观；暗装时应尽量利用建筑装修来进行，做到美观、经济。

二、排水管道的敷设

排水管道的管径较大，安装方式以明装为主，明装的优点是建筑造价低，缺点是卫生状况差，有积灰和结露现象。

当建筑物对室内环境的美观程度要求较高时，应选择暗装。立管可以设置在管槽内，或设置在管道井内，也可以用装饰材料包裹掩盖。横支管可以装设在管槽内，也可以隐藏在吊顶内。排水横干管在地下室里，应尽量吊设在顶棚下面，避免埋地，否则会增加排出管的埋深。大型公共建筑，如果有条件应集中装设在管廊或管沟内，但管沟或管廊应是可以通行的或半通行的。

排水立管与墙面、柱的净距有 25～35mm。排水管与其他管道共同埋设的最小距离，水平向净距为 1.0～3.0m，竖向净距为 0.15～0.20m 左右。若排水管平行敷设于给水管之上，并高出净距 0.5m 以上时，水平净距不得小于 5m。交叉埋设时，净距不得小于 0.4m，且给水管道应有保护套。

为了防止埋地的排水管道受机械损伤，按不同的地面性质，规定各种材料管道的最小埋深为 0.4～1.0m。

排水管道用管卡固定，间距不得大于 3m；承插管接头处必须设置管卡。横管一般使用吊箍吊设在楼板下，距楼板不得大于 1m。

排水管道穿越楼板时，预留孔洞尺寸一般较通过的管径大 50～100mm，具体参考表4-5；并在立管外加一个套管，现浇楼板应事先嵌入套管。

排水立管穿越楼板时，应预留的孔洞尺寸　　　　　表 4-5

管　径（mm）	50	75～100	125～150	200～300
孔洞尺寸(mm×mm)	100×100	200×200	300×300	400×400

　　排出管穿越建筑物基础时，必须在穿过基础的管道外套以较其直径大 200mm 的金属套管，或预留壁孔，壁孔上方设过梁，管道顶部与过梁间应有足够沉陷量的距离，保护管道在建筑物沉降时不被破坏。管道穿越基础的预留孔洞尺寸见表 4-6。

排出管穿过基础时的预留孔洞尺寸　　　　　表 4-6

管　径（mm）	50～75	>100
预留孔洞尺寸(mm×mm)	300×300	$(d+300)×(d+200)$

　　管道穿越带形基础时，敷设方案见图 4-23。基础底面与管顶间至少应相距 100mm，或有相应的沉降量，此间填软土。排出管穿越地下室外墙或地下构筑物外墙时，应采取防水措施。

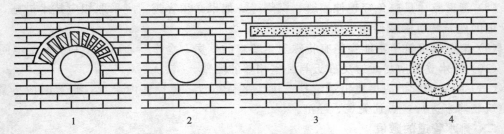

图 4-23　管道穿越带形基础的敷设方式
1—分压拱；2—壁孔；3—过梁；4—套管

　　对于湿陷性黄土地区，由于漏水对于建筑物可能会造成很大破坏，排水管道的敷设要遵循一些特殊的要求：

　　(1) 管道布置时应尽量将排水点集中，使管道缩短，减少漏水机会。管道的位置应尽量远离基础，排出管穿越基础时，与外墙的转角或主要承重结构，至少相距 1m。

　　(2) 室内管道尽量明装，横管装设在地面上。

　　(3) 管道穿越墙体或楼板时，应预留孔洞，管道和孔洞间空隙应用不透水的柔性材料填塞（如沥青油麻、沥青玛琋脂等）。

　　(4) 排水管道接口必须严密有柔性，铸铁管用石棉水泥接口；陶土管、混凝土管和钢筋混凝土管的接口一般先填油麻，再用沥青玛琋脂等填塞。

　　(5) 除了保证管道接口严密外，还应该注意管道基础的作法，使管道湿陷均匀。

　　(6) 埋地管道应设在管沟中，并设检查井，防止水渗入地基。

三、建筑排水系统的安装

　　建筑排水系统的安装顺序是按照地下管道、排水立管、排水横支管、器具排水管、卫生器具的顺序来进行的。

　　1. 室内地下排水管的安装

　　室内地下管道的安装条件是：土建基础工程已基本完成；管沟已挖好，并已经核对了位置、标高、坡度等；管沟的沟底已经得到相应的处理；预留孔洞都已完成，位置、尺寸核对无误。

安装时，首先确定管道的位置和标高：按顺序排列管道、管径，确定各管段的尺寸，使管线就位；对各管段进行防腐处理，下管对接；进行注水试验，检查验收，最后回填。

2. 排水立管的安装

排水立管的安装条件：地下管道敷设完毕，各立管的甩头的位置按图纸要求进行校核，已经正确就位。

首先，从顶层地板上进行管道中心线的定位，在管道中心线的位置先打一个 20mm 的小孔，用线锤向下层楼板吊线，依次确定各层管道中心线的位置。然后将小孔扩大，扩大到比管道直径大 40～50mm。预安装，经检查符合要求后，栽立管卡，固定管道，最后堵塞楼板眼。

扩大楼板眼时，应先钻眼，再用小锤扩大。堵塞楼板孔时，应将模板支严支平，用细石混凝土灌严实、平整。

3. 排水横支管的安装

排水横支管的安装条件：排水立管安装完毕，立管上的横支管的分岔口的标高、数量、角度等均经过核对，满足要求。

首先凿打出楼板和墙体的孔洞，然后栽立管卡、支架、托架、吊架，等砂浆达到强度后开始安装横支管。最后安装穿越楼板的器具排水管。

最后，当管道系统安装完毕后，再根据各种卫生器具的不同要求，安装卫生器具。

第四节　屋面排水系统

屋面排水系统的任务是：及时排除降落在屋面的雨雪水，避免雨水和雪融水积聚于屋面上造成渗漏。屋面雨雪水的排除方式基本上有内排水和外排水两类共三种系统。

1. 檐沟外排水

也称为水落管外排水，适用于一般居住建筑、屋面面积较小的公共建筑和单跨工业建筑。雨水在屋面采用檐沟汇集，流入沿外墙设置的水落管，排泄到地面或地下管沟，如图 4-24。

水落管一般由薄钢板制成，截面为圆形或方形，直径 75～100mm。也可以直接使用 100mmPVC 排水管，靠近地面一段使用金属管道。工厂可以全部使用铸铁管。檐沟用铅皮制成，但现在多用预制混凝土。

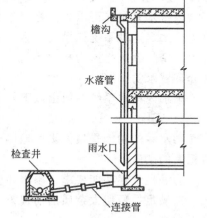

图 4-24　水落管外排水

水落管的间距应根据降雨量和管道的通行能力所决定的服务面积来确定，一般间距 8～16m，工业建筑甚至可以到 24m。

2. 天沟外排水

对于大型厂房，一般采用天沟外排水。

天沟外排水就是利用屋面构造上形成的天沟本身的容量和坡度，使雨雪水向建筑物的两端（山墙方向）泄流，经墙外立管排除到地面或雨水管道。

天沟外排水的优点非常明显：节省投资、施工简单、节省金属材料、不占用室内空间，有利于室内空间的利用。但如果设计不当，或施工质量不佳，天沟板连接处容易发生漏水。

天沟不允许通过沉降缝和伸缩缝，所以一般天沟排水以沉降缝或伸缩缝作为分水线。

天沟平面布置和立管构造示意图见图4-25。

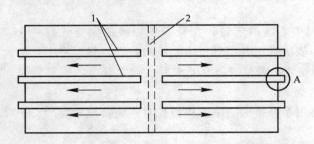
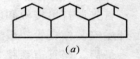
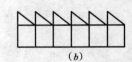

图 4-25　屋面天沟布置图

1—天沟；2—伸缩缝；3—立管；4—雨水斗

3. 内排水

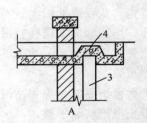

对于大面积的工业厂房，尤其是屋面有天窗、多跨度、锯齿形屋面或壳形屋面的工业厂房，如图4-26；或寒冷地区的建筑物，暴露在外的管道有冻裂的危险；或对外观有较高要求的建筑物，可以采用内排水系统。

如图4-27，是设置在工业厂房内的雨水排除系统。

根据雨水斗的数量，内排水系统可以分为单斗系统、双斗系统和多斗系统，目前单斗系统的技术已经很成熟，多采用单斗系统。

图 4-26　工业厂房屋面结构

(a)设有天窗的多跨工业厂房屋面；(b)多跨锯齿形屋面

内排水系统又可以分为敞开系统和密闭系统。敞开系统利用重力排水，这种系统如果设计施工不当，可能会造成雨水检查井冒水。密闭系统是压力排水系统，整个管系由管道连接，常用于不允许冒水的车间。

雨水内排水系统一般由以下几部分组成：

（1）雨水斗

雨水斗的功能是最大限度地迅速排除屋面雨雪水，排泄雨水时最小限度地掺气，并拦截粗大的杂质。

为满足上述功能要求，雨水斗应做到：

在满足拦截粗大杂质的前提下，承担的泄水面积越大越好，结构上导流通畅，水流平稳阻力小；

顶部密闭，不使内部与空气相通；

构造高度要小，尽量扁平；

结构简单，造价低。

图4-28是国产的65型铸铁雨水斗。

安装方法见图4-29。雨水斗与屋面的连接处的构造，应能够保障雨水通畅地自屋面

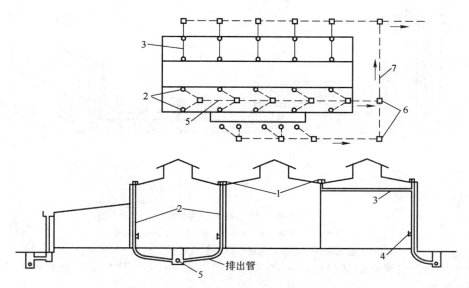

图 4-27 厂房雨水排水系统

1—雨水斗；2—雨水立管；3—悬吊管；4—检查口；5—埋地横管；6—检查井；7—室外雨水管

流入雨水斗，防水油毡弯折时应力求弯折次数最少，并尽量弯折成较平缓的钝角，连接处不漏水。雨水斗下面的短管应与屋面承重结构固定牢固，避免天沟的水流冲击和连接管的自重作用造成雨水斗与天沟沟体连接的破坏，出现漏水。

（2）悬吊管

当室内有机器设备或生产工艺要求不允许冒水时，不能设计埋地管，必须采用悬吊在屋架下的雨水管，称为悬吊管。一根悬吊管可以承担一个或几个雨水斗的雨水流量，将雨水直接输送到室外的雨水检查井或排水管网。

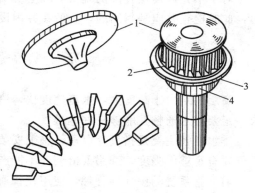

图 4-28 65 型雨水斗

1—顶盖；2—底座；3—环形筒；4—短管

悬吊管采用铸铁管，用铁箍、铁环等固定在建筑物的桁架、梁和墙上。为满足水力条件和清通的需要，要有不小于 0.03 的坡度；在悬吊管的端头和长度大于 15m 的悬吊管，应在靠近梁、墙的位置，装设检查口或带盖板的三通，且间距不得大于 20m。

（3）立管及排出管

立管接纳雨水斗或悬吊管的水流，排出管一般埋地，将立管来的水输送到地下排水管道中去。管材一般采用铸铁管，石棉水泥接口。在可能产生振动或对管道确定有特殊要求的地方，应采用钢管，接口焊接。

为了便于清通，立管距地面 1m 处设检查口。

（4）埋地横管、检查井

埋地横管与立管的连接可以用检查井，也可以直接用管件连接。

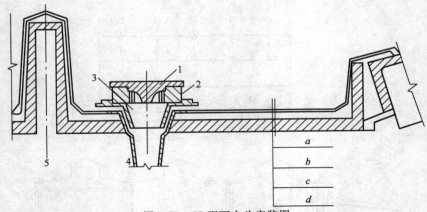

图 4-29　65 型雨水斗安装图

1—顶盖；2—底座；3—环形筒；4—短管；5—变形缝

a—二毡三油；b—水泥砂浆找平；c—轻混凝土找坡；d—天沟板

检查井的进出管道应尽量保持一条直线，至少交角不小于 135°，为改善水力条件，井底设导流槽。

埋地横管可以采用混凝土管道或钢筋混凝土管道，也可以使用陶土管。

对于不允许设检查井的地方，可以采用悬吊管直接排出室外。也可以采用压力流排出，此时检查井应是封闭的，一般在井内设带有盖板的三通，作检修用。

第五节　高层建筑排水系统

高层建筑由于高度大，水流速度快，流量大，对排水系统的要求比普通建筑要高，要求一定要排水通畅并能够良好地排气。

排水通畅主要是指设计合理，施工安装正确，管道尺寸能排除所接纳的污、废水量，配件要有足够的强度，选用要恰当，不能产生阻塞现象。

通气管系统的设计要合理，使用在普通建筑物排水系统中的通气管系统，在高层建筑中有一定局限性，应采用一些专用的单立管系统，如苏维脱排水系统、旋流排水系统、芯型排水系统。这里不再多作介绍。

高层建筑的管道一般仍采用排水铸铁管，但强度要比普通铸铁管大，也可以采用钢管。管道接头应考虑使用弹性好的材料，适应抗震的要求。立管中使用乙字管，消能、降低流速，为防止水流冲击，立管底部与排出管的连接应采用钢质管件。

复习思考题

1. 建筑排水系统有几类？各自作用是什么？
2. 建筑排水系统由几部分组成？各自作用是什么？
3. 常见卫生器具的使用条件及安装要求是什么？
4. 建筑排水管道的布置原则是什么？
5. 常见屋面排水系统有哪几种？各自特点是什么？

第五章　小区给排水及建筑中水工程

第一节　小区给排水工程

近年来，我国的住宅建设速度很快，在全国各地涌现出了成千上万的配套完善的住宅小区。随着我国经济的高速发展，人民生活水平的不断提高，对住宅的配套设施的要求必然越来越高，关于小区给排水工程的内容，将会越来越得到重视。小区给排水工程的设计、施工、管理维护必然会越来越重要。

居住小区的给排水工程是指城镇中的居住小区、住宅组团（如某些工厂的住宅区）、街坊和庭院范围内的室外给排水工程。但不包括城镇工矿企业和工业区的给排水设施。介于建筑给排水工程和市政给排水工程的之间，二者通过小区给排水工程连接在一起。

小区给水工程的水源一般由市政管网提供，如果远离城镇市区，可以考虑自备水源，水源的选择要根据小区所在地区的实际情况而定，做到安全、卫生、价格低廉。

小区排水工程的污水排放，要根据小区的具体条件和市政管网的要求，可以排放到市政管网，也可以考虑经过一定处理后就近排放到附近水体，或部分处理后回用。无论采用哪种方式，都要符合相应的污水排放水质标准。

一、小区给水系统

小区给水系统的任务是把市政给水管网送来的水分配到用户。按照供给方式，可以分为直接供水方式和需要调蓄增压的供水方式，当直接供水方式可以满足小区供水需要时，应选择直接供水方式。只有在城市市政供水管网不能满足小区对水量水压的要求时，才选择调蓄增压给水方式。如果小区中只有部分区域不能采用直接用水方式，则可以对小区分区，针对不同的区域，分别对待。

调蓄设施一般采用蓄水池，但如果小区用水量较少，也可以采用高位水箱和水塔等进行调蓄。增压设备一般是水泵，应优先选择变频调速水泵机组，也可以选择水泵-水箱或水泵-水塔系统。到底选择什么样的调蓄增压设施，应充分考虑城镇给水管网的水量水压情况，小区的规模和小区对水量水压的要求等，进行充分地综合分析评价后确定。

小区的给水管网形式有枝状管网和环状管网两种。见图 5-1。（a）是枝状管网，这种管网管道长度短，阀门及配件少，造价低；但供水安全性较差。（b）是环状管网，管道闭合成环状，供水安全可靠，但投资较大。一般的新建小区可以先建成枝状管网，扩建时可以考虑发展成环状管网。

小区的给水管网是由干管、支管和户前管组成的。

干管要尽量布置在用水量较大的地段，能够以最短距离向用水量大的用户供水，使大管径的管道长度尽量短。

小区给水管道一般沿道路敷设，一般布置在道路旁的草地下，应符合室外给水设计规

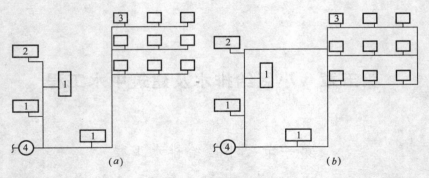

图 5-1 小区给排水管网

(a)枝状管网；(b)环状管网

1—生产车间；2—办公楼；3—居住房屋；4—水源

范。分支、法兰接口或阀门处应设置检查井。给水管道的埋深应根据当地的冰冻深度、地面荷载、管材的强度和与其他管道的交叉情况综合确定。

小区给水系统的水量应包括住宅生活用水量、公共建筑用水量、消防、绿化、喷洒道路和其他未预见水量。绿化、喷洒道路和未预见水量可以按照最高日用水量的 15％～20％ 来确定。

二、小区污水系统

小区排水系统包括小区污水系统和小区雨水系统。生活废水、粪便污水和雨水到底是采用一套管道系统，还是采用两套或两套以上的管道系统来排除，这种不同的排除方式所形成的排水系统，称为排水系统的体制。一般分为合流制和分流制两种类型。

小区的排水体制，根据小区所在城镇的排水体制和环境特点来确定是分流制还是合流制。如果小区设有中水工程时，应采用分流制，对污水进行分质分流。

小区的污水管网是由小区干管、支管、户前管组成。干管的布置应根据小区建筑的总体规划、道路、绿地、建筑物的分布、地形和污水、雨水可排放方向等因素综合确定。一般原则是使管线最短、埋深浅、能自流排放。

污水管道一般沿道路和建筑物外沿呈直线平行敷设。管道一般均作基础，可以根据地质条件、布置位置、地下水等因素，分别采用素土或灰土夯实、砂垫层、混凝土等基础。

小区的污水一般在城镇范围内，无需处理直接进入城镇排水管网。但当小区远离城镇管网，需直接排入水体；或城镇无污水处理厂时，为了将污水对环境的影响尽量减少，一般在小区内设置一些局部处理构筑物对小区污水进行初步处理。

常见的局部处理构筑物有：化粪池、降温池、隔油池、沉淀池等。

化粪池的作用是去除生活污水中的沉淀物和悬浮物，贮存并厌氧消化沉在池底的污泥。

化粪池是污泥处理的最初级的方法，污水中的大量粪便、纸屑、病原虫等杂质，在池中经过数小时的沉淀，去除大约 50％～60％；沉淀下来的污泥在密闭无氧的状态下进行厌氧分解，使有机物分解转化成稳定的状态。污泥经过三个月以上的厌氧分解并脱水熟化后，就可以清掏出来作肥料用。

化粪池的处理能力较差，有机污染物的去除率一般为 20％左右，而且出水呈酸性，

74

有恶臭，仍然不符合污水要求，不能直接排放。

化粪池有圆形和矩形两种，矩形最为常见。化粪池的尺寸应根据污水的污染程度、污水量、停留时间等来确定，但为了施工方便，一般长度不小于1m，宽度不小于0.75m，深度不小于1.3m。另外为了减少污水和污泥接触时间，便于清掏，一般把化粪池作成双格或三格，如图5-2。

化粪池一般设置在庭院内建筑物背大街的一面，尽量靠近卫生间。因为清掏时有臭气，所以不能设置在人们日常活动的场所，应设置在隐蔽的位置。化粪池距建筑物外墙至少有5m，不得影响建筑物基础。化粪池的出水中有大量微生物和病原菌，在采用地下水作为水源的地区，为防止化粪池泄漏，污染水源，应与水源地有不小于30m的防护距离。

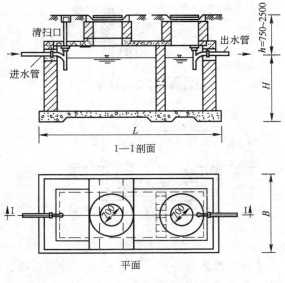

图 5-2　化粪池构造

化粪池的池壁应采取防渗漏措施，一般要作防水砂浆抹面，有特殊要求时还要采取其他措施。

化粪池的使用中也存在管理问题，目前，由于大量使用化肥，化粪池很长时间都无人清掏，这会影响化粪池的工作。化粪池应该定期清掏，一般为半年，将池内的污泥掏走，空出池容积，容纳和处理新的污泥。如果长期不清掏，会造成池内充满污泥，没有容纳粪便的空间，粪便污水流入化粪池，几乎不停留就排走了，失去了化粪池应起的作用。

隔油池的作用是去除污水中的油脂。生活污水中含有大量的矿物油、植物油和动物油。家庭厨房排出的污水中的脂肪含量可以达到750mg/L，当市政排水管道中的油脂含量超过400mg/L时，就会凝结堵塞管道。排入环境，会造成环境污染。小区的食堂、餐馆等厨房污水必须经过隔油处理才能排入排水管道。另外车库、洗车行等产生的污水也应进行处理。

隔油池的构造如图5-3。如果水质要求较高时，可以采用两级隔油池。

另外一种局部处理构筑物是沉砂池，沉砂池的作用是去除污水中的矿物质固体、泥沙等物质。如图5-4。污水流入沉砂池后，由于过流断面突然扩大，水流速度变慢，水中的固体物质就会沉淀到沉砂池的底部，上面的清水排出。池底的泥沙每隔一定时间，由人工清除。

三、小区雨水系统

小区雨水系统的任务是顺畅地排除街坊或庭院上降落的雨水径流。雨水管道的平面布置应遵循以下原则：

充分利用地形，就近排入水体；

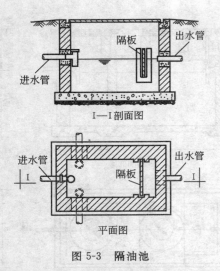

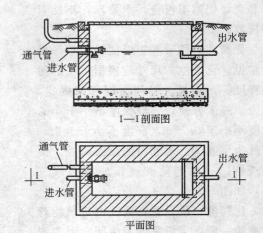

图 5-3　隔油池　　　　　　　　　　图 5-4　污水沉砂池

结合建筑物的分布、道路分布、地形分布、出水口的水流和位置及地下构筑物的分布情况，合理布置雨水管；

雨水管道应布置在人行道或草地下，不宜布置在快车道下，以免维修时破坏路面；

雨水口一般布置在地势低洼处、道路的汇水点、建筑物单元入口和雨水落水管附近、广场和停车场等大面积空地的低洼积水处；

雨水口不能设置在其他管道上面，深度不得大于 1m；

市区的雨水管一般采用暗管，市郊如果对卫生条件要求不高，可以采用明渠。

图 5-5。是某庭院雨水管线布置图。

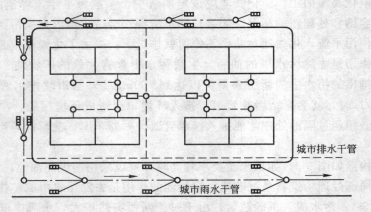

图 5-5　庭院排水管网平面布置

四、小区管线综合布置

在小区内，管线的种类繁多，除了给排水管道外，还有热力、燃气、电力、通讯等各种管线，这些管线在小区内的布置和合理安排是非常复杂的工作，进行管线综合布置时，应遵循以下原则：

各种管道的平面排列不得重叠，尽量避免或减少互相交叉；

管道和道路、管沟相交时，应尽量垂直于道路、管沟的中心线；

给水管和污水管、雨水管交叉时，给水管应敷设在上面；

管道排列时应考虑它们的用途，如给水管道应尽量远离污水管道；直流电缆应尽量远离金属管道。

小区内部的各种管道在进行平面布置和标高设计时，如果发生冲突，应按下列规定处理：

小管径管道让大管径管道；可以弯折的管道让不可弯折的管道；临时性管道让永久性管道；新建管道让已有管道；有压管道让自流管道。

小区管道的平面排列，应按照从建筑物到道路和由浅至深的顺序来安排，一般顺序是：电缆、煤气管道、污水管道、给水管道、热力管沟、雨水管道。管道可以布置在建筑物的单侧，也可以布置在建筑物的双侧，如图5-6。

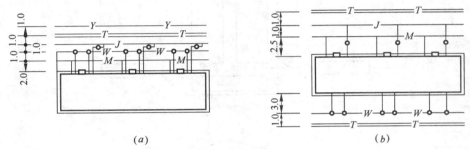

图5-6　管道的平面布置

(a)管道在建筑物的单侧排列；(b)管道在建筑物的两侧排列

Y—雨水管；T—热力管沟；J—给水管；W—污水管；M—煤气管

五、污、废水的抽升

民用建筑的地下室、人防建筑和工业企业内部标高低于室外地坪的车间和其他用水设备间，污、废水不能自流排出室外，必须抽升排泄。

局部抽升污、废水的设备，最常用的是水泵，一般为离心泵。

水泵从集水池中吸水，当水泵为自动启闭时，集水池的容积不得小于最大一台水泵5min的出水量；水泵为人工启动时，应根据污水流入量和水泵工作情况来决定有效容积，一般采用15～20min最大小时流入量，否则运行管理麻烦；当排水量很小时，为了便于运行管理，水泵可以人工定时启动，此时集水池的容积应能容纳两次启动间的最大流入量，但对于生活排水，不得大于6h的平均小时污水量，对于工业排水，不得大于最大4h的流入量。

水泵房和集水池的布置和建造，应特别注意良好的通风，改善泵房内部的工作环境。

第二节　建筑中水工程

我国改革开放以后，经济飞速发展，城镇工业发展很快，人口迅速增加。很多城镇尤其是北方的许多地区城市淡水资源日渐不足。淡水的缺乏已经开始影响一些地区的经济发展。为了解决水资源紧缺的问题，发展出了中水工程，实际经验表明，中水工程对于水资源的再利用，节约用水是很有价值的。

建筑中水是指民用建筑或居住小区使用后排放的各种生活污水、冷却水等，经适当处理后再回用于建筑或居住小区作为杂用水的系统。是介于给水和排水之间的一种系统，故称为中水工程。水质介于给水工程和污水处理厂出水水质之间。

一、建筑中水系统及其组成

根据中水工程供应范围的大小，建筑中水系统可以分为：

1. 单幢建筑中水系统

如图 5-7 所示。其中(a)适用于城镇排水系统有二级污水处理厂的情况。(b)适用于城镇有排水管网，但没有二级污水处理厂，或处于独立的生活居住区。

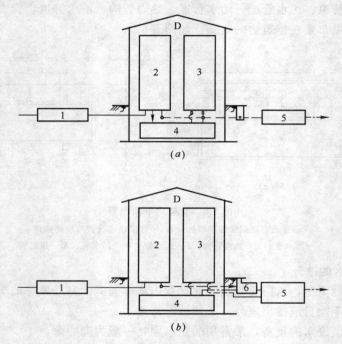

图 5-7　单幢建筑中水系统

(a)排水设施完善的地区的单幢建筑中水系统；

(b)排水设施不完善的地区的单幢建筑中水系统

D—单幢建筑；1—给水系统；2—饮用水给水系统；3—杂用水系统；

4—中水处理设施；5—排水系统或水体；6—净化设施

2. 小区中水系统(如图 5-8 所示)

中水系统一般由三部分组成：一是中水原水(可以作为中水水源的生活污水)集流，包括室外排水集流管道、室内排水分流管和相应的排水附属构筑物，如检查井、溢流堰等。二是中水处理设施和相应的计量设备。三是建筑内外的中水管道和增压、贮水设备。

中水工程不是孤立存在的，它是建筑给排水系统的一个组成部分。在设置时，应该将整个建筑的给水排水工程综合起来统一考虑，真正起到节约用水的作用，能带来一定的环境效益和经济效益。

二、水质标准和水源的集流

中水的水质标准，根据不同的用途是有差别的，表 5-1 是不同用途对中水水质的要求。

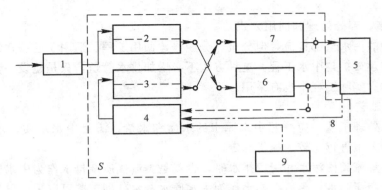

图 5-8　小区中水工程

S—居住小区；1—给水系统；2—饮用生活给水；3—杂用给水系统；
4—中水处理设施；5—公共水域或城镇排水管网；6—集流污水系统；
7—小区排水管网；8—备用管道；9—雨水调节水池

不同用途对中水水质的要求　　　　　　　　　　表 5-1

中水用途	要求水质		中水用途	要求水质	
	卫　　生	人的感觉		卫　　生	人的感觉
冲洗厕所	对人体无影响，不影响环境	不使人有不快感	清扫、冲洗用水	对人体无影响，不影响环境	清　洁
喷洒水（包括道路和绿地）	不使人们误饮用，或对人体皮肤有害	清洁	喷泉	不影响人体皮肤和环境	清　洁

中水水源一般根据中水的用水量和水质选择。可以遵循下列次序取舍：冷却水、淋浴排水、盥洗排水、洗衣排水、厨房排水、厕所排水。某些污水，如：医院排水，尤其是传染病医院、结核病医院和某些放射性污水严禁作为中水水源。

中水水源的集流是指按照中水用途及水量大小，从建筑物所排出的污水中进行部分集流或全部集流。到底采用部分集流还是全部集流，原则是应保证"供大于需、安全、经济"。

中水工程应注意水量平衡，指中水水源中的中水原水量和中水用水量之间的平衡。应使中水原水量稍大于中水用水量，在保证水量平衡的前提下，中水水源的集流方式有三种：

1. 全集流全回用方式

就是建筑物排放污水全部集流，经处理达到水质标准后全部回用。这种方式的优点是节省管道；缺点是水质污染程度高，水处理费用高，较少采用。

2. 部分集流和部分回用方式

优先集流水质较好的污水，经处理后回用于部分生活用水如冲洗厕所、洗车、绿化等。这种方式需要两套室内外排水管（杂排水管道、粪便污水管道），两套配水管道（中水管道、给水管道），基建投资大，但中水水质好，水处理费用低，管理简单。实际中采用较多。

3. 全集流、部分处理和回用方式

把建筑物的污水全部集流，但分批、分期修建回用工程。适用于已有建筑物为合流制排水系统而增建或扩建中水工程。这种方式不必增加排水管道，只是建设一套中水配水系统和水处理站。实际工程中也有采用。

三、处理工艺

建筑中水处理工艺，应按照中水原水的水质和水量，满足中水水质、水量要求的条件，选择几种方案进行比较，择优确定。

当中水不集流粪便污水和厨房排水时，也就是集流优质杂排水作为中水原水；或者只是不集流厕所粪便污水，集流杂排水作为中水原水，水处理工艺可以采用以物理化学为主的工艺流程，或者采用生物处理和物理化学的水处理工艺流程，如图 5-9 所示。

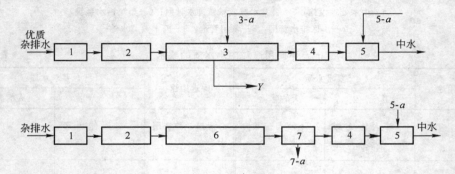

图 5-9 优质杂排水和杂排水的水处理工艺流程

1—隔栅；2—调节池；3—混凝沉淀或气浮；4—过滤；5—消毒；6——级生物处理；7—沉淀；
3-a—混凝剂；5-a—消毒剂；7-a—污泥

当利用生活污水作为中水水源时，可以采用二段式生物处理流程；或生物处理后继续物理化学处理流程，如图 5-10 所示。

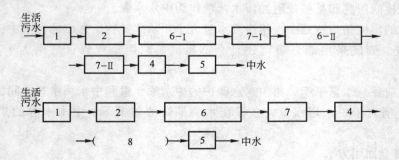

图 5-10 中水工程中的生活污水水处理流程

1—隔栅；2—调节池；4—过滤；5—消毒；6 生物处理；6-Ⅰ——段生物处理；6-Ⅱ—
二段生物处理；7—沉淀池；7-Ⅰ——段沉淀池；7-Ⅱ—二段沉淀池；8—活性炭吸附

利用居住小区污水处理站的出水，如果水质能够达到二级处理出水作为中水原水时，应选用物理工艺流程，如图 5-11 所示。

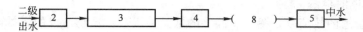

图 5-11　二级出水作为中水原水的水处理流程

2—调节池；3—混凝沉淀或气浮；4—过滤；5—消毒；8—活性炭吸附

四、建筑中水工程中的安全防护

由于中水工程的水质低于给水工程的水质，为了保护人体健康，在工程设计和施工中，应当考虑安全防护措施。中水工程的安全防护措施应包括以下内容：

1. 处理水量和水质应稳定

为了做到水量稳定，应设调节池和配水槽。在配水槽上设浮球阀，自动补水连续稳定出水。

2. 保证当中水处理站发生事故时，有安全保证补给的供水量

保证事故时安全供水，应有供水应急供应，但生活饮用水的出水口和中水贮存池内的最高水位间要有空气隔断距离。一般应大于 2.5 倍的给水管管径。

3. 避免中水管道和给水管道发生误接误用

中水管不宜暗装在墙体内和楼板间；明装中水管外壁应涂浅绿色防腐漆，中水系统的水池、水箱、水表、阀门、水龙头等均应该有中水标志；中水工程竣工验收时，应逐段检查，防止误接。

4. 避免室内、外各种输水管线发生混流、串流

中水管与生活饮用水管道、排水管道平行敷设，应保持水平间距 0.5m 以上，交叉埋设时，中水管应位于给、排水管道之间，并且管道外壁净距不小于 0.15m。

5. 注意防臭、防蚊蝇等

中水处理设施应尽量密闭，并有良好的排风。使臭气不污染室内、外空气。

第三节　小区给排水系统的维护与管理

一、小区给水系统的维护管理

1. 小区给水系统的日常维护

小区给水管道，一般都埋设在地下，采用铸铁管或钢管。采用的防腐措施常见的有两种：一种是刷沥青漆两道，比较正规，如果是埋地钢管，大约可以使用 25 年；另一种是刷红丹漆一道，和调和漆一道，同样是埋地钢管，大约可以使用 20 年。

由于小区的给水管道一般都埋地敷设，隐蔽于地下，要根据使用寿命，注意日常的维护工作。日常维护分为巡回检查和定期清扫。

巡回检查就是通过巡视，查看是否有重物压盖在管线上、阀门井和水表井上；管道上有无开挖和新建建筑物（对于铸铁管容易造成破坏）；室外消火栓和消火栓标志是否被破坏等。

定期清扫是指管理人员定期打开阀门井、水表井盖、到井中清扫污泥、杂物，否则会加速阀门、水表的锈蚀。阀门井和水表井内是不允许有积水的，除了会使阀门、水表加快锈蚀外，如果管道破损，还有可能会造成水质污染。

2. 给水管道的检修

小区给水管道的故障就是漏水。漏水的常见原因有：重物造成的机械破损和长时间的锈蚀。但管道都埋藏在地下，不可能直接观察到管道破损，只能通过对地面的观察来确定地下是否漏水。一般有以下现象时，地下有可能有管道破损：

（1）地面有水冒出，甚至呈明显的管涌现象，这是地下管道漏水的明显标志。

（2）对于敷设时间不长的给水管，如果管道线路上某处的回填土下沉速度比其他地方快，虽然看不到水，下面的管道常常有破损。

（3）阳光照射下的地面，如果某处的地面是湿的，并且总也晒不干，而周围地面都是干土，大多数情况下是地下管道漏水。

（4）当管道穿越柏油路面时，如果管道漏水，路面是看不到什么明显现象的，但路面可能因为下面的管道漏水而发生沉陷现象，沉陷中心向下即为漏水地方。当在路面上看见有"涌泉"现象时，可顺着水流挖，直接能找到漏水的位置。

（5）如果漏水的位置在水泥路面下，上面一般看不出什么现象，但用一木杠敲击路面，如果能听到"咚、咚"的声音，一般是水流掏空了路面下的泥土，此处下面就有漏水点。

（6）敷设在砂石路面下的管道，由于砂石的透水性较好，如果发现某处出现比其他地方潮湿的沙土，则说明地下管道发生泄漏。

（7）管道通过潮湿的地段时，当某处的地面比其他地方更潮湿，甚至已经变成了稀泥，则下面管道漏水。

找到了管道漏水点，就应当查明原因，针对不同的管材、土质情况进行维修。对于不同的管道、不同方式的损坏，维修的方法是不一样的。

1）给水铸铁管的故障及检修

如果铸铁管发生断裂漏水，这种情况一般是发生在外界剪切力的作用下产生的破坏。一旦发生，漏水量较大，需要停水，更换管段。修复时先将管道挖起来，然后根据管道的断裂情况决定修复方案。

如果断裂处附近有接口，接口填料为膨胀水泥或石棉水泥时，可以先将填料一点一点剔出来，并将接口清洗干净。如果是青铅接口，可以用喷灯或氧炔焰将接口烘烤加热，使铅受热熔化流出。剔开接口后，将断裂处到最近接口的管段取下来，检查断口处是否有掉渣、裂纹，将断裂处下面垫上方木，用平口凿将断茬处理平整，并与管道中心线垂直。修复时将接轮套进原管段，将接口对好，把管段原来的接口和断裂处打好接口。修复完成后马上就可以通水，停水时间较短，如图5-12。

如果断裂处附近无接口，可以沿管道继续挖，直到挖到接口，然后按照上面的方法维修。也可以在断裂处附近，将管段截断，然后配以相同长度的管段，用接轮接好。如图5-13。

当铸铁管管壁出现裂纹漏水时，如果裂纹不长，漏水不严重，可以用铸铁焊条进行电焊补焊修复。当裂纹较严重时，补焊无法修复，可以将管段在距裂纹两边各100～150mm处将管段截断，然后用接轮维修。当裂纹靠近接口时，可以把接口打开，截去接口至裂纹的管段，然后用接轮修补。

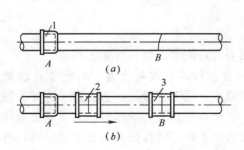

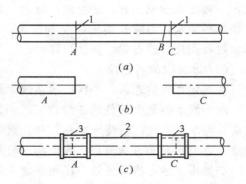

图 5-12　管道断裂的修复

(a)管道断裂；(b)管道修复

图 5-13　铸铁管断裂漏水修复

(a)管道断裂；(b)断下坏管；(c)管道修复

铸铁管道的承插口也可能发生漏水。如果发生漏水，对于青铅接口，可以将接口进一步捻实，直到不漏。

如果是石棉水泥或膨胀水泥接口漏水，如果漏水部位是小孔，可以先将管道内的存水泄掉，在无压状态下，在小孔紧贴管壁处凿出一个小凹坑，再向四周扩大成扇面状，凹坑深度为承口深度一半左右，用水将凹坑清理干净，再用速硬、早强、严密性好的水泥、熟石膏、氯化钙等填塞，一般 24 小时后可以通水。

2）钢管漏水的检修

室外埋地钢管漏水的原因，一般也是外界机械破坏或因长时间的锈蚀而穿孔。对于前一种情况，可以用手工电弧焊修复。后一种情况，一般是管道使用寿命已经终结，由于锈蚀严重，无法用电焊的方法修复。而且只要管道出现锈蚀漏水，就意味着在短时间内会连续出现多处渗漏，只有唯一的方法，就是重新敷设新管道。

3）钢筋混凝土管道裂缝漏水的检修

钢筋混凝土管道修复时，首先停水，然后用錾子将裂缝周围凿毛，用 8 号钢丝在管道外围成钢筋环，在凿毛处打上速凝混凝土环，如图 5-14。

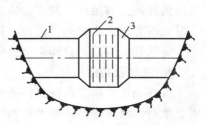

图 5-14　钢筋混凝土管道
裂缝漏水的修复

1—原钢筋混凝土管道；2—钢筋环；
3—混凝土环

3. 给水阀门的检修

（1）阀门检修

由于一般情况下，小区给水管道上的阀门都处于开启状态，很少开、关操作，只有在管道发生故障的情况下，才关闭阀门。

常见的阀门故障有两种：一种是沿阀杆漏水，这种情况是因为使用时间较长，填料磨损或老化，与楔杆之间接触不严密造成的。维修方法是：将填料压盖取掉，取出填料环，取掉旧填料，加上合乎规格的、适量的新石棉绳，再装上填料环，填料压盖，即可排除故障。另一种是随水流带来的固体杂质落入闸板槽内，积累多了会使闸板关闭时不能到位，关闭不严。对于这种情况，需要将阀门拆下，解体清洗，再安装复原即可排除。

（2）消火栓检修

消火栓只是在发生火灾时使用，不容易发生磨损故障，消火栓的故障主要是接头处漏水，一般漏水的原因有：法兰接口漏水，如果拧紧螺栓无效，那么就是垫片需要拆换；如果是填料漏水，可能是消火栓受到撞击，填料松动，把填料剔除，重新填上水泥、氯化钙、熟石膏接口或石棉水泥接口即可。

（3）冰冻故障的检修

在气候寒冷的地区，小区给水系统的外露部分有可能被冻结，排除方法有：

对于给水栓地上部分的冻结，可以用融化的方法排除。首先预备 10L 开水，浇烫水龙头，当水龙头化冻后将水龙头打开，然后沿管道从上向下浇烫，一边浇烫一边锤击振动管道，直到水龙头有水流出。水流淌一段时间，就会将冰化开。操作时注意，避免烫伤。

如果用上述方法不见效，说明是地下部分也结冻了。此时首先关闭水源控制阀，再将水龙头从弯头处卸开，先将地上部分管道中已经融化的水倒出，然后用一根烧红的钢筋插入地下管道，直到插不进去，再更换热钢筋，当确认无结冰时，安装好水龙头，打开控制阀，试试是否出水。

如果是钢管结冰，首先打开结冰管道下游方向的阀门，放掉管道中尚未结冰的水，然后用喷灯从管道下游向上游烘烤，随着水的流出，管道断面逐渐扩大，直到管道内的冰完全融化。

（4）管道冻裂事故的处理

因为水在结冻后体积增大，而输水管线是密封的，膨胀的体积将使管道内的压力大大增加，可以把管道从内部胀裂。这类事故的处理，对于不同的管材，处理方法是不一样的。

钢管冻裂可以用电焊法修复。发现管道冻裂，此时如果管道内的冰还没有结冻，补焊时应采用比较粗的焊条，先在裂缝中间点 2~3 点，然后从裂缝下游开始，快速向上游焊接，要抢在冻冰融化之前焊完，然后将管道内的冰融化。但这种情况很少见，因为如果管道内的冰还没有融化，就不会冒水，很不容易被发现。更多的情况是管道内的冰已融化，此时先将管道上游的阀门关闭，待管道内的水排空后，再进行焊接。

铸铁管冻裂后，只能采用换管法，可以参照铸铁管损坏的维修方法。

4. 给水设备的检修

有些小区，由于市政管网不能满足小区的水量、水压要求，往往需要设自备水池、水塔、水箱、水泵等，这些设备和设施也需要维修、管理。

（1）水泵的维护与修理

水泵的维修分为一级保养、二级保养和大修三种。

一级保养以日常维护为主，主要内容有设备的擦拭、清洗、检查轴承温度，监视设备的振动情况，检查螺栓是否松动，设备加油换油，加盘根或更换盘根等。

二级保养以拆卸为主，包括清洗泵体、清洗叶轮、更换轴套、更换衬垫等易损件，油漆、静平衡检查等。

大修一般指更换泵轴、叶轮等核心部件。

（2）水塔的检修

水塔首先是管理，主要是指定期清洗水塔内的淤泥，一般半年清洗一次。

水塔的检修内容有：水位指示器是否能够准确动作；管道接口是否严密；阀门操作是否灵活，关闭是否严密，其中浮球阀容易出问题，要重点检修。如果水箱是由钢板制作的，要注意检查油漆是否脱落，内外是否需要重新油漆。

（3）蓄水池的检修

主要是加强日常管理，定期清洗底部、池壁，保持池内清洁。注意检查四壁和池底有无沉陷、裂纹和渗漏现象。外部定期粉刷、修补、金属构件要进行防腐处理。

二、小区排水系统的维护管理

1. 小区排水系统的日常维护

小区排水系统建成后，为了最大限度的延长使用寿命，必须做好日常维护工作，一般有以下几个方面的内容：

（1）定期对排水管道进行技术检查

（2）管道的清通维护

经常检查、冲洗或清洗排水管道，防止碎石、泥沙和一些生活物品停留、堆积在检查井内，影响管道的排水能力。对于管道内的杂物的清理和清通方法，主要有水力清通和机械清通。

水力清通就是用压力水对排水管道进行冲洗，这种方法主要用于清理管道内淤积的泥沙。压力水可以从给水系统获得。

在管道淤积比较严重时，淤泥已经板结，使用水力清通效果不好，或者在没有条件进行水力清通的地区，可以采用机械清通，机械清通后也要用压力水冲洗。

（3）管道的维修

对小区排水管道的维修分为小修和大修。

小修项目有检查井口、井盖，检查井上部的破损或少数砖的脱落等，小修在不影响排水系统正常工作的前提下进行，修复工作可以在短时间内完成。排水系统损坏严重时，应进行大修，大修往往需要在断绝污水流通的情况下进行。

2. 小区排水管道堵塞的修理

小区排水管道系统在运行过程中，除了地上构筑物，如检查井盖等损坏丢失外，主要故障就是管道的堵塞。

排水管堵塞的现象：一种是某个检查井向外冒水，则该检查井下游管道必有堵塞现象；另一种是埋设排水管的地面上及附近发现有积水现象，一般是管道堵塞所至。

如果证实是管道堵塞，就必须清通。清通时首先应先探明堵塞的位置，如果某个检查井冒水，那么堵塞位置必然在这个检查井和下游第一个检查井之间的管段上。探查时由下游检查井进行。用较长的竹劈从下游检查井送入排水管，根据两检查井间的距离和竹劈送入的长度来判别堵塞位置，如果靠近下游检查井，直接来回抽拉竹劈，直到清通。如果一节竹劈长度不够，可以将几根竹劈捆绑连接起来使用。

如果堵塞位置靠近上游检查井，从下游清通距离太长，可以将上游检查井的污水淘出，从上游检查井清通。

竹劈清通适用于管径较大的管道。另外，还有其他几种清通方法：

钢筋清通：当被堵塞的管道管径较小时，宜采取钢筋清通。将钢筋做成各种规格的清通工具，伸入管道，使用方法与竹劈类似。

胶皮管清通：当采用竹劈和钢筋清通无效时，可以采用胶皮管清通。具体操作是将胶皮管的一端接上水源，然后将胶皮管的另一端插入排水管道内，一边开启水源一边将胶皮管送入，一直送到堵塞处，并来回抽拉。由于从胶皮管中喷出的水有较大的冲刷力，可以将管道中的泥沙和杂物冲动，并随水流走，直到清通为止。

开挖、破管清通：当检查井间的距离较大，堵塞位置又在中间，使用哪种方法都不合适时，可以采用这种办法。首先探明堵塞的准确位置，挖开泥土露出排水管，将排水管凿一个洞，必要时甚至可以拆下一根管道，然后再用竹劈、钢筋、胶皮管进行清通。疏通后用水泥砂浆把洞口补好，拆下管道的更换同一材质、规格的管道，做好接口。

另外，近年来，清通管道时，清通机械的使用越来越多，现在也发明了各种各样的清通机械，甚至还有高科技的疏通机器人，适用性很强，实际应用中应根据管道的具体情况选用。

复 习 思 考 题

1. 小区管线综合布置的原则是什么？
2. 建筑中水系统有几种？
3. 建筑中水系统常见的处理工艺是什么？
4. 小区给排水系统日常维护检修的内容有哪些？

第六章 建筑给排水系统的维护与管理

第一节 建筑给水系统的维护与管理

建筑给排水系统的维护和维修的目的是为了保证系统的正常工作，减少水的浪费。这项工作与住户和物业公司都是息息相关的，如果系统发生损坏，必须及时、迅速维修。

一、建筑给水系统日常维护项目和内容

1. 房屋及设施的验收接管制度

建筑物投入使用后，维修量是否合理，主要是看施工时的质量如何。而对于物业公司而言，维修量大，必然会增加公司的日常开支，增加运营成本，增加很多不必要的麻烦。要想避免这种情况的发生，就得从接管时就严格执行国家的有关规定，仔细验收。在进行给水系统验收时，应注意：

（1）管道应安装牢固，控制件灵活，接口无渗漏，水压试验、保温、防腐措施必须符合要求。施工内容与图纸应相符，不得任意更改。

（2）高位水箱的进水管和水箱检查口的位置应便于检修。

（3）卫生间、厨房内的排污管应分设，出户管长度不应大于8m，出户管不能使用陶土管、塑料管等。

（4）卫生器具不能有变形、裂纹和其他损坏，与排水管的连接口必须严密，安装应平正牢固，部件齐全、启闭灵活。

（5）设备安装应平稳，运行时无较大噪声。

（6）消防设施应通过消防部门的验收。

2. 日常巡视

维护管理人员应全面掌握所管理的设备的数量、位置、性能和用途，各管线的走向和控制阀门的位置和相互关系，各用水设备和用水点的布局，以便检修。必要时还应了解住户的用水习惯，如有不妥，帮助改正。检修人员在日常检查巡视过程中，应重点检查以下几个方面：

（1）检查各个井口有无异常。特别是给水阀门接头、填料是否密封。这些地方漏水，虽不影响住户，但这些居住的水是经过小区总水表的，这部分水的费用也是要向自来水公司交水费的。

（2）楼板、地面等处是否有滴水，墙壁是否有水痕等异常情况。若发现问题应查明原因，及时修理。

（3）裸露在空间的管道及设备须定期检查，防腐材料脱落的应补刷防腐材料。特别是建筑物建成15年以后，应检查给水立管各家穿楼板处有无渗漏，并有计划地换管。

（4）每年对设备进行一次使用试验，如：控制阀门应每年至少做一次开关试验，防止启动时打不开，维修时关不住。

（5）每年冬季前应做好室内、外管道和设备的防冻保温工作，对室外阀门井、水表井都要在井中填入保温材料，对设在室外的冷水龙头、阀门、水箱、管道、消火栓等应有保温措施，防止冻坏。

（6）根据实际情况对用户进行使用常识的普及教育，防止因日常使用不当，对系统造成破坏。

3. 日常管理

（1）建立正常的供水、用水管理制度。

（2）凡是出现阀门滴水、水龙头关闭不严等现象应及时修理。

（3）对供水系统的管路、水泵、水箱、阀门、水表等作好日常维护和定期检修。

（4）保持水箱、水池的清洁卫生，防止二次污染，定期对水箱进行清洗和消毒。

（5）水泵房和地下水池、消防系统的全部机电设备由机电专业人员负责定期检查、维修、保养，并认真做好情况记录。

（6）制定行之有效的管理制度。检查维修的项目记录应包括检查时间、存在问题、负责人、维修人、维修时间、维修记录等。

二、建筑给水系统的维修

1. 阀门的检修

阀门使用时间长了以后，会出现以下问题：沿阀杆向上冒水；法兰连接处漏水；阀门关闭不严。所以要对阀门进行检修。

（1）沿阀杆向上冒水

这种情况是因为填料老化，磨损失效，一般检修方法是更换填料。

操作方法如图 6-1。将填料压盖卸下，必要时可以卸下锁紧螺帽和手轮；将填料环撬开，或拿掉阀杆，将旧填料清理干净；将石棉绳绕阀杆顺时针缠绕数周，压入填料，放上填料环，旋紧填料压盖。此项检修要使用适当的石棉绳，填入填料函的石棉绳称为"盘根"，阀门大小不同，填料函的宽度不同，一般使用方石棉绳，石棉绳的宽度略小于填料函的宽度。

（2）法兰连接处漏水

卸掉法兰的连接螺栓，取下旧垫片，上好新垫片，上好螺栓即可。

（3）阀门不能开启或开启后不通水

阀门长期不开启或关闭，会因锈蚀而不能转动，一般可以振打使阀杆和填料压盖或阀盖使之松动。

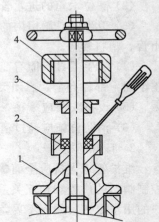

图 6-1　小型阀门更换填料操作
1—阀盖；2—填料；3—填料环；
4—填料压盖

1）闸阀

首先观察，如果阀门开启不能到头，关闭不能到底，一般原因是阀杆滑扣，需要更换阀杆或阀门。

2）截止阀

出现阀门开启不能到头，关闭不能到底的现象。也是因为阀杆滑扣，需更换阀杆或阀门。如果能开启到头，关闭到底，但水流并不跟随动作，是因为阀瓣和阀杆脱节。不过对阀门结构要详细了解，小型截止阀，阀杆和阀瓣是两个件。而大一些的截止阀，两者用钢丝连接在一起，发生这种情况一般是因为钢丝断裂，只要用同直径的钢丝更换即可。

（4）阀门关闭不严

产生阀门关不严的现象有两种原因，一种是阀门的阀瓣槽内有异物，对这种情况，一般清除异物即可。另一种是密封圈或阀芯有划伤或腐蚀，如果伤痕大，则需要更换阀门。如果伤痕小，可以将伤痕打磨后继续使用。

常开的阀门，偶尔出现关闭不严的现象，一般情况下，可以将阀门再打开，然后再关闭，反复重复多次可以消除关闭不严的现象。

2. 水龙头的检修

水龙头是开关频繁的附件。截门式水龙头可能出现两种情况。

一种是无法关闭，旋转手柄时感觉不到阻力，属于滑扣。产生这种故障的原因是因为使用时间较长，螺纹磨损。或因为水压过大，每次关闭时使用的力较大，加速了磨损，甚至压坏，这种情况只有更换。

另一种是关闭不严，是因为芯被磨损的缘故，因为芯的密封面是非金属（橡胶或塑料），耐磨时间短，所以只要拆开龙头，更换橡胶垫即可。

旋塞式水龙头的故障是密封不严，沿塞栓漏水，是因为用久了磨损的缘故，只有更换才能解决问题。

3. 给水管道的检修

（1）漏水点的判别

如果管道漏水，应首先查明漏水的准确位置和漏水的原因，然后针对原因进行维修。对于明装裸露的管道，漏水位置很容易查清。对于保温管，有防结露措施的管道，只能在包裹层外面见到漏水，寻找漏水点的方法如下。如果发现 A 漏水，沿管道坡度，在其上游一定距离 B 处划一小缝，如果小缝有水漏出，则证明漏水点还在小缝上游。在 B 上游一定距离 C 处划一小缝，如果 C 处无水漏出，证明漏水点在 B 和 C 中间的某处，然后再用同样的方法缩短距离，直到找到漏水点。如图 6-2 所示。

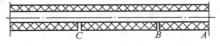

图 6-2　防结露水管的检测

（2）螺纹连接漏水的修复

我国的室内给水如果是螺纹连接，管材一般就是镀锌钢管，螺纹连接处就是管道和管件的连接处。检修时，用管钳将漏水处一侧的管子或管件钳住。再用另一把管钳将另一侧的管子或管件钳住拧紧，一般的螺纹漏水即可修复。如果拧紧螺纹无法修复，则将水源一侧的最近的活接头卸开，把漏水侧的管子卸下来，清除旧填料，重新涂抹铅油，缠麻丝或生料带，重新连接即可。

（3）法兰连接漏水的修复

法兰连接的漏水有两种情况，一种是螺栓没有拧紧，一种是垫片有破损。检修时首先拧紧螺栓，如果修复，即为第一种情况。如果无法修复，那么就是第二种情况，只有更换垫片。

（4）钢管管壁漏水的修复

钢管管壁漏水，一般的原因是管道的质量问题如砂眼或裂纹；也有可能是锈蚀严重而穿孔。常用修复方法如下：

1) 补焊法

对于因质量问题而产生的小孔或裂纹，可用补焊的方法来修复。40mm 以下的管道使用气焊，50mm 以上的管道使用电焊。补焊时必须停水作业，补焊处应清除药皮，刷两遍红丹防锈漆。

2) 管夹法

对于较小的裂纹或小孔，当不允许断水时，不能使用补焊法，可以使用管夹法固定。

根据小孔的大小，用硬木削制成小木楔，打入小孔，直到小孔不再漏水，打木楔时用力要轻。用钢锯将木楔的伸出部分锯掉。在堵塞处或裂缝处垫一块 2～3mm 厚的软胶皮，上下两面扣好管夹，拧紧螺栓，将胶皮压紧，如图 6-3 所示。常用管夹如图 6-4 所示。

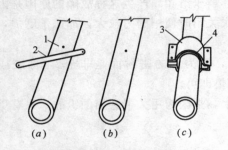

图 6-3　管夹法修复漏水管道

(a)、(b)打进木楔；(c)装管夹

1—木塞；2—锯条；3—管夹；4—胶皮板

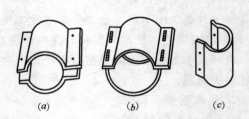

图 6-4　常用堵漏管卡

(a)整管夹；(b)半管夹；(c)软金属管夹

3) 换管法

对于锈蚀严重或补焊难以修复的钢管，一般只有换管了。

拆卸管道时，如果锈蚀管道附近有活接头，可以从活接头处拆开，更换即可。如果螺纹连接处无法卸开，可以用打振法，用一把榔头垫在下面，另一把榔头轻轻敲打。也可以用喷灯烘烤接头处，等螺纹间的铅油和麻丝炭化后，就可以用管钳将管道卸下。

如果锈蚀管道附近没有活接头时，可以将锈蚀管段从中间锯断，更换即可。更换时，中间需要加上活接头。

第二节　建筑排水系统的维护与管理

一、建筑排水系统的管理

建筑排水系统的管理目的是为了使用运行正常，延长使用寿命，尽量减少维修量。

建筑排水系统使用中的故障一般有两个方面：一是漏水，二是堵塞。堵塞的原因大多数是因为使用不当。一定要把某些需要提醒住户注意的问题告诉住户，如：不能向大便器倾倒垃圾，不要在大便器内洗涮拖布；不要让塑料袋等不能被水浸泡碎的物质进入下水道。使用时要小心，不能让一些可能进入排水管道的物体放在大便器附近，如肥皂盒等较大物体掉入大便器，可以造成管道的堵塞等等。

二、建筑排水系统的维护与维修

建筑排水系统日常维护的目的，是为了保障系统的正常运行，平时就消除故障隐患。作为专业管理人员，对建筑物内部的管道材料、走向、位置等都应该充分了解，做到勤检查、勤维护、勤修理，防患于未然。

日常维护应包括以下几个方面的内容：

（1）各检查井应封闭严实，防止异物落入，堵塞排水管。雨水口附近不能堆放砂石、垃圾等，防止被雨水冲入管道。

（2）如果管道埋地敷设的线路上某处发现水痕或地面下陷的现象，说明附近某处有管道漏水；如果某处墙面、地面、楼板有浸湿现象，说明管道有漏水点。附近如果找不到漏水点，那么一定是埋藏在墙、楼板或台阶等处。可以通过夜间听漏或借助仪器来检漏，确定漏水点的位置。最后再将漏水点上面的覆盖物挖去，最后确定漏水点和泄漏原因，进行修理。

（3）室内卫生间是排水管道最集中的地方，应经常检查，及时清除事故隐患。

（4）明装金属管除了应定期检查维护外，还应该每隔两年涂刷防腐涂料一次，延长管道的使用寿命。

正常的日常维护只能减少排水系统故障的发生，如果发生故障，必须及时修理。室内排水管道的故障主要是堵塞和漏水。

堵塞的修理过程就是清通。室内排水系统的堵塞位置一般发生在两个地方，一个是排水横支管的存水弯；一个是立管和排出管的连接处，一般堵塞在排出管上。

排水支管的存水弯被堵塞的特点是，只有被堵塞的支管不能排水，其余各处排水是通畅的。对于住宅一般容易堵塞的存水弯有蹲式大便器和污水盆下面的排水口。对于蹲式大便器的存水弯的清通，可以使用皮碗抽吸，若不能清通，则打开存水弯底部的堵盖，取走异物即可。污水盆的出水口大多是在盆内装设的地漏，如果发生堵塞，一般拿开箅子，并取走较大的异物，再拿开钟罩，用水冲洗钟罩即可。公共建筑排水支管的堵塞，主要有蹲式大便器下的存水弯，小便槽、污水盆、盥洗槽的出水口，这几种出水口都是地漏形式的，它们的堵塞往往是塑料薄膜、废纸等造成的，清通方法和上面一样，也是拿开箅子和钟罩清洗即可。

排水立管和排出管连接处的堵塞，大多数情况是有大颗粒的砂石没有清理干净，或排水管落入了大块异物。使用时，当随水流过来纤维状杂质时，容易被这些大块异物挡住，导致堵塞。这种堵塞的特点是，二楼以上排水通畅，一楼排水不畅，甚至从卫生器具向外溢水。清通方法是：用直径 10mm 或 12mm 的钢筋弯成圆钩，从室外检查井送到堵塞部位后来回抽拉即可清通。也可以使用竹劈和胶皮管来清通。这些工具也可以从一楼立管检查口进入。

室内排水管漏水的检修。室内排水管漏水一般有两种情况：一种是接口漏水，一种是管道有砂眼和裂纹。如果是接口漏水，比较轻微的可以用水泥砂浆包裹或涂抹，如果不能修好，可以将接口打开，剔除原来的涂料，重新打石棉水泥口。如果是管道有砂眼或裂纹，可以用钻头将砂眼钻成圆孔，打入圆木塞防漏，圆木塞突入管道不要过长，以免造成新的堵塞因素。当管道有裂纹漏水时，可以将管道包上橡胶板，外用钢板夹紧。当上述方法无法修复时，可以采用换管修复。

第三节　水泵机组的维护与管理

水泵机组的正确启动、停车与运行是给水系统安全、经济供水的前提，对于建筑物的管理人员，必须正确掌握水泵机组的维护与管理。

一、启动前的准备工作

水泵的每次启动，首先应检查一下水泵以及基础上各个螺栓连接是否牢固；检查轴承中的润滑油是否充足、干净；检查各个阀门、压力表和真空表上的旋塞是否处于合适的位置；供配电设施是否正常；然后，盘车，灌泵等。

盘车就是用手转动水泵机组的联轴器，感觉一下转动过程是否均匀，有无异常声响。目的是检查水泵及电动机内有无不正常的现象。例如：零件松脱后卡住；杂物进入水泵堵塞；水泵内冻结；填料过紧或过松、轴承缺油或泵轴弯曲等问题。

灌泵就是启动前向水泵和吸水管中充水，以便水泵启动后能在水泵入口处产生吸水所必需的真空。

对于新安装的水泵或检修后首次启动的水泵，有必要进行转向检查。检查时将联轴器的两个背轮脱开，使水泵和电机分离。开动电机，看看转向与水泵厂规定的转向是否一致，如果不一致，可以改接电源的相线（即将3根进线中的两根线对换），然后接上再试。

准备工作就绪后，就可以启动水泵。启动时，人不要离水泵机组太近，等水泵转速平稳以后，打开真空表和压力表上的阀，此时，压力表上的读数应上升到水泵流量为0时的空转扬程，表示水泵已经上压，可以逐渐打开出水阀，此时真空表读数上升，压力表读数下降，配电柜上电流表的读数增大。等闸阀全开时，即告完成。这种启动方式称为闭闸启动，一般离心泵都是这种启动方式。

水泵在闭闸的情况下，持续时间一般不超过2～3min，时间过长，泵内的液体发热，可能会损坏水泵，造成事故。

二、运行中应注意的问题

（1）检查各个仪表的工作是否正常、稳定。电流表的读数是否超过电动机的额定电流，电流过大过小都应该及时停车。电流过大，一般是因为杂物卡住叶轮、轴承损坏、填料过紧等造成的。电流过小一般是因为吸水管上的底阀和出水管上的阀门打不开或开不足等原因。

（2）检查流量计上的读数是否正常。

（3）检查填料盒是否发热、滴水是否正常。填料盒处的滴水应呈滴状连续渗出。滴水过多，是因为填料松；滴水少，是因为填料紧。填料的松紧可以通过调节压盖螺栓来调节。

（4）检查电机和水泵的轴承、外壳温度。轴承升温一般不允许超过周围温度35℃，最高不得超过75℃。现场可以用手摸，如果感到烫手，应马上停车。

（5）定期记录水泵的流量、扬程、电流、电压、功率等数据。

三、水泵的停车

停车前先关出水阀，实行闭闸停车。然后，关闭真空表和压力表上的旋塞。把电机和水泵表面的水和油擦洗干净。在无采暖设备的情况下，冬季停车后，应放空水泵，防止冻裂。

四、水泵的故障和排除

离心泵常见故障和排除方法，见表6-1。

离心泵常见的故障及其故障排除 表 6-1

故　障	产　生　原　因	排　除　方　法
启动后水泵不出水或出水不足	1. 泵壳内有空气，灌泵工作没做好 2. 吸水管路及填料有漏气 3. 水泵转向不对 4. 水泵转速太低 5. 叶轮进水口及流道堵塞 6. 底阀堵塞或漏水 7. 吸水井水位下降 8. 检漏环和叶轮磨损 9. 水面产生漩涡，吸水管进入空气 10. 水封管堵塞	1. 继续灌水或抽气 2. 堵塞漏气适当压紧填料 3. 对换一对接线，灌泵转向 4. 检查电路，是否电压过低 5. 揭开泵壳，清除杂物 6. 清除杂物或修理 7. 核算吸水高度，必要时降低安全高度 8. 更换磨损零件 9. 较大泄水口淹没深度 10. 拆下管道
水泵开启不动或启动后轴功率过大	1. 填料压得太紧，泵轴弯曲，轴承磨损 2. 多级泵中，平衡孔堵塞或回水管堵塞 3. 靠背轮间隙过小 4. 电压太低 5. 实际液体的相对密度远大于设计相对密度 6. 流量太大，超过使用范围太多	1. 松压盖，矫直泵轴，更换轴承 2. 清除杂物，疏通回水管路 3. 调整靠背轮间隙 4. 检查电路，向电力部门反映情况 5. 更换电动机，提高效率 6. 关小出水阀门
水泵机组振动和噪声	1. 地脚螺栓松动或未填实 2. 安装不良，联轴器不同心或泵轴弯曲 3. 水泵产生气蚀 4. 轴承损坏或磨损 5. 检查松软 6. 泵内有严重摩擦 7. 出水管存留空气	1. 拧紧并填实地脚螺栓 2. 找正联轴器，矫直泵轴 3. 降低吸水高度，减少水头损失 4. 更换轴承 5. 加固基础 6. 检查咬住设备 7. 在存留空气的地方，加装排气阀
轴承发热	1. 轴承损坏 2. 轴承缺油或油太多 3. 油质不良，不干净 4. 轴弯曲或联轴器未找正 5. 叶轮的平衡孔堵塞，轴向力不平衡 6. 多级泵平衡轴向力装置失灵	1. 更换轴承 2. 按规定油面加油，去掉多余黄油 3. 更换合格润滑油 4. 矫直泵轴，找正联轴器 5. 清除平衡孔上堵塞的杂物 6. 检查回水管是否堵塞，联轴器是否相碰，平衡盘是否损坏
电动机过载	1. 转速高于额定转速 2. 水泵流量过大，扬程低 3. 电动机或水泵发生机械损坏	1. 检查电路及电动机 2. 关小阀门 3. 检查电动机及水泵
填料处发热、渗漏水过少或没有	1. 填料压得太紧 2. 填料环位置不对 3. 水封管堵塞 4. 填料盒与轴不同心	1. 调整松紧度，使水呈水滴连续渗出 2. 调整填料环的位置，正好对准水封管 3. 疏导水封管 4. 检修，改正不同心的地方

复习思考题

1. 建筑给水系统日常巡视和管理内容有哪些?
2. 建筑排水系统管理与维护内容有哪些?
3. 水泵机组的启动和停车如何进行?

第七章 建筑消防系统及其维护管理

第一节 民用建筑的防火

一、建筑材料的耐火性能

（一）建筑材料的燃烧性能

燃烧可以分为有焰燃烧、无焰燃烧和熏烟燃烧。

建筑材料受到火烧后，有的发生有焰燃烧，如：纸板、木材；有的发生无焰燃烧，如：含砂石较多的沥青混凝土；有的只是炭化，不起火，如：油毡和经过防腐处理的针织品；也有不起火，不燃烧，不炭化的，如：砖、石、钢筋混凝土等。

按燃烧性能可以将建筑材料分成三类：

1. 非燃烧材料

是指在空气中受到火烧或高温作用时，不起火、不燃烧、不炭化的材料。如砖、石、钢筋混凝土等。

2. 难燃烧材料

是指在空气中受到火烧或高温作用时，难起火、难燃烧、难炭化，当火源移走后，燃烧立即停止的材料。如：刨花板和经过防火处理的有机材料。

3. 燃烧材料

指在空气中受到火烧或高温作用时，立即起火和燃烧，当火源移走后，仍能继续燃烧或微燃的材料。

另外，有一些材料虽然不燃烧，但在火灾条件下，随着温度的升高，自身强度降低，如钢筋，500℃时强度只有正常强度的一半。

（二）建筑材料的耐火性能

1. 石棉

石棉耐高温（200～1300℃），是良好的隔热材料。石棉水泥板，能耐热750℃，但在高温状态下，遇水冷却，立即破坏。

2. 天然石材

由不同成分组成的石材，遇高温开裂。石灰石等单一材质的石材，可以耐800～900℃的高温。

3. 普通黏土砖

在承受800～900℃的高温时无显著破坏，遇水急冷影响不大。空心砖因各面受热不均，膨胀不一，容易产生裂缝和破坏。

4. 玻璃

普通玻璃在700～800℃时软化，900～950℃时熔解，在火灾时，由于玻璃的变形受到门窗的限制，在 250℃时开裂，自行破碎。

5. 钢材

钢材在 300~400℃时，强度很快下降，600℃时失去承重能力，高温遇水冷却会变形，造成房屋坍塌，所以没有防火层保护的钢结构是不耐火的。

6. 混凝土

耐火性能主要取决于它的骨料性质，花岗岩骨料的混凝土在 550℃时，因骨料碎裂而出现裂纹；石灰石骨料可以耐火 700℃。一般来说，钢筋混凝土结构的热容较大，升温较慢，短时间内不会被烧毁。

另外，钢筋混凝土的耐火性能与钢筋保护层的厚度有关，保护层厚度大的，耐火时间长。

7. 砂浆抹灰

作为结构的保护层，当与结构连接紧密，结合牢固，厚度达 15~20mm 时，能使结构的耐火时间延长 20~30min。

8. 木材

木材受热后开始蒸发水分，到 100℃以后，开始分解可燃气体，放出少量的热。遇明火点燃，出现火焰，起火燃烧。木材的燃点介于 240~270℃之间。木材在高温作用下超过 400℃以后，达到发火自燃温度，不用明火也能自己着火燃烧。

9. 胶合板

胶合板为阔叶树薄板纵横胶结而成，有 3、5、7 层之分。燃烧性能与黏合剂有关，黏合剂易燃，胶合板的防火性能差。难燃胶合板是用硫酸铵、硼酸、氰化亚铅等浸泡后的薄板制造的，防火性能好，难燃烧。

10. 塑料

塑料是有机高分子化合物，称为合成树脂。塑料制品的优点很多，如质轻、耐酸碱、不透水、便于加工成形等，但耐火性能差，如：

(1) 耐热性差，使用极限温度为 60~150℃。

(2) 易变形，钢性不足。

(3) 发烟量大，燃烧初期发出浓烈的烟雾，且大部分有毒。

二、建筑构件的耐火性能

(一) 基本概念

建筑构件的耐火性能，通常是指构件的燃烧性能和抵抗火烧的时间(耐火极限)。

建筑构件的燃烧性能与建筑材料的燃烧性能一样分三类：第一类是非燃烧构件；第二类是难燃烧构件；第三类是不燃烧构件。

建筑构件起火或受热失去稳定而导致破坏，能使建筑物倒塌，造成人身伤亡。因此要求建筑构件应有一定的耐火能力。建筑物的耐火能力称为耐火极限，它的大小取决于建筑构件耐火性能的好坏。

耐火极限：按研究试验所规定的火灾升温曲线，对建筑构件进行耐火试验，从受到火的作用时开始，到失去支撑能力或发生穿透裂缝或背火一面温度升高到 220℃为止的时间，这段时间称为耐火极限，用小时(h)表示。

应充分了解三个条件：

1. 失去承载力

失去承载力主要是指构件在火焰和高温下，受到破坏而引起建筑物局部或全部的破坏。如钢屋架、钢梁、钢柱等无保护层的金属承重构件，在300～400℃时强度开始迅速下降，500℃时强度下降到40％～50％，很快变形，失去支撑能力。表现为钢结构构件在烈火的燃烧下，很快塌落，形成"面条"现象。

2. 构件发生穿透裂缝

主要指构件在火焰或高温作用下，火焰穿过构件，使其背面可燃物燃烧起火。例如：木板隔墙，当受到火烧时，火焰会迅速穿过木板的缝隙，窜到板壁的另一面，迅速燃烧。

3. 背火面的温度

背火面的温度升高到220℃，指建筑构件在火烧或高温作用下，其背火面的温度升高到220℃时，在一定时间和一定条件下，能使一些自燃点较低的可燃物（如棉花、纸张等），燃烧起火。

（二）建筑构件的耐火极限

建筑构件的耐火极限与构件的厚度、截面尺寸的大小、保护层的厚度有密切关系。相同条件的建筑构件，厚度和截面尺寸越大，耐火极限越高。相同条件下的钢筋混凝土构件，保护层厚度越大，耐火极限越高。

1. 墙

墙是建筑物的重要组成部分，起承重和围护作用。建筑物中广泛采用的有钢筋混凝土墙、硅酸盐砖墙、加气混凝土砌块墙板、石膏墙板、石膏珍珠岩空心隔墙、石棉混凝土蜂窝板隔墙等。

（1）普通黏土砖墙、钢筋混凝土墙

试验证明，普通黏土砖墙、硅酸盐砖墙、混凝土墙、钢筋混凝土墙等，在厚度相同时，耐火极限基本相同。墙的耐火极限是与厚度成比例增加的直线关系。

墙在火灾温度下，产生龟裂现象，扑救火灾时，墙的表面突然冷却，表面的砖出现片状脱离现象，墙面的横断面减小，相应降低了墙的承载力。

（2）加气混凝土墙

加气混凝土制品，密度小、保温效果好、吸声能力强和耐火性能高。它可以方便地制成墙板、砌块、屋面板等。主要由水泥、矿渣、砂、发气剂、气泡稳定剂、调节剂、钢筋等原料加工而成。耐火性能随厚度成比例增加。厚度分别为7.5、10、15、20cm的加气混凝土制品，耐火极限分别是2.50、3.75、5.75、8.00h。

试验证明，加气混凝土垂直板壁的背火面温度达到220℃时，因接缝处窜火而失去隔火作用。板与板之间相互变形，较快失去支撑能力，耐火极限比水平墙板低。厚度为15cm的水平非承重隔墙的耐火极限是6.00h，同样厚度的垂直承重隔墙的耐火极限为3.00h。

（3）轻质隔墙

轻质隔墙工厂预制、现场装配、施工简单、节省劳动力，能改善劳动条件。常见的有：石膏龙骨纸面石膏板隔墙、石膏龙骨纤维石膏板隔墙、石膏板珍珠岩空心条板隔墙、轻钢龙骨内填矿棉两面钉石膏板隔墙等。这些隔墙广泛应用于建筑物内部，耐火性能较好。如：轻钢龙骨内填矿棉，耐火极限为1h。

2. 柱

柱是垂直受压构件，承受梁、板传来的荷载。柱抵抗火烧时间的长短，对于建筑物在火灾时的破坏和修补工作起着十分重要的作用。现代建筑中广泛采用的是钢筋混凝土柱和钢柱。

(1) 钢筋混凝土柱

钢筋混凝土柱按截面形状分为方形、圆形、矩形、异形等。火灾时，一般周围受火烧，所以其耐火极限主要是以失去支撑能力的条件来确定。

1) 混凝土在火烧或高温下的强度变化。

普通混凝土的强度从常温到 200℃ 范围内，一般是随着温度略有提高；200℃ 以上，脱水作用加剧，强度有一定减小；500℃ 以上时，由于脱水作用，混凝土砂石结构被破坏，加上混凝土内部各种材料的热应力变化，混凝土的强度很快降低；当温度达到 800～900℃ 时，内部结晶水、游离水基本上散失，此时强度基本全部散失。

2) 受压钢筋在火烧或高温下的强度变化。

由于火烧时温度不断升高，混凝土保护层的热量逐渐传递给钢筋，使钢筋受热膨胀，由于钢筋和混凝土的膨胀系数不同，组成二者相互脱离，降低了整个构件的强度。大约在 300～400℃ 时，钢筋和混凝土之间的黏着力基本丧失。同时，温度升高，钢筋的抗拉强度显著下降，直到全部失去支撑力。

3) 火烧或高温下的柱体破坏过程。

火灾时，柱体的温度由外及里逐渐递减，强度丧失也是由外及内，由大到小。当火灾温度不断上升，随着时间的延续，柱体将由表面到内部逐渐丧失强度，直到完全丧失支撑力。

(2) 钢柱

我国大多数建筑物为钢筋混凝土结构，但有些高层建筑也采用钢结构。从防火角度看，钢结构防火性差。试验证明，无保护层的钢结构耐火极限一般在 0.25h。

3. 梁

(1) 钢筋混凝土梁

钢筋混凝土梁的耐火极限主要取决于保护层的厚度和梁所承受的荷载。当钢筋混凝土梁按设计荷载加荷时，在火灾作用下，梁的耐火极限是与主筋的保护层厚度成直线关系。保护层越薄，相同条件下，钢筋的温度越高，梁的耐火极限越低。

(2) 钢梁

无保护的钢梁，在常温下的受拉性能很好，耐火极限却很低，远不如钢筋混凝土构件，在火灾的情况下，温度达到 700℃，梁的挠曲增大，并且很快失去支持能力。如果不加任何保护措施，在火灾温度作用下，耐火时间仅为 15min 左右。

4. 楼板

楼板是直接承载人和物的水平承重构件，起分隔楼层和传递荷载的作用。现在常用的楼板是钢筋混凝土楼板，它的耐火极限一般取决与它的保护层厚度。如简支的钢筋混凝土板，保护层厚度为 1cm 时，耐火极限为 1.15h；保护层厚度为 2cm 时，保护层厚度为 1.75h；保护层厚度为 3cm 时，耐火极限为 2.3h。另外板的耐火极限还和受力情况有关，在其他条件相同的情况下，四面简支的钢筋混凝土现浇板耐火极限大于钢筋混凝土非预应力预制板，非预应力钢筋混凝土预制板的耐火极限大于预应力钢筋混凝土楼板。

5. 屋顶构件

屋顶构件主要包括屋架、屋面板等构件。现代建筑采用的屋架主要有钢屋架、钢筋混凝土屋架。屋面板主要有空心、槽形、波形钢筋混凝土屋面板。

实践表明，木屋架和没有保护的钢屋架，耐火极限很差，在火灾作用下，一般15min左右就坍塌。因此某些大跨度空间的建筑，必须采用钢屋架时，应喷涂防火保护层，提高耐火能力。

钢筋混凝土屋架的耐火极限主要取决于主钢筋保护层的厚度，一般情况下，当保护层的厚度为 2.5～3.0cm 时，耐火极限可以达 1.50～1.70h。

三、建筑物的耐火等级和火灾危险等级的划分

（一）耐火等级的作用

对于不同的建筑提出不同的耐火等级要求，要做到既利于安全，又节省基建投资两方面的要求。耐火等级越高，火灾时被烧坏、倒塌的越少，耐火等级低的建筑，火灾时燃烧快，损失大。

对于钢筋混凝土建筑，其梁、柱、板、墙、屋顶都应当有足够的耐火极限，可以起到以下作用：

（1）为建筑物内的人员提供足够的疏散时间，保证建筑物内人员的安全脱险。

特别是层数较多的建筑物，人员疏散到地面需要一定时间，主要承重构件具有足够的耐火能力，是人员疏散的一个重要条件。

（2）为消防人员扑救火灾创造有利条件。

当建筑物着火时，扑救主要依赖建筑物内部的给水设施，消防人员大多数要进入建筑物内部进行扑救，如果主要承重结构没有足够的耐火能力，就会在短时间内造成局部或全部坍塌，不但会影响扑救工作，还可能带来人员伤亡。

（3）为建筑物火灾后的重新修复使用提供有利条件。

主体结构的耐火能力好，抵抗火灾能力强，火灾时破坏就小，修复快。

（二）影响建筑物耐火等级的基本因素

确定建筑物耐火等级需要考虑的因素很多，如：火灾的危险性类别，建筑物的层数和面积等。对于民用建筑，根据建筑物的特点、使用性质等情况，应当由下列三方面因素确定：

1. 建筑物的重要性

对于火灾危险性大、功能设备复杂、性质重要、扑救困难的建筑，其耐火等级要求较高。如：多功能高层建筑、通讯枢纽、电信大楼、广播电视大楼、图书馆、科研楼、大型公共场所等。

2. 建筑物的高度

为了保证建筑物在火灾时有足够的耐火能力，主要承重构件的耐火极限应自上而下分段要求，尤其是对于高层建筑，更应该如此。

3. 建筑物内的火灾荷载

所谓火灾荷载，是指建筑物内每平方米地板面积上的可燃物的数量，一般用 kg/m^2 表示。

如果建筑物的耐火等级不考虑火灾荷载，那么可燃物多的建筑物，燃烧时间长，可能导致建筑物全部或部分损坏、倒塌，造成重大损失。如果建筑物内存放大量化纤等可燃物，当荷载达到 $500kg/m^2$ 时，发生火灾时，即使全力扑救，也基本无济于事，楼板很快被烧穿，火焰迅速蔓延造成重大损失。

另外，民用建筑的耐火等级还与面积、长度、层数等有关。建筑物的面积大、长度大，室内的人员、可燃物也多，起火后燃烧时间长，建筑结构受到的破坏就越大。层数越多，人员疏散和消防人员的扑救就越困难，一般耐火等级就应越高。

（三）建筑物危险等级的划分

根据建筑物内生产或贮存的可燃物性质、数量，可燃物的堆放状态，火灾时的扑救难度，及建筑物本身的耐火性能，可以把建筑物划分成不同的耐火等级。

1. 轻火灾危险级建筑物

一般指建筑物内，可燃物较少，可燃物的燃烧速度和发热量相对较低。如展览大厅、体育馆、多层停车库、底层停车库等。

2. 中火灾危险级建筑物

一般指建筑物内存放或生产的可燃物数量为中等，可燃物的燃烧速度和发热量也为中等，火灾初期不会引起剧烈燃烧的建筑物和建筑物的一部分。如：棉纺厂的一些车间、木材加工厂、服装加工厂、营业厅、餐厅、办公室、百货商店、文物保护单位的木结构建筑、无窗厂房和地下建筑等。

3. 严重火灾危险级建筑物

一般指火灾危险性大，可燃物品数量多，燃烧速度快，发热量高，火灾时引起猛烈燃烧可能会迅速蔓延到整幢建筑物。如：一些易燃品仓库、剧院的舞台、演播室、摄影棚、赛璐珞级泡沫橡胶的生产车间等。

另外确定建筑物的火灾危险等级，除了上述定性的因素外，还应该考虑建筑物的火灾荷载的影响。可以参考表 7-1 来确定建筑物的耐火等级。

建筑物的火灾荷载和危险等级 表 7-1

火灾荷载（kg/m^2）	25 以下	25～80	80 以上
荷载危险等级	轻火灾危险级	中火灾危险级	严重火灾危险级

第二节 消火栓系统

室内消火栓系统是用室外设有的消防系统提供的水量，扑灭建筑中与水接触不能引起燃烧、爆炸的火灾而设置的固定灭火设备。

根据我国灭火的实际经验和国情，消火栓系统在普通低层建筑中和高层建筑中的应用是有区别的。对于普通低层建筑，消火栓系统的任务是扑灭建筑物内部初期火灾，而室外消防车能扑灭建筑物内发生的所有火灾。对于高层建筑，由于高度大，消防车一般无能为力，只能依靠建筑物自救。

所谓高层建筑指超过 10 层及高度大于 24m 的民用建筑称为高层建筑。

一、消火栓系统的设置范围

1. 高层工业建筑与普通低层建筑

（1）大部分厂房、库房，高度不超过 24m 的科研楼。

（2）剧院、电影院、俱乐部的座位超过 800 个；礼堂、体育馆的座位超过 1200 个。

（3）车站、码头、机场建筑物以及展览馆、商店、病房楼、门诊楼、教学楼、图书馆等体积超过 5000m³。

（4）超过 6 层的塔式住宅、通廊式住宅、底层设有商业网点的单元式住宅和超过 7 层的单元式住宅。

（5）超过 5 层或体积超过 10000m³ 的其他民用建筑。

（6）国家级文物保护的重点砖木或木结构的古建筑。

2. 高层民用建筑

3. 人防建筑工程

（1）作为商场、医院、旅馆、展览厅、旱冰场、体育场、舞厅、游艺场所等使用，面积超过 300m² 时。

（2）作为餐厅、丙类和丁类生产车间、丙类和丁类仓库使用，面积超过 450m² 时。

（3）作为电影院、礼堂使用时。

4. 车库

二、消火栓系统的类型、组成及其主要组件

1. 系统组成

室内消火栓系统由水枪、水带、消火栓、消防水喉、消防管道、消防水池和水源等组成。当室外给水管网的水压不能满足室内消防要求时，应当设置增压设备和水箱等。图 7-1 为普通低层建筑物室内生活、消防合用给水系统。图 7-2 为高层建筑单设的消火栓系统。

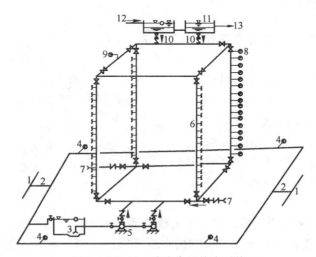

图 7-1　生活、消防合用给水系统

1—室外给水管；2—进户管；3—贮水池；4—室外消火栓；5—水泵；6—给水立管及支管；7—用户支管；8—消火栓；9—顶屋消火栓；10—止回阀；11—水箱；12—进水管；13—出水管

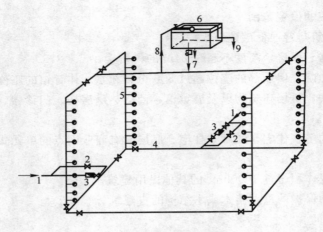

图 7-2　高层建筑独立室内消火栓给水系统

1—室外给水管网；2—进户管；3—疏水器；4—消防支管；5—消防立
管及消火栓；6—水箱；7—水泵接合器；8—水箱进水管；9—溢水管

2. 室内消火栓给水系统的类型

按照建筑物类型可以分为普通低层建筑物的室内消火栓系统和高层建筑消火栓系统。

按照室外管网所供给的水压、水量情况，可以分为以下几种情况：

（1）无水箱水泵的室内消火栓给水系统

当室外管网所供给的水量、水压，在任何时候都能满足消防系统的需要，可以优先选用。当选用这种方式时，一般与生活合用一套管道，如果进水管上有水表，应考虑水表过水能力要能通过消防时的流量。

（2）仅设水箱，不设水泵的消火栓给水系统

这种方式适用于室外给水管网一日间的压力变化较大，但水量能满足室内消防、生活和生产用水。这种方式，消防系统的管道应独立设置，水箱可以生产、生活合用，但应保障消防存储的水量能够满足消防 10min 的用水量。如图7-3 所示。

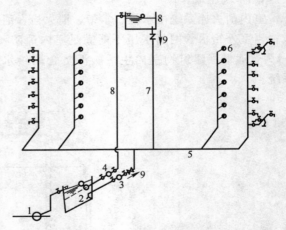

图 7-3　仅设水箱的消火栓给水系统

1—进户管；2—绕行管线；3—水表；4—消防管道；5—消火
栓立管；6—消火栓；7—出水管；8—进水管；9—止回阀

（3）设有消防泵和消防水箱的室内消火栓给水系统

如图 7-2。这种情况适用于室外管网的水压不能满足消防系统的要求，为保障消火栓灭火时有足够的水量，设水箱储备消防所需 10min 的水量，水箱补水采用生活用水的水泵，严禁消防泵补水。水箱进入消防管网的出水管上设止回阀。

3. 室内消火栓系统的主要组件

（1）室内消火栓设备

是由消火栓、水带、水枪置于有玻璃门的消火栓箱内组成的。如图7-4。

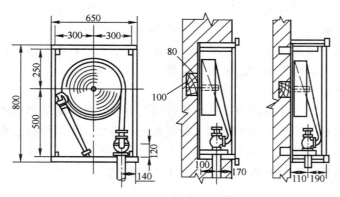

图 7-4　消火栓箱安装图

水枪的喷嘴口径有 13、16、19mm 三种。一般 13mm 水枪配 50mm 水带，16mm 水枪配 50mm 或 65mm 水带，19mm 水枪配 65mm 水带。普通低层建筑物一般配 13mm 或 16mm 喷嘴口径的水枪，高层建筑一般配口径不小于 19mm 的水枪。

水带有麻质、化纤之分，水带长度一般有 15、20、25、30m 四种，根据计算选定，高层建筑的水带长度不应大于 25m。

消火栓有单出口和双出口之分，都是内扣式接口的球形阀式的龙头，单出口消火栓有 50mm 和 65mm 两种，双出口消火栓直径为 65mm。高层建筑室内消火栓的口径应选 65mm。

（2）消防水喉设备

对于有空调系统的旅馆和办公楼，为了自救扑灭初期火灾并减少灭火过程造成水渍损失，可以使用消防水喉设备中的自救式小口径消火栓设备，如图 7-5(a)。

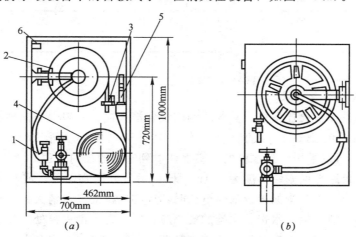

图 7-5　消防水喉设备

(a)自救式小口径消火栓设备；(b)消防软管卷盘

1—小口径消火栓；2—卷盘；3—小口径直流开关水枪；

4—输水衬胶水带；5—大口径直流开关水枪；6—控制按钮

103

对于大型剧院、会堂等，为了自救扑灭初期火灾，可以使用消防软管卷盘，如图7-5(b)。

这两种设备称为消防水喉。

（3）屋顶消火栓

为了检查消火栓系统是否能正常运行，在室内设消火栓系统的建筑物屋顶应设一个消火栓。天气寒冷地区，应采取保温措施，或设置在水箱间内。

（4）水泵接合器

水泵接合器的一端连接室内消火栓系统管网的底层，另一端可以供消防车或移动水泵加压向室内管网供水。适用于消火栓和自动喷水灭火系统，水泵接合器有地上、地下和墙壁式3种。

水泵接合器的基本参数和基本尺寸见表7-2、表7-3。

水泵接合器型号及基本参数 表7-2

型号规格	形 式	公称直径（mm）	公称压力（MPa）	进 水 口	
				形 式	口径(mm)
SQ100	地 上				
SQX100	地 下	100			65×65
SQB100	墙 壁		1.6	内扣式	
SQ150	地 上				
SQX150	地 下	150			80×80
SQB150	墙 壁				

水泵接合器基本尺寸 表7-3

公称直径（mm）	结 构 尺 寸								法 兰					消防接口
	B_1	B_2	B_3	H_1	H_2	H_3	H_4	l	D	D_1	D_2	d	n	
100	300	350	220	700	800	210	318	130	220	180	158	17.5	8	KWS65
150	350	480	310	700	800	325	465	160	285	240	212	22	8	KWS80

三、室内消火栓给水系统的布置

1. 室内消火栓布置要求

建筑物室内设置消火栓系统，其各层均应设置消火栓。一般保证同层的两个消火栓射出的充实水柱能同时到达室内的任何部位。但对于高度不大于24m，且体积不超过5000m³ 的库房，可以采用一支水枪的充实水柱射到室内的任何部位。

室内消火栓口距地面安装高度为1.1m。栓口出口方向宜向下，或与墙面垂直，容易操作，水头损失小。建筑物如果设消防电梯时，应在电梯前室设消火栓。

同一建筑物的消火栓，水带、水枪的规格应相同，每个消火栓处应设直接能启动消防水泵的按钮。消防水喉应连接在专用消防主管上，不能从消火栓立管上接出。旅馆、办公楼应设在走道内，保证有一股射流到达室内各个地点。剧院、会堂一般设在马道入口处，以便利用。

2. 室内消火栓管道布置

（1）普通多层建筑消火栓管道系统的布置

为了保证安全供水，当室外消防用水量超过 15L/s，或室内消火栓的数量超过 10 个，给水管道应布置成环状，进水管应布置两条。但对于 7～9 层的单元式住宅，当条件不允许时，可以采用一条进水管，室内管道也可以不闭合成环状，利用室外管网与进水管形成环状。

塔式住宅和通廊式住宅层数大于 6 层，或层数大于 5 层且体积大于 10000m³ 的其他民用建筑，库房大于 4 层，当室内有两条以上的消防立管时，需闭合成环状，单元式住宅的消防立管可以不闭合成环状。

阀门的设置位置应方便使用，关闭阀门后停止使用的消火栓的数量不得大于 5 个，多层建筑检修管道时，关闭的立管不能超过一根。

（2）高层建筑消火栓管道系统的布置

各层建筑的消火栓系统应为独立系统，不能与生产、生活合用一个系统，但水池、水箱可以合用。室内消防的管道布置，应布置成环状管网。消防立管设置时应保障同层的两个消火栓所射出的充实水柱应能到达室内的任意地方。

高层建筑内的消火栓系统应与自动喷水灭火系统单独设置。可以合用消防泵，要特别注意，不能把消火栓干管接到自动喷水灭火系统的报警阀后面，避免因消火栓使用或故障漏水，使自动喷水灭火系统误报警，造成水渍损失。

3. 消防设备的布置

（1）水泵接合器

水泵接合器应设置在室外便于消防车接管供水的地点。同时考虑在周围 15～40m 内有供消防车取水的室外消火栓或水池。水泵接合器的间距不小于 20m。每个接合器的流量是 10～15 L/s，具体设置数量根据消防水量计算得出。

（2）水池

消防用的水池一般与生活、生产合用，也可以独立，如果存在下述情况之一的应单独设置水池：当生产、生活用水量之和最大时，室外管网的供水量不足以满足室内消防用水量；不允许消防泵从室外管网直接抽水；室外管网为枝状，室内、外消防用水量之和超过 25L/s。消防水池可以设在室外地面上，地面下或独立泵房的屋面上，也可以设在地下室。

为了防止消防储备水量被生活泵动用，可以在消防储备水位的位置把生活泵的吸水管开一个直径 10mm 的小孔，或把生活泵的吸水管管口设在消防水位标高处。

（3）水箱

消防水箱及安装高度，对扑救初期火灾有决定性作用。水箱的安装高度要满足室内最不利消火栓的所需水量和水压。

如果采用生产、生活、消防合用水箱，生产和生活的吸水管应在消防水位以上，避免占用消防水量。

第三节　消火栓系统的运行及维护

目前工业厂区和居民生活区普遍采用消火栓系统。要使其发挥应有的作用，除精心设计，精心施工外，还应在系统投入使用前进行严格的竣工验收，检查工程质量是否满足使用要求，在平时也应对其进行必要的维护管理，使其处于良好状态。

一、室外消火栓系统

室外消火栓系统是由室外消火栓、消防水源，以及消防水泵、水泵接合器等给水、加压设施组成。

二、室外消火栓系统的验收

1. 验收程序及内容

室外消火栓系统的竣工验收一般应包括图纸资料审查、系统安装情况的一般性检查和系统综合性功能试验。

(1) 图纸、资料的审查

1) 初始设计图纸、施工图纸、设计变更及竣工图；

2) 水泵、消火栓、消防水泵接合器及闸阀等主要设备的性能；

3) 资料和产品合格证书；

4) 隐蔽工程的施工验收记录、管道通水冲洗记录；

5) 管道打压试验记录；管道试压的压力(P_1)要视系统设计压力(P_2)的大小而定，当系统为低压给水系统，即 P_2 小于或等于 1.0MPa 时，P_1 大于或等于 $1.5P_2$；当系统为高压给水系统，即 P_2 大于 1.0MPa 时，P_1 大于或等于 $P_2+0.5$MPa；

6) 水泵等消防用电设备的试运转记录；

7) 工程质量事故的处理记录。

(2) 系统安装情况的一般性检查

主要检查消防水泵、水泵接合器、消防水池取水口、室外消火栓及闸阀等主要设备的安装与图纸是否相符，使用是否方便，有无正确的明显标志，有无外观损坏及明显缺陷。检查中应注意查看系统中各常开或常闭闸阀的启闭状态是否符合原设计要求。

此外，在气候较冷的地区，验收时一定要注意检查地上消火栓在安装时管线是否在防冻层以下；消火栓周围是否保证有足够的泄水区，以防止系统意外冻坏。

(3) 系统综合性功能试验：

1) 据原设计的不同要求，对消防水泵分别进行自动启动、手动启动等各项试验。

2) 消防水泵组的主泵与副泵互为备用功能的相互切换试验。此项试验应在一台水泵正常运转的情况下，人工模拟故障，另一台泵应能自动投入运行。

3) 在系统最不利点的消火栓和系统重点保护部位的消火栓上接直径 65mm 水带和喷嘴 19mm 的水枪出水，并测试栓口压力，观察出水效果。测试数量应控制在消火栓总数 20% 以上。压力试验一般应包括以下 2 种：

系统静压——即打开消火栓阀门，关闭水枪开阀试压，该压力应比设计压力高出 0.1~0.2MPa；

系统日常所提供的压力测试——即日常高压系统的出水压力，该压力应高于或等于设计压力；临时高压给水系统消防水泵不启动情况下系统的出水压力，该压力应比设计压力与泵的扬程之差高出 0.1~0.2MPa。

4) 系统供水试验：

结合 2)、3)项试验，测试固定消防水泵组供水和消防车通过系统水泵接合器供水等不同情况下的出水压力。

2. 验收中常见故障的诊断及修复

由于栓体质量或施工水平等原因，验收中常常存在以下故障：

（1）阀门关闭不严

验收中经常会发现消火栓阀门关不严，有渗水现象。这主要有以下原因：

1）产品质量问题，主要是入水口阀门关闭不严。

2）施工问题，主要是管道未冲洗或冲洗不彻底，致使有砂石粒或焊渣沉积在入口阀凹槽内。

修复方法：先将栓体两个出水口全部打开，将阀门开启到最大程度，冲洗 5～10s，将阀门关闭。若阀门仍关不严，需将前端阀门井内阀门关闭，将消火栓入水口处法兰盘打开，清理内留杂物后安装好。若属阀门质量问题，与厂家联系维修或调换。

（2）冬季地上消火栓冻裂

正常情况下，地上消火栓充水部分应在防冻层以下，一般是不会冻裂的。万一发生冻裂，原因可能是：①阀门内漏，导致阀门后端充水；②泄水阀堵塞，消火栓使用后阀门后端余水不能排除；③施工时，泄水区未铺放砂石或砂石数量不够，导致消火栓在冬季使用后余水排出过缓。以上原因可能同时存在。

无论是哪一种情况，因栓体已冻裂，都需更换新栓。此时主要检查泄水区是否符合要求，若符合，重新装一新消火栓即可；若不符合，要按规定要求重新铺设泄水区。

（3）消火栓开启时剧烈振动

此种现象属施工问题，系消火栓或其附近管道土松动所致。应将松动处夯实。

三、室外消火栓系统的维护与管理

1. 地下消火栓维护管理

地下消火栓应每季度进行一次检查保养，其内容主要包括：

（1）用专用扳手转动消火栓启闭杆，观察其灵活性。必要时加注润滑油。

（2）检查橡胶垫圈等密封件有无损坏、老化或丢失等情况。

（3）检查栓体外表油漆有无脱落，有无锈蚀，如有应及时修补。

（4）入冬前检查消火栓的防冻设施是否完好。

（5）重点部位消火栓，每年应逐一进行一次出水试验；非重点部位消火栓按其总数的 10％～20％，进行实际出水试验。

（6）随时清除消火栓井周围及井内可能积存的杂物。

（7）保持室外消火栓配套器材和标志的完整有效。

2. 地上消火栓的维护管理

（1）用专用扳手转动消火栓启动杆，检查灵活性，必要时加注润滑油。

（2）检查出水口闷盖是否密封，有无缺损。

（3）检查栓体外表油漆有无剥落，有无锈蚀，如有应及时修补。

（4）每年开春后入冬前对地上消火栓逐一进行出水试验。

（5）定期检查消火栓前端阀门井。

（6）保持配套器材的完备有效。

除进行以上各项一般检查外，还要根据不同品牌室外消火栓的不同特点进行一定的专项检查。如：辽阳产的地上消火栓，每年要进行一次揭大盖除锈防蚀处理；进口日本的地上消火栓，应经常对其出水口手柄的灵活性进行检查；进口意大利的地上消火栓，每年应对其开闭手轮润滑1～2次。

室外消火栓系统的检查除上述内容外，还应包括与有关单位联合进行的消防水泵、消防水池的一般性检查，如经常检查消防水泵各种闸阀是否处于正常状态；每周检查一次消防水池水位是否符合要求等。

第四节 自动喷水灭火系统

装设在建筑物内部的自动喷水灭火系统，是一种能自动喷水灭火，并同时发出火警信号的消防灭火系统。由水源、供水设备、喷头、管网、报警阀及火灾探测报警系统等组成，如图7-6。

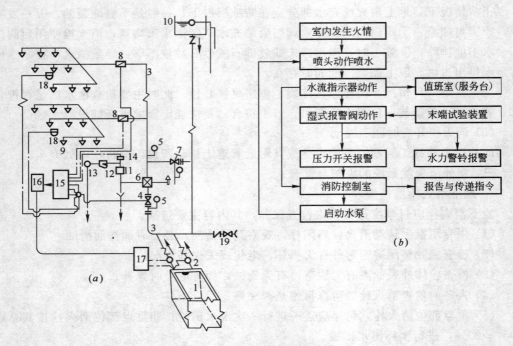

图 7-6 湿式自动喷水灭火系统

(a)组成示意图；(b)原理流程图

1—消防水池；2—消防泵；3—管网；4—控制蝶阀；5—压力表；6—湿式报警阀；7—泄放试验阀；8—水流指示器；9—喷头；10—高位水箱、稳压泵或气压给水设备；11—延时器；12—滤器；13—水力警铃；14—压力开关；15—报警控制阀；16—非标控制箱；17—水泵启动箱；18—探测器；19—水泵接合器

国内外的实际经验表明，自动喷水灭火系统的灭火效率是很高的。一般来说，只要是能够用水来灭火的建筑物都可以装设自动喷水灭火系统，但根据我国的经济状况，自动灭火系统仅仅装设在重要建筑物内火灾危险性大，发生火灾后损失大，影响大的部位、场所。

按照喷头的开、闭形式，自动喷水灭火系统可以分为闭式自动喷水灭火系统和开式自动喷水灭火系统。闭式自动喷水灭火系又可以分为湿式、干式和预作用喷水灭火系统，开式自动喷水灭火系可以分为雨淋喷水、水幕和水喷雾灭火系统。

每种自动喷水灭火系统都有使用范围。各种自动喷水灭火系统的差别主要是喷头构造不同，报警阀类型有别。

自动喷水灭火系统的喷头有开式喷头、闭式喷头、特殊喷头三种。

闭式喷头的喷口是由热敏元件组成的释放机构所密封，具有感温作用而开启。按感温元件的不同，可以分为玻璃球洒水喷头和易熔元件洒水喷头；按溅水盘的形式和安装位置有直立型、下垂型、边墙型、普通型、吊顶型和干式下垂型。构造见图7-7。各种喷头的适用场所见表7-4。

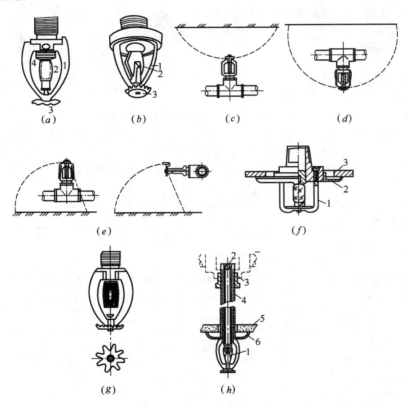

图 7-7 闭式喷头构造示意图

(a)玻璃头洒水喷头：1—支架；2—玻璃球；3—溅水盘；4—喷水口；

(b)易熔合金洒水喷头：1—支架；2—合金锁片；3—溅水盘；

(c)直立型；(d)下垂型；(e)边墙式；(f)吊顶型：1—支架；2—装饰罩；3—吊顶；

(g)普通型；(h)干式下垂型：1—热敏元件；2—钢球；3—铜球密封圈；4—套筒；

5—吊顶；6—装饰罩

开式喷头，喷口是敞开的，按用途不同可以分为开启式、水幕式、水雾式三种。构造如图7-8。适用场所见表7-4。

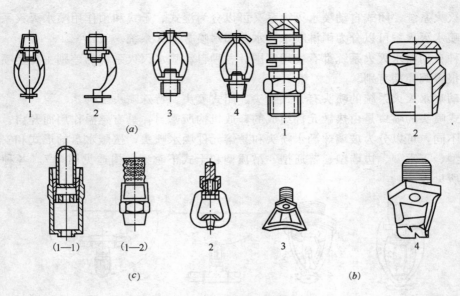

图 7-8 开式喷头构造示意图

(a)开启式洒水喷头：1—双臂下垂型；2—单臂下垂型；3—双臂直立型；4—双臂边墙型；

(b)水幕喷头：1—双隙式；2—单隙式；3—窗口式；4—檐口式；

(c)喷雾喷头：(1—1)、(1—2)—高速喷雾式；2—中速喷雾式

各种类型喷头适用场所 表 7-4

喷头类型		适 用 场 所
闭式喷头	玻璃球洒水喷头	外型美观，体积小，重量轻，耐腐蚀，适用于宾馆等要求美观，腐蚀性较强的场所
	易熔合金洒水喷头	适用于外观要求不高，腐蚀性不大的工厂、仓库，民用建筑
	直立型洒水喷头	适于安装小管道下经常有移动物体通过尘埃较多的场所
	下垂型洒水喷头	适用于各种保护场所
	边墙型洒水喷头	适用于安装空间狭小，通道状建筑物
	吊顶型洒水喷头	属于装饰型喷头，可使用在宾馆、客厅、餐厅、办公室等
	普通型洒水喷头	可直立下垂安装，适用于有可燃吊顶的房间
	干式下垂型洒水喷头	干式喷水灭火系统的专用喷头
开式喷头	开式洒水喷头	适用雨淋喷水和其他开式系统
	水幕喷头	凡需保护的门、窗、洞、檐口、舞台口等应安装
	喷雾喷头	适用于保护石油化工装置和电力设备
特殊喷头	自动启闭洒水喷头	适用于需要减少水渍损失的场所
	快速反应洒水喷头	具有短时启动功能，适用于要求启动时间短的场所
	大水滴洒水喷头	适用于高架库房等火灾危险等级较高的场所
	扩大覆盖面洒水喷头	喷水保护面积可以达到 30～36m² ，可以降低系统造价

　　特殊喷头与普通喷头相比各有特点，适用于不同的喷水要求。当前主要有自动启闭式、快速反应式、大水滴式和扩大喷水面积式四种类型。

110

喷头布置的原则是当装设自动喷水灭火系统的房间，任何部位发生火灾时，都能得到一定强度的喷水。喷头根据房屋构造和面积几何形状，可布置成正方形、长方形或菱形。水幕的布置要形成水幕帘。常见的布置方式见图7-9。喷头一般装设在顶板下、吊顶下或斜屋顶下，为了保证喷头的喷水效果，喷头距离墙、顶板、边墙等要合理。

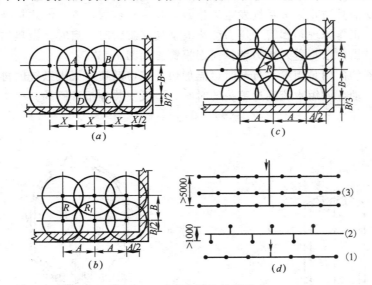

图 7-9　喷头布置的几种形式

(a)喷头正方形布置：X—喷头间距；R—喷头计算喷水半径；(b)喷头长方形布置：A—长边喷头间距；B—短边喷头间距；(c)喷头棱柱形布置；(d)双排及水幕防火带平面布置：1—单排；2—双排；3—防火带

报警阀是自动喷水灭火系统的主要组件。功能是开启和关闭接通水源的水流、传感控制系统启动消防增压设备和启动水力警铃报警。根据用途可以分为湿式、干式和雨淋式三种，构造如图7-10。

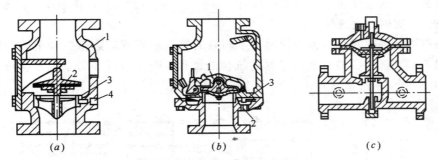

图 7-10　报警阀构造示意图

(a)座圈型湿式阀：1—阀体；2—阀瓣；3—沟槽；4—水力警铃接口；
(b)差动式干式阀：1—阀瓣；2—水力警铃接口；3—弹性隔膜；
(c)雨淋阀

湿式报警阀用于湿式自动喷水灭火系统。干式报警阀用于干式自动喷水灭火系统。雨淋阀可用于雨淋、预作用、水幕、水喷雾自动喷水灭火系统。

报警阀的作用是探测火情、发出警告、启动增压设备供水。平时起到对系统监控的作用。报警阀由报警控制器、监测器、报警器组成。

水力警铃是利用报警阀开启后通水，射向警铃发出报警声的设备，一般装设在报警阀附近(6～20m)。

系统中的配件还有延迟器、排气加速器、火警紧急按钮等。

延迟器的功能是防止灭火系统发生误报警。是一个容器，置于湿式报警阀和水力警铃之间的管道上。工作原理是因管中压力变化波动使阀瓣瞬时开启时，微量的水先进入延时器后由泄水孔排出，水不进入水力警铃而误报警。如图7-11。

排气加速器的作用是当喷头打开时，能加快干式自动喷水灭火系统的排气，从而加速干式报警器的启动，缩短水流到达喷头的时间。一般安装在报警阀的充气主干管上，构造如图7-12。

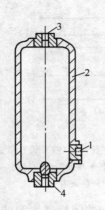

图7-11　延迟器

1—进口；2—本体；3—出口；4—泄水孔

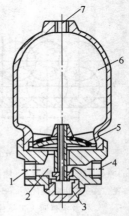

图7-12　排气加速器

1—进口；2—下腔；3—排气阀；4—出口；
5—弹性隔膜；6—上腔；7—压力表接口

火警紧急按钮直接连通报警控制器或消防泵。一般布置在建筑物走廊、服务台、值班室，当发生火灾时，迅速使用。

喷头布置后进行管道布置。管网报警阀后的管道布置有侧边布置和中央布置两种方式，如图7-13。选用哪种方式，根据建筑物的级别、喷头位置和每根配水管设置的喷头数(一般6～8个)来选择。

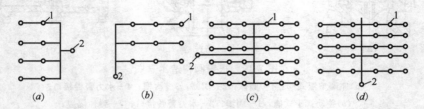

图7-13　管网布置方式

(a)侧边中心方式；(b)侧边末端方式；(c)中央中心方式；(d)中央末端

1—喷嘴；2—总支管

第五节　自动喷水灭火系统的运行与维护

一、系统调试

1. 水源测试

（1）用压力表、皮托式流速测定管测定并计算室外水源管道的压力和流量，应符合设计要求；

（2）核实水箱的容积是否符合有关规范的规定，是否有保障消防蓄水量的措施；

（3）核实水泵接合器的数量和供水能力是否能满足系统灭火的要求，并通过移动式消防泵的试验来验证。

2. 消防泵性能试验

消防泵的性能试验应符合下述要求：

以自动或手动方式启动消防泵，达到设计流量和压力时，其压力表指针应稳定；运转中应无异常声响和振动；各密封位置不能有泄漏现象。当备用电源切断后，消防泵的运转情况仍应满足上述要求。

3. 报警阀性能试验

各类报警阀的性能试验程序：

（1）湿式报警阀

打开试水装置后，报警阀应及时动作，经延迟 5～90s 后，水力警铃准确发出警报铃声，水流指示器输出报警电信号，压力继电器接通电路报警，并启动消防水泵。

（2）干式报警阀

打开系统试水阀后，干式报警阀的启动时间、启动点的空气压力、水流到试验装置出口所需时间等均应符合要求。

（3）干湿式报警阀

将充气式报警阀上室和闭式喷水管网的空气压力降至供水压力的 1/8 以下，防水阀处能连续出水，水力警铃应发出报警信号。

4. 系统联动试验

（1）用感烟探测器专用测试仪输入模拟烟信号，应在 15s 内发出报警和启动系统信号，并准确、可靠地启动整个系统。

（2）用感温探测器专用测试仪输入模拟信号，应在 20s 以内输出报警和启动系统运行信号，并准确、可靠地启动整个系统。

二、系统的验收

系统竣工后，应对系统供水水源、管网、喷头布置以及系统功能等进行检查试验：

1. 系统供水源检查

当选择城市供水管网作系统水源时，应有两条来自室外不同给水管网的进水管，若室外给水管道为枝状或只有一条进水管时，应设消防水池；当选用消防水池作为系统的水源时，消防水池的容量应符合相关要求；当选用天然水源作为系统水源时，应有证明枯水期最低水位时也不影响用水量的技术措施；有冰冻危险的水源，应有措施不影响灭火时用水。

2. 系统水源流量、应力检查试验

常高压给水系统，通过系统最不利点处末端试水装置进行放水试验，流量、压力应符合设计要求；临时高压给水系统，通过启动消防泵，测得系统最末端试水装置处的流量、压力应符合设计要求；低压给水系统经临时高压系统的试验方法试验，流量、压力应符合设计要求。

3. 消防泵房检查试验

（1）消防泵房的建筑耐火等级，设置位置、安全出口等应符合设计要求。

（2）工作泵、备用泵、出水管及出水管上的泄压阀、安全信号阀等的规格、型号、数量应符合设计要求，若出水管上安装的是闸阀，应锁定在常开位置。

（3）水泵应采取自灌式进水方式。

（4）水泵出水管上应安装试验用的防水阀。

（5）有备用电源，且有自动切换装置，经试验，主、备电源切换正常。

（6）试验气压罐的泵房，当气压罐内压力下降到总压力的80%时，能通过压力开关信号，启动消防水泵。

4. 水泵接合器的检查

检查系统供水管网的水泵接合器的数量及水管位置是否正确，对每一个水泵接合器进行充水试验，测量系统末端的出水压力、流量是否符合设计要求。

5. 消防泵启动检查试验

分别开启系统的每一个末端试水装置，检查水流指示器、压力开关等信号是否符合设计要求，且消防泵启动正常；打开水泵出水管上的放水试验阀，用主电源启动消防泵，消防泵启动应正常；关掉主电源，主、备电源切换应正常。

6. 系统管网检查试验

（1）管网所用的材质、管径、接头和防腐、防冻措施符合设计规范及设计要求。

（2）管网排水坡度应符合设计要求，局部不能排空的管段应设有管径为25mm的辅助排水管。

（3）系统最末端和每一分区最末端应设末端试水装置，预作用和干式喷水灭火系统最末端还应设有排气阀；末端试水装置应包括：压力表、闸阀、试水口及排水管，且排水管的直径不应小于25mm。

（4）管网不同部位安装的报警控制阀、闸阀、试水口及排水管应符合设计要求。

（5）干式喷水灭火系统容积大于1500L时，应安装加速排气装置。

（6）预作用喷水灭火系统充水时间不超过3min。

（7）供水管立管上不应该安装其他用途的支管或水龙头。

（8）配水支管、配水管、配水干管及供水立管设置的支架、吊架和防晃支架应符合设计要求。

7. 系统报警阀的检查

（1）系统报警阀各组件应符合设计要求。

（2）打开放水试验阀，测试流量、压力并应符合设计要求。

（3）检查水力警铃设置位置是否正确，距警铃3m远处警铃声强不小于70dB。

（4）打开手动放水阀门和电磁阀，检查雨淋阀动作是否可靠。

（5）检查报警阀、控制阀上下是否安装有安全信号阀或闸阀，如果安装闸阀应设定在常开位置。

（6）检查报警阀与空压机或火灾报警阀系统的联动是否符合设计要求。

8. 喷头检查

（1）喷头规格、型号，喷头安装间距，喷头与顶棚、障碍物、墙、梁等距离是否符合设计要求。

（2）有腐蚀性气体的环境和有冰冻危险的场所安装的喷头，是否采取了防护措施。

（3）有碰撞危险的场所安装的喷头是否加了防护罩。

（4）向下安装的喷头，当三通下需接短管时，是否安装了带短管的专用喷头。

（5）大空间、高顶棚以及其他各种特种场所，是否按设计要求安装了特种喷头。

（6）喷头的公称动作温度与环境最高温度是否协调，且符合规范要求。

9. 灭火功能模拟试验

对系统进行功能模拟试验，应符合下列规定：

（1）报警阀动作，警铃鸣响。

（2）水流指示器动作，消防控制中心有信号显示。

（3）压力开关动作，压力罐充水，空压机或排气阀启动，消防控制中心有信号显示。

（4）电磁阀打开，雨淋阀打开，消防控制中心有信号显示。

（5）消防泵启动，消防控制中心有信号显示。

（6）加速排气装置投入运行。

（7）消防应急广播投入运行。

（8）区域报警器、集中报警器控制盘有信号。

（9）电视监控系统投入运行。

三、系统维护和管理

自动喷水灭火系统必须有日常监督、检测、维护制度，保证系统处于准工作状态。

供水水源应满足供给系统所需的水量和水压，每年应对水源的供水能力进行一次测定。贮存消防用水的蓄水池、高温水箱、气压给水罐应每月检查核对其消防储备水水位及气压水罐的气体压力，并对保证消防储备水不能被他用的措施进行检查，发现故障，及时修理。消防专用蓄水池、水箱、水罐中的水应根据当地环境、气候条件定期更换，避免腐坏。在寒冷季节，贮水装置的任何部位都不允许结冰。设置储水装置的房间应每天检查，保持室温不低于5℃。每两年对储水设备的结构材料进行检查，修补缺损，重新油漆。

消防水泵应每月启动一次，内燃机驱动的水泵应每星期启动一次；当消防泵的设计为自动控制启动运行时，应模拟自动控制的参数使其启动运转，每个季度应利用报警控制阀旁的放水试验阀进行一次供水水流试验，验证系统的供水能力。

系统所有的控制阀门应用铅封或锁链固定开启或规定的状态；阀门应编号，并挂上标牌，标明该阀门在系统中所控制的部位和应处于的正常状态；每月应对铅封和锁链进行一次检查，如有破损应及时维修更换，保证控制阀门不被误关闭。建筑室外阀门井中，进水管上的控制阀门应每季度检查一次，以核实处于全开启状态。

室外水泵接合器的接口、室内与室外水泵接合器配套附件应每月检查一次，保证接口完好，无渗漏，闷盖齐全；每两月对管道上的水流指示器进行试验，每月末端试水装置排水，检查其是否能及时报警；每月应对喷头进行外观检查，发现不良喷头应及时更换。各种不同规格的喷头均应分别存储一定数量的备用品，喷头的更换和安装都需要使用专用的喷头扳手，扳手应保存在消防值班室里；发现故障需要停水检修时，应向主管值班人员汇报，取得负责系统维护专职人员的同意，并临场监督，方能施工。

建筑物、构筑物使用性质的改变，储存物质安放位置和堆放高度的改变，采暖、采光设备的改变，需要进行重修时，应对系统进行相应的修改。

日常维护管理工作见表 7-5。

日常维护管理工作一览表　　　　　　　　　　　表 7-5

部　　　位	工　作　内　容	周　　　期
水　源	测试工作能力	每　年
蓄水池、高位水箱、气压罐	检测水位及消防储备水不被他用的措施	每　月
气　压　罐	检测气压	每　月
设置储水设备的房间	检查室温	寒冷季节每天
储水设备	检查结构材料	每　两年
电动消防泵	启动试运转	每　月
内燃机驱动的消防泵	启动试运转	每星期
报警控制阀	试放水流试验	每　季
供水总控制阀、报警控制阀	目测巡检	每　日
系统所有控制阀门	检查铅封、锁链情况	每　月
室外阀门中的控制阀门	检查开启状况	每　季
水泵接合器	检查完好状况	每　月
水流指示器	试验报警	每　月
喷　头	检　查	每　日

第六节　粉末与气体灭火系统

建筑物的种类繁多，用途各不相同。在建筑物内部安装或存放的物质、设备也有很大区别。其中有些物品和设备是不允许接触水的，如果选择选用水作为消防的手段，不能达到消防的目的，甚至会带来更大的损失。针对这种情况，应采取另外的消防系统。常用的是粉末与气体灭火系统。

一、干粉灭火系统

以干粉作为灭火剂的灭火系统称为干粉灭火系统。

干粉灭火剂是一种干燥的、易于流动的细微粉末。作用原理是，在火灾时，干粉形成粉雾，直接覆盖于燃烧物体的表面。根据干粉的不同可以分为：普通型干粉（BC 类干粉）、多用途干粉（ABC 类干粉）、金属专业灭火剂（D 类灭火剂）。

BC 类干粉根据制造原料的不同，有钾盐、钠盐、氨基干粉等。这种干粉灭火剂适用于液体火灾，如汽油、柴油、润滑油等，也可以扑救可燃气体和带电设备的火灾。

ABC 类干粉根据成分不同，有磷酸盐、磷酸铵与硫酸铵混合、聚磷酸铵。这类干粉适用于扑灭易燃液体、气体和带电设备，以及一般固体如竹木材、棉麻制品等形成的火灾。

D 类灭火剂投放时，可以与易燃金属表面反应形成保护层，与周围空气隔绝，使金属燃烧熄灭。

干粉灭火迅速、高效、绝缘性好，灭火后损失小、不冻、不需要水，可以长时间保存。

干粉灭火系统如图 7-14 所示。

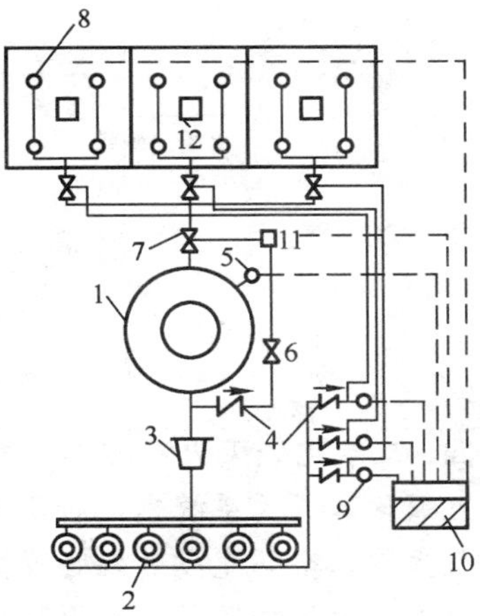

干粉灭火系统的储存应靠近防护区，但不能对干粉贮存器形成着火的危险，干粉应避免潮湿、高温。

输送干粉的管道应短而直、光滑无缝隙，以便干粉喷射时提高效率。

图 7-14 干粉灭火系统的组成

1—干粉贮罐；2—氮气瓶和集气管；3—压力控制器；4—单向阀；5—压力传感器；6—减压阀；7—球阀；8—喷嘴；9—启动气瓶；10—消防控制中心；11—电磁阀；12—火灾探测器

二、泡沫灭火系统

泡沫灭火的工作原理是：泡沫灭火剂使用时与水混合产生一种可以漂浮、粘附在易燃液体、固体表面，或充满某一着火物质的空间，达到隔绝、冷却燃烧物的作用。

常见的泡沫灭火剂有三种类型。

1. 化学泡沫灭火剂

灭火剂由磷酸铝和碳酸氢钠组成。使用时二者混合产生二氧化碳灭火。这种灭火剂一般装填小灭火器中手动使用。

2. 蛋白质泡沫灭火剂

这种灭火剂的成分是对动物的角、骨、蹄、豆饼等水解后，适当添加稳定剂、防冻剂、缓蚀剂、防腐剂等混合而成的液体。目前我国的这类灭火剂主要由蛋白质泡沫液投加适量的氟碳表面活性剂制成泡沫液。

3. 合成型泡沫灭火剂

这种灭火剂是由石油产品为基料制成的。目前应用较多的有凝胶型、水成膜和高倍数等三种合成型灭火剂。

泡沫灭火系统广泛应用于油田、炼油厂、油库、发电厂、车库、飞机库、矿井坑道等地方。

按其使用的方式，可以分为固定式、半固定式和移动式之分。

灭火流程图见图 7-15 所示。

三、卤代烷灭火系统

卤代烷灭火系统的灭火剂是具有灭火功能的卤代烷。常用的有一氯一溴甲烷（简称1011）、二氯二溴甲烷（简称 1202）、二氟一氯一溴甲烷（简称 1211）、三氟一溴甲烷（简称1301）、四氟二溴乙烷（简称 2402）等。工作原理现在还存在争论。

卤代烷系统最适用于不能用水灭火的场合，如：计算机房、图书档案、文物资料库等

117

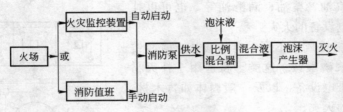

图 7-15　泡沫灭火过程框图

建筑物。

四、二氧化碳灭火系统

二氧化碳灭火系统是一种没有化学反应的，物理的气体灭火系统。具有不污损保护物，灭火快、空间淹没效果好等优点。

这种灭火系统适用于扑灭某些气体、固体表面、液体和电器火灾。使用情况与卤代烷相似，由于卤代烷灭火时要释放氟、氯，破坏臭氧层，为了保护环境，二氧化碳灭火系统越来越受到重视，可以替代卤代烷灭火系统使用。但这种灭火系统造价高，灭火时对人体有害。二氧化碳灭火系统不能用于含氧化学物品的灭火，如：硝酸纤维、赛璐珞、火药等；也不能用于扑灭活泼金属表面的火灾，如：锂、钠、钾、铝、等；也不能用于金属氢化物的燃烧。

二氧化碳是液化气体型，以液相贮存在高压容器内，当喷射向燃烧物时，产生对燃烧物的窒息和冷却的作用。

二氧化碳灭火系统构成组件图见图 7-16 所示。

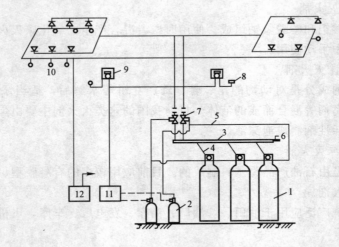

图 7-16　二氧化碳灭火系统的组成

1—贮存容器；2—启动用气容器；3—总管；4—连接管；5—操作管；

6—安全阀；7—选择阀；8—报警阀；9—手动启动装置；10—探测器；

11—控制盘；12—检测盘

五、蒸汽灭火系统

蒸汽灭火的工作原理是向火场燃烧区释放一定量的蒸汽，可以产生阻止空气进入燃烧区的作用，使燃烧窒息。这种系统只有在经常储备大量蒸汽的条件下才能使用。

蒸汽灭火系统适用于石油化工、炼油、火力发电厂等，也适用于燃油锅炉房、油库或扑救高温设备等。

蒸汽灭火系统设备简单、造价低、淹没性好等优点，但不适用于体积大、面积大的火灾区，不适用于扑灭电器设备、贵重仪表、文物档案等的火灾。蒸汽灭火系统的组成见图7-17所示。

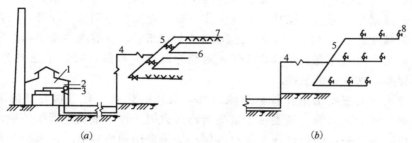

图 7-17　固定和半固定式蒸汽灭火系统

1—蒸汽锅炉房；2—生活蒸汽管网；3—生产蒸汽管网；4—输汽干管；5—配汽支管；
6—配汽管；7—蒸汽幕；8—接蒸汽喷枪短管

六、烟雾灭火系统

烟雾灭火系统的发烟剂是以硝酸钾、三聚氰胺、木炭、碳酸氢钾、硫磺等原料混合而成。发烟剂装在烟雾灭火容器内，当使用时，产生燃烧反应释放出大量烟雾气体，喷射到燃烧物表面的空间，形成又浓又厚的烟雾气体层，着火处就会受到稀释、覆盖和抑制作用，使燃烧熄灭。

第七节　常见消防器材、设备、设施的使用与维护

一、灭火剂的贮存和使用

1. 灭火剂的贮存

（1）泡沫灭火剂的贮存

对于新购入的蛋白质泡沫灭火剂，应有根据颁发的生产许可证和该批产品的质量分析报告单，并按照标准核对各项性能是否达到规定的技术要求；检查包装有无破损，观察产品有无恶臭、混浊、结块等异常现象，如有异常应进行质量检查。蛋白质灭火剂应用塑料或铁桶包装。蛋白质灭火剂应存储在阴凉、干燥的地方，不能露天暴晒。储存环境温度上限不能超过40℃，下限按照其流动点上推2.5℃。一般有效期5年以上，对储存期超过2年的，每年应抽样送有关部门分析检验，如有变质，应停止使用，对变质不严重的可以继续使用，但要加大混合比。

"轻水"泡沫灭火剂可储存在硬钢、不锈钢或聚乙烯塑料桶中，采用硬钢容器时，内壁应选用耐溶剂的涂料。储存温度最高40℃，短时间可以到50℃，最低0～2℃。这种灭火剂全部以合成材料制成，具有优良的储存性能，在规定的储存条件下，原液可以储存10年以上，混合液也可以存储3～5年。不能与其他灭火剂混合储存，即使同一型号的不

同厂家的也不能混合储存。

化学泡沫灭火剂有 HY 型、YPB 型、YPD 型三种，对于新购入的应有产品合格证和本批产品的质量分析报告。化学泡沫灭火剂的内剂和外剂一律用聚乙烯或聚氯乙烯塑料袋分开包装，然后用纸箱或木箱包装。化学泡沫灭火剂应储存于阴凉干燥处，储存温度不得超过 40℃，两种药剂要分开存放，对储存的药剂要经常检查有无破损和结块。每年应对它的各项性能检验一次，如达不到要求应更换。

高倍数泡沫灭火剂是以合成表面活性剂为基料，发泡倍数为几百倍甚至上千倍。可以用塑料桶或铁桶储存。使用铁桶时，内壁应作防腐。应储存在阴凉干燥处，防止暴晒和接近热源。存储温度上限为 40℃，下限为流动点上推 2.5℃，容器应尽量装满药剂，并密封好。在规定情况下的储存有效期可达 5 年，对储存超过 5 年的，应每年送有关部门检验，如果达不到标准，立刻报废更换。

抗溶泡沫灭火剂主要用来扑救水溶性的可燃液体的火灾，有金属皂型抗溶泡沫灭火剂、凝胶型抗溶泡沫灭火剂、氟蛋白型抗溶泡沫灭火剂三种。金属皂型抗溶泡沫灭火剂有较强的腐蚀性，一般采用塑料桶作为储存容器；如果采用钢质容器，内壁应作严格的防腐处理。泡沫液应密封储存，在存储过程中，应每半年进行一次质量检查，储存温度为 -10~40℃，防止暴晒和骤冷骤热。一般有效期可以达到 1 年以上。凝胶型抗溶泡沫灭火剂腐蚀性较小，若长期保存应考虑防腐问题，可以用塑料桶密封储存。温度在 0~40℃时，可以储存 1 年以上。氟蛋白型抗溶泡沫灭火剂应用塑料桶或铁桶储存，铁桶内壁应作防腐，储存在阴凉干燥环境中，避免暴晒和接近热源；密闭储存温度 -5~40℃时，有效期在 5 年以上。

（2）干粉灭火剂的贮存

干粉灭火剂是一种干燥的、易于流动的固体粉末；平时储存于干粉灭火器或干粉灭火设备中。干粉灭火剂用塑料袋包装，热合密封，外层应加保护包装；储存在通风干燥的地方，环境温度不能超过 40℃，最高不能超过 55℃，正常环境中的有效期为 5 年。

（3）二氧化碳灭火剂的贮存

二氧化碳灭火剂的储存方式有高压储存方式和低压储存方式两种。高压储存是用压缩的方法将二氧化碳装在钢瓶里，钢瓶内压力很高，钢瓶的强度必须足够大。高压储存时，二氧化碳的储存温度和充装系数（二氧化碳质量和钢瓶体积之比）要受到一定限制。不同充装系数的二氧化碳钢瓶的最高储存温度见表 7-6。

二氧化碳钢瓶的充装系数与最高存储温度　　　　　　　表 7-6

充 装 系 数	0.75	0.68	0.56
最高存储温度（℃）	40	49	65

高压储存二氧化碳时，除了限制充装系数和最高储存温度外，还应装有安全膜片，以便在超压时自动泄压，防止爆炸。

低压储存是利用冷冻法把二氧化碳储存在 -18℃ 和 2.07MPa 的容器内，低压储罐由钢板焊接而成。储罐用玻璃棉等材料进行保温隔热，同时进行机械冷却。低压储存由于储存温度较低，压力较低，对储罐的强度要求不高，可以采用较大的充装系数，为了防止意外，低压储罐要有泄压装置，当二氧化碳的储量小于 3000kg 时，使用高压储存；高于

3000kg 时，使用低压储存。

2. 灭火剂的使用

（1）水和水添加剂在灭火中使用：

在消防过程中，水存在各种形态，在不同的灭火中的应用也不同。常见的有以下几种状态：

1）直流水和开花水

通过水泵加压，由直流水枪喷出的密集水流，呈柱状，称为直流水。它有强大的冲击力，能喷射到较远的地方，能冲击到燃烧物质的内部。

由开花水枪喷射出动水流称为开花水。它喷出的水滴变化很大，可以用来扑救木材、纸张、粮草、棉麻等物质的火灾，也可以用来扑救物质的深位火灾和石油、天然气井喷火灾。

这两种水在消防中的应用很广，但不能用来扑救有些物质的火灾，如：活泼金属及其合金，高压电器设备的火灾，储有大量浓硫酸、浓硝酸的场所，橡胶、褐煤的粉状物的火灾。

2）喷雾水

喷雾水是通过水泵加压并由喷雾水枪喷出的雾状水流，直径较小，一般在 0.1mm 以下。可以用来扑救纤维物质、谷物堆、粉尘、重油和带电设备火灾。喷雾水灭火具有降温速度快、窒息作用强、水流损失小、水的利用率高的优点，还可以去除粉尘。

（2）泡沫灭火剂在灭火中的应用

泡沫灭火剂可以分为普通泡沫灭火剂和抗溶性泡沫灭火剂。目前使用的灭火剂 95％以上是普通泡沫灭火剂。

蛋白泡沫灭火剂平时储存在包装桶或储藏罐内，灭火时通过比例混合器与压力水流按 6：94 或 3：37 的比例来混合，形成泡沫混合液。蛋白泡沫灭火剂主要用来扑救下列火灾：石油和石油产品（如汽油、柴油、润滑油）；也适于扑救木材、纸张、棉麻、织物等一般固体物质的火灾。蛋白泡沫灭火剂不适于扑救遇水能产生燃烧的物质的火灾、气体火灾和电器设备火灾。

"轻水"灭火剂是 20 世纪 60 年代发展出来的一种新型高效灭火剂。由氟碳表面活性剂、碳氢表面活性剂、稳定剂和其他添加剂和水等主要成分组成。这种灭火剂可以采用液下喷射的方式，也可以和干粉联用。灭火范围与蛋白泡沫灭火剂基本相同。

化学泡沫灭火剂是应用最早的主要灭火剂，这种灭火剂具有生产工艺简单、成本低廉、使用方便等特点，目前广泛应用在手提式和推车式化学泡沫灭火器上。

高倍数泡沫灭火剂于 1980 年研制成功。高倍数泡沫灭火剂按照配制时使用的水的不同，可以分为海水型和淡水型两种。它由发泡剂、泡沫稳定剂、溶剂、抗冻剂和水组成。特别适于以全淹没的方式，扑救有限空间内的火灾，如地下街道、地下室等场所，既能灭火，又能排烟和驱除有毒气体，但不能用来扑救遇水能产生燃烧的物质，和带电设备的火灾。

抗溶性灭火剂主要用于扑救水溶性可燃液体的火灾，如：醇、酯、醚、酮、有机酸等。

（3）干粉灭火剂在灭火中的应用

干粉灭火剂有普通干粉和多用途干粉两大类，其中普通干粉中的碳酸氢钠干粉由于有材料来源广泛、产品成本低、价格便宜、应用范围广、灭火速度快等优点，目前是我国产量最大、使用最多的一种干粉灭火剂。干粉灭火剂在扑灭大范围火灾时，最好与喷雾水配合使用，可以防止复燃。

干粉灭火剂适于扑救加油站、柴油机房、油罐车、煤气站等的火灾。对于 130V 以下的带电设备火灾，如：变压器等的火灾可以直接用干粉灭火剂扑救而不会发生电击危险。对燃烧伴随熔化发生的可燃固体物质火灾及粉尘火灾都可以使用干粉灭火剂。

（4）二氧化碳灭火剂在灭火中的应用

二氧化碳是目前使用的最广泛的灭火剂之一。灭火时，二氧化碳不会对环境产生污染，不腐蚀设备和贵重物品、灭火后不留痕迹，特别适于扑救那些受到水、泡沫、干粉灭火剂的污染，容易损坏的固体物质火灾；另外二氧化碳是一种电的不良导体，可以用来扑救一些电器设备的火灾。二氧化碳特别适于扑救电气设备、变压器室、发电机房、通信机房、贵重设备、图书馆、档案馆等的火灾。

二、移动式灭火器材和装备

常用的移动灭火器材和装备有水枪、水炮、空气泡沫枪、手抬机动消防泵、牵引机动消防泵、灭火消防车和登高云梯等。

1. 轻便灭火器材

（1）灭火器的日常管理见表 7-7。

灭火器的日常管理

表 7-7

灭火器种类	放置环境要求	日常管理内容
清水灭火器	1. 环境温度 4～45℃ 2. 通风、干燥	1. 定期检查储气，如发现动力气体的质量减少 10%，应重新充气，并检查泄漏原因和部位，予以维修 2. 使用 2 年后，应进行水压试验，并在试验后标明试验日期
泡沫灭火器	环境温度 4～45℃	1. 每次使用后应及时打开桶盖，将桶体和瓶胆清理干净，并充装新的灭火药液 2. 使用 2 年后，应进行水压试验，并在试验后标明试验日期
酸碱灭火器	环境温度 4～45℃	1. 每年更换一次灭火药液 2. 每次使用后应及时打开桶盖，将桶体和瓶胆清理干净，并充装新的灭火药液 3. 使用 2 年后，应进行水压试验，并在试验后标明试验日期
二氧化碳灭火器	1. 环境温度不低于 55℃ 2. 不能接近火源	1. 每年用称量法检查一次质量，泄漏量不大于充装量的 5%。否则重新灌装 2. 每 5 年进行一次水压试验，并在试验后标明试验日期

灭火器种类	放置环境要求	日常管理内容
卤代烷灭火器	1. 环境温度—10～45℃ 2. 通风、干燥，远离火源和采暖设备，避免阳光直射	1. 每隔半年检查一次灭火器上的压力表，如压力指针在红色区域内，应立即补足灭火剂和氮气 2. 每5年进行一次水压试验，并在试验后标明试验日期
干粉灭火器	1. 环境温度—10～55℃ 2. 通风、干燥	1. 氮气检查干粉是否结块和动力气体压力 2. 一经打开使用，无论是否用完，都必须进行充装，充装时不得不换品种 3. 动力气瓶充装二氧化碳气体前，应进行水压试验，并标明试验日期

（2）灭火器的外观检查

首先检查灭火器的铅封是否完好，灭火器一经开启，即使喷射不多，也必须按规定要求进行再充装，充装后应做密闭试验，重新铅封；检查灭火器可见部位的防腐层的完好程度；检查灭火器的可见部件是否完好，有无松动、变形、锈蚀损坏、装配是否合理；检查储存式灭火器的压力表指针有无绿色区域，如指针在红色区域，应查明原因，检修后重新灌装；检查灭火器的喷嘴是否畅通，如有堵塞应及时清通，检查干粉灭火器的防潮堵是否完好，喷枪零件是否完备。

（3）灭火器的检修以及灭火剂再充装

灭火器的检修和再充装应由经过培训的专人进行。灭火器检修后，其性能要求应符合有关标准的规定，并在灭火器的明显部位贴上不易脱落的标记，标明维修或再充装的日期、维修单位的名称和地址。

2. 水枪和水炮

水枪和水炮都是射水灭火的器具，其主要作用是加快水的流速、增大射程和改变水流形态。

（1）水枪

常用水枪有直流水枪、喷雾水枪、多用水枪、高压水枪和带架水枪。操作直流水枪时要注意反作用力的影响，改变射水方向时，应尽量缓慢操作；使用开关水枪时，转换开关要缓慢进行；使用喷雾水枪扑救带电设备的火灾时，一定要保证安全距离；使用带架水枪时，应将水枪放置妥当，并按目标位置适当调节射水角度，变换喷头时先关水。水枪使用后，要将水渍擦干净晾干，存放于阴凉处，不要长期置于日晒和高温的环境中，以免橡胶件过早老化。

（2）水炮

水炮指射水量较大的射水器具。特点是水量多、射程远、冲击力大。主要用于强烈的热辐射、热气流、浓烟火场的远距离射水和大风火场的强力射水。

操作移动式水炮时，应选择平坦的地面，根据具体情况使用紧固钉、绳索，使水炮固定。当设置在不良地面时，要对地面进行适当修补；当设置在水泥路面等光滑路面时，要使用草席铺地或采用其他方法防止滑动。当改变喷水方向或开关喷雾头时，应缓慢进行。当各个支点离开地面浮起时，应停止使用。经常检查水炮有无变形损伤。经常检查水炮的螺纹状况和密封情况，检查旋塞开关是否正常。水炮用后要用清水清洗，干燥后向旋转机构的折叠部位加注油脂。

（3）手抬机动消防泵

手抬泵是专用的给水升压设备，可以直接接水带、水枪射水灭火，也可以与消防车联合使用进行供水。

手抬泵操作使用时，将吸水管的一端连接在进水口上，另一端装滤水器放到水中，安装时注意接口处必须拧紧，防止漏气。安放吸水管时，弯曲最高处不得高出水泵进水口，滤水器沉入水面以下的深度，应不小于0.2m。但也不要沉到水底。关闭水泵的出水旋塞、冷却水放水旋塞以及出水球阀，旋松燃料箱盖上的透气螺钉，旋到开的位置。启动汽油机，运转正常后，使离心泵正常引水。正常情况下，水泵应在额定压力下工作，低压启动时，压力不应低于0.2MPa。

手抬泵的维护保养和检查。手抬泵工作25h后，应清洗空气滤清器、汽油滤清器和汽化器、汽油管；工作50h后，发现汽油机出现断火或启动困难时，应卸下火花塞，清洗积炭；工作100h后，应卸下汽缸盖，清除燃烧室内的全部积炭。每次使用和演习后要作好清洁工作，清除外部和汽缸散热片上的积垢或泥沙，检查各部件是否完整，连接部件是否稳固，发现问题及时修理。平时应放置在清洁干净的地方，以免电器受潮或零件生锈。吸水管不可过分弯曲，或被笨重的物体重压。检查机油量是否正常，运转4～5h后，应补充新机油，如发现机油呈黑色时，应放尽机油，清除可能存在的污垢或机件磨损所沉积的金属屑，然后加注新机油。手抬泵长期不用时，应封存，将泵内的油、水放尽，并在汽缸内注入少许优质机油。

三、常用灭火器的使用方法

1. 酸碱灭火器

构造如图7-18所示。

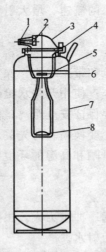 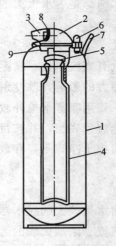

图7-18　酸碱灭火器构造图　　　　图7-19　手提式化学泡沫灭火器构造图

1—喷嘴；2—滤网；3—筒盖；4—密封垫圈；　　1—筒体；2—筒盖；3—喷嘴；4—瓶胆；5—瓶胆
5—瓶头；6—铅盖；7—筒体；8—硫酸瓶　　　　盖；6—紧固螺；7—提环；8—滤网；9—密封垫圈

使用时，应手提灭火器筒体上部的提环，迅速提到起火地点。在运送灭火器的过程中，切忌把灭火器扛在肩上或横拿，也不可过分倾斜，防止两种药品提前混合喷射。当距离起火点大约10m时，用手指压紧喷嘴，将灭火器倾倒过来上下摇动几下，然后松开手指，一只手握住提环，另一只手抓住底圈，将水流对准燃烧最猛烈处喷射。

随着喷射距离的缩短，使用者应逐渐向燃烧物靠近，始终使水流喷射在燃烧物上，直到把火扑灭。酸碱灭火器在喷射过程中，应始终保持颠倒状态，不能横置或直立，否则会使二氧化碳提前泄出，使水不能喷射，影响灭火。

2. 泡沫灭火器

手提式化学泡沫灭火器构造如图7-19所示。

推车式化学泡沫灭火器构造如图7-20所示。

空气泡沫灭火器的构造如图7-21所示。

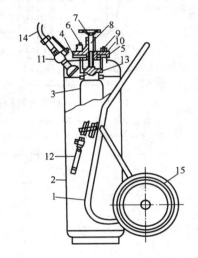

图7-20 推车式化学泡沫灭火器构造图

1—车架；2—筒体；3—瓶胆；4—密封垫圈；5—筒盖；6—安全阀；7—手轮；8—螺杆；9—螺母；10—垫圈；11—手柄；12—喷枪；13—密封盖；14—喷射软管；15—车轮

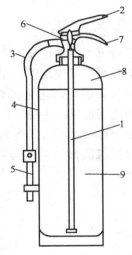

图7-21 空气泡沫灭火器构造图

1—虹吸管；2—压把；3—喷射软管；4—筒体；5—泡沫喷枪；6—筒盖；7—提把；8—加压氮气；9—泡沫合成器

手提式化学泡沫灭火器使用时，应手提筒体上部的提环，迅速赶到着火点。灭火器在运送过程中不能过分倾斜或摇晃，更不能横置、颠倒或扛在肩上，避免两种药品混合，提前喷射。当距离起火点大约10m时，一只手握住提环，另一只手抓住底圈，将灭火器颠倒过来，泡沫即可喷出。在泡沫喷射过程中，一般应一直保持颠倒状态，不能横置或直立过来，否则自动中断。

推车式化学泡沫灭火器，一般由两人操作。使用时，先将灭火器迅速推到火场，在距着火点15m左右停下，一个人逆时针方向转动手柄，将螺杆旋至最高位置使瓶胆充分开启，然后使拖杆着地，筒体倾倒，并摇晃几下，另一人迅速展开喷射软管，打开阀门，双手紧握喷枪，对准燃烧物喷射泡沫。

空气泡沫灭火器使用时，应手提灭火器迅速赶到现场，在距离着火点6m时停下，先拔除保险栓，然后一手握住喷枪，另一只手紧握开启压把，空气泡沫就会从喷枪中喷射出来。

3. 干粉灭火器

干粉灭火器是指充装干粉灭火剂的灭火器，主要用于扑救甲、乙、丙类液体，可燃气体和带电设备的初期火灾以及可燃固体的火灾。

（1）手提式干粉灭火器

内装干粉灭火器的构造如图 7-22 所示。使用前，先将灭火器上下颠倒几次，使筒内干粉松动。如果是内装式或储压式干粉灭火器，应先拔下保险销。一手握住喷嘴，一手用力压下压把，干粉便会从喷嘴喷射出来，如果使用的是外置式干粉灭火器，应一只手握住喷嘴，另一只手提起提环，握住提柄，干粉便会从喷嘴处射出来。

（2）背负式干粉灭火器

背负式干粉灭火器构造如图 7-23 所示。

背负式干粉灭火器使用时，先撕去铅封，拔出保险销，然后背起灭火器，迅速赶到火场，在距着火点 5m 左右处，占据适当位置，手持喷枪，打开扳机保险，钩动扳机，喷枪即可喷射灭火。当第一个筒内的干粉喷完后，将可换位扳机凸出轴由左向右推动，再钩动扳机，第二筒干粉开始喷射。

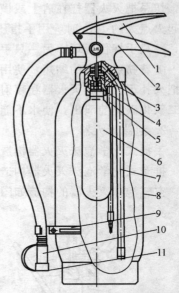

图 7-22　内装式干粉灭火器构造图
1—压把；2—筒盖；3—柜子；4—密封膜片；5—出气筒；6—贮气罐；7—出粉管；8—筒体；9—固定带；10—喷嘴；11—防潮墙

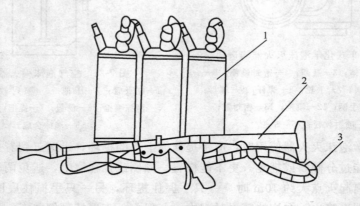

图 7-23　背负式干粉灭火器构造图
1—筒体；2—干粉喷枪；3—输粉软管

4. 手提式二氧化碳灭火器

手提式二氧化碳灭火器构造如图 7-24 所示。

使用手提式二氧化碳灭火器时，可手提灭火器的提把，或把灭火器扛在肩上，迅速赶到火场，在距离着火点大约 5m 处，放下灭火器，一只手握住喇叭形喷嘴根部的手柄，把喷嘴对准火焰，另一只手旋开手枪，或压下压把，二氧化碳就喷射出来。

使用手提式二氧化碳灭火器时，应注意事项：

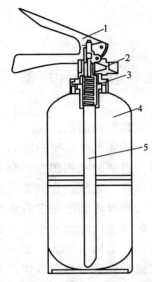

图 7-24　手提式二氧化碳灭火器构造图

1—压把；2—喷嘴；3—筒盖；4—筒体；5—虹吸管

（1）灭火器在喷射过程中应保持直立姿态。

（2）当不戴防护手套时，不要用手直接握喷头或金属筒，以免冻伤。

（3）在室外使用时，应选择在上风向喷射；在室外大风条件下使用时，因为喷射的二氧化碳背风吹散，效果很差。

（4）在狭小空间内使用时，灭火后操作者应迅速撤离，防止被二氧化碳窒息而发生意外。

（5）用二氧化碳扑救室内火灾时，应先打开门窗通风，然后人再进入，以防窒息。

复习思考题

1. 在建筑物的哪些地方需要设置消火栓系统？

2. 常见的消火栓系统的类型有哪些？

3. 消火栓系统的常见故障及维修方法？

4. 自动喷水灭火系统的工作原理是什么？

5. 自动喷水灭火系统的验收及日常维护管理的内容有哪些？

6. 常用的粉末与气体灭火系统有哪些？

7. 灭火剂的贮存和使用应注意什么问题？

第八章 供暖设备管理

在冬季，由于室外气温降低，尤其在我国北方地区，冬季气温经常在0℃以下，室内气温也相应下降，人们感到寒冷，生活和工作均受到影响。因此，在寒冷地区，室内必须设置供暖设备，向房间供热，以维持舒适的室内温度，保证人们正常生活和工作。此外，有些生产工艺过程也有一定的温度要求，也须设置供暖设备以保证产品质量不受影响。因此，供暖的任务是向房间供给一定的热量，创造适宜的室内温度，使人们能在比较舒适的环境中生活和工作，或满足生产工艺对空气温度的要求，以保证产品质量。

最早人们使用炉灶，既用来做饭，也用来供暖。后来发展到利用专门的火炉、火墙、火塘、火盆、火炕等多种供暖形式进行供暖。目前我国北方，尤其是农村还在广泛使用。火地则是我国宫殿中常用的供暖形式，至今在北京故宫和颐和园中还完整地保留着，这是辐射供暖的原始形式。18世纪初期，一位轮船上的船员，偶发奇想，将蒸汽通入空油桶中进行取暖，从而引起了蒸汽采暖的研究。18世纪中期，法国的一位工程技术人员，发明了以热水为热媒的自然循环热水采暖装置，之后由于水泵的应用，热水采暖系统的规模和范围不断扩大。至19世纪末，集中的热水或蒸汽采暖系统得到广泛应用，并在这一时期传入我国。到了20世纪，随着大工业的发展以及科学技术的进步，集中供暖的范围进一步扩大，出现了区域性的集中供暖系统。

第一节 供暖工程概述

一、供暖的基本概念

在冬季，当室外气温低于室内气温时，房间里的热量便会通过建筑围护结构不断地传向室外，为使室内保持所需要的温度，就必须向室内供给相应的热量。供暖就是使室内获得热量并保持一定的温度，以达到适宜的生活条件或工作条件的技术。供暖系统是指为使建筑物达到采暖目的，而由热源或供热装置、散热设备和管道等组成的网络。

供暖系统通常由生产或制备热能的热源、输送热能的管网及消耗或使用热能的热用户三大部分组成。在供暖系统中，用以传递热量的媒介物称为热媒或带热体。

将热源、热媒输送和热媒利用（散热设备）在构造上都集中在一起的供暖系统称为局部供暖系统，如火炉、火炕、电热供暖、燃汽供暖等。将热源和散热设备分别设置，以热水或蒸汽作为热媒，集中向各个房间或多个建筑物供给热量称为集中供暖系统。对一个或几个小区众多建筑物的集中供暖方式称为区域供暖。

二、供暖系统的工作原理

当具有一定温度的热媒（热水或蒸汽）在散热器内流过时，散热器就把热媒所携带的热量不断地传给室内的空气和物体，其散热过程为：

（1）散热器内的热水或蒸汽通过对流换热把热量传给散热器内壁面。

（2）内壁靠导热把热量传给外壁。

（3）外壁靠对流换热把大部分热量传给空气，又靠辐射把另一部分热量传给室内的物体和人。

供暖系统就是利用输热管道，将热媒输送到供暖房间，采取不同的散热方式，向室内供给热量，以达到供暖的目的。

三、供暖系统的分类

1. 按照热媒种类分类

供暖系统根据使用热媒的不同可分为：

（1）热水供暖系统；

（2）蒸汽供暖系统；

（3）热风供暖系统。

2. 按照三个主要组成部分的相互位置关系分类

供暖系统根据系统三个主要组成部分的设置情况可分为：

（1）局部供暖系统；

（2）集中供暖系统。

3. 按照散热器的散热方式分类

供暖系统根据散热器的散热方式可分为：

（1）对流供暖系统；

（2）辐射供暖系统。

4. 按照采暖时间分类

供暖系统根据采暖时间不同可分为：

（1）连续采暖；

（2）间歇采暖；

（3）值班采暖。

另外，还可按照热源种类、系统服务的区域、室内系统的形式、热媒参数、管道敷设方式等加以分类，不一一介绍。

第二节　热水供暖系统

以热水作为热媒的供暖系统称为热水供暖系统。热水供暖系统是目前使用最为广泛的一种供暖形式，住宅和公共建筑中常采用热水供暖系统。热水供暖系统按照循环动力不同可分为自然循环热水供暖系统和机械循环热水供暖系统。

一、自然循环热水供暖系统

仅靠供回水的密度差产生动力而循环流动的系统称作自然（或重力）循环热水供暖系统。自然循环热水供暖系统的工作原理如图 8-1 所示。系统由热水锅炉、散热设备、供水管道、回水管道和膨胀水箱组成。膨胀水箱设在系统的最高处，用来容纳水在受热后膨胀所增加的体积，并排除系统中的气体。

在系统工作前，先将系统中充满冷水。当水在锅炉内被加热后，水温升高而密度减小，同时受从散热器流回来的密度较大的回水驱动，使热水沿供水管道上升，流入散热器。在散热器内散热后水温降低密度增加，沿回水管道流回锅炉，再次加热。这样，水连续被加热，热水不断上升，在散热器及管道中散热冷却后的回水又流回锅炉被重新加热，形成如图所示的循环流动。

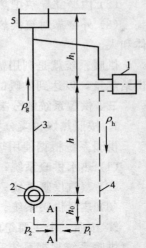

图 8-1　自然循环热水供暖
系统工作原理图
1—散热器；2—热水锅炉；
3—供水管道；4—回水管道；
5—膨胀水箱

自然循环热水供暖系统供暖效果的好坏主要取决于以下几个方面：

(1) 要有良好的排气措施，水平管的坡度不小于 0.01，坡向要正确；膨胀水箱设于系统最高处，安装位置要正确。

(2) 在适宜的范围内适当提高散热器及水平干管的安装高度，降低锅炉的安装标高。

(3) 系统构造要简单，作用半径尽可能小。

(4) 合理选择炉具及散热设备。

(5) 尽量减少管道零部件及阀门的数量。

自然循环热水供暖系统是最早采用的一种热水供暖方式，至今仍在应用。它装置简单，运行时无噪声和不消耗电能。但由于其作用压力小、管径大，作用范围受到限制。自然循环热水供暖系统通常只能在单幢建筑物中应用，其作用半径不宜超过 50m。

二、机械循环热水供暖系统

自然循环热水供暖系统虽然维护管理简单，不需要消耗电能，但是由于作用压力小、管中水流动速度不大，所以管径就相对要大一些、作用半径也受到限制。如果系统作用半径较大，自然循环往往难以满足系统的工作要求，这时应采用机械循环热水供暖系统。

依靠循环水泵的机械能使水在系统中强制循环的系统称为机械循环热水供暖系统。机械循环热水供暖系统与自然循环热水供暖系统的主要差别是在系统中设置了循环水泵，靠水泵的机械能使水在系统中强制循环。因设置水泵，增加了系统的经常运行费和维修工作量；但由于水泵所产生的作用压力很大，供暖范围可以扩大。机械循环热水供暖系统不仅可用于单幢建筑物中，也可以用于多幢建筑，甚至发展为区域热水供暖系统，是目前应用最广泛的一种供暖形式。

机械循环热水供暖系统由热水锅炉、供水管道、散热器、集气罐、回水管道、膨胀水箱及循环水泵组成。同自然循环热水供暖系统比较有如下特点：

(1) 循环动力不同。机械循环以水泵作循环动力，属于强制流动。

(2) 膨胀水箱同系统连接点不同。机械循环系统膨胀管连接在循环水泵吸入口一侧的回水干管上，而自然循环系统多连接在热源的出口。

(3) 排气方法不同。机械循环系统大多利用专门的排气装置(如集气罐)排气，例如上供下回式系统，供水水平干管有沿着水流方向逐渐上升的坡度(俗称"抬头走"，多为 0.003)，在最高点设排气装置，如图 8-2 所示。

机械循环热水供暖系统的形式种类繁多，在此仅介绍几种常见形式。

1. 机械循环上供下回式热水供暖系统

上供下回式系统管道布置合理，是最常用的一种布置形式。如图 8-2 所示，图左侧为双管式系统，图右侧为单管式系统。

在机械循环系统中，水流速度往往超过自水中分离出来的空气气泡的浮升速度。为了使气泡不致被带入立管，供水干管应按水流方向设上升坡度，使空气随水流方向流动汇集到系统管路的最高点，通过设在管路最高点的排气装置3（集气装置），将空气排除掉。供回水干管的坡度宜采用3‰，不得小于2‰。回水干管的坡向与自然循环系统相同，应使系统中的水能顺利排出。

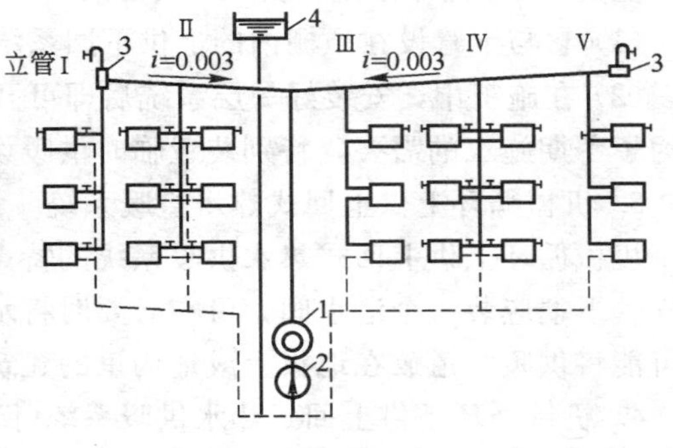

图8-2左侧的双管系统在管路和散热器连接方式上与自然循环没有差别。

图8-2右侧立管Ⅲ是单管顺流式系统。单管顺流式系统的特点是立管中全部水量依

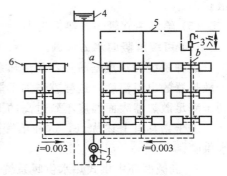

图8-2　机械循环上供下回式热水供暖系统
1—热水锅炉；2—循环水泵；
3—集气装置；4—膨胀水箱

次流入各层散热器。顺流式系统形式简单，施工方便，造价低。它最大的缺点是不能进行局部调节。

图8-2右侧立管Ⅳ是单管跨越式系统。立管的一部分水量流进散热器，另一部分水量通过跨越管与散热器流出的回水混合，再流入下层散热器。与顺流式相比，由于在散热器支管上安装了阀门，施工工序增多，使系统造价增高，因此，目前在国内只用于房间温度要求较严格并需要进行局部调节散热量的建筑中。

图8-2右侧立管Ⅴ是跨越式与顺流式相结合的一种形式，上部采用跨越式，下部采用顺流式。通过调节设置在上层跨越管段上的阀门开启度，在系统试运转或运行时，调节进入上层散热器的流量，可以适当地减轻供暖系统中经常会出现的上热下冷现象。

2. 机械循环下供下回式双管热水供暖系统

如图8-3所示，在下供下回式双管系统中，供水和回水干管都敷设在底层散热器之下，所以，在平屋顶的建筑物内而顶层的顶棚下又难于布置管路，或在有地下室的建筑物内，常采用下供下回式系统。

下供下回式系统的空气排除比较困难，排除空气的方式主要有两种：一是通过顶层散热器的冷风阀手动分散排气（见图8-3左侧）；二是通过专设的空气管手动或自动集中排气（见图8-3右侧），从散热器和立管排出的空气，沿空气管送到集气装置，定期排出系统。集气装置的连接位置，应比水平空气管低 hm，即应大于图中 a 和 b 两点在供暖系统运行时的压差值，否则位于上部空气管内的空气不

图8-3　机械循环下供下回式
热水供暖系统
1—热水锅炉；2—循环水泵；3—集气罐；
4—膨胀水箱；5—空气管；6—冷风阀

能起到隔断作用，立管内的水会通过空气管串流。因此，通过专设空气管集中排气的方法，通常只在作用半径小或系统压降小的热水供暖系统中采用。不论采用上述哪种方式排气，都增加了造价，而且使用管理也麻烦。

但是，下供下回式系统有以下优点：

（1）它与干管设在顶棚内的上供下回系统比较，无效热损失较小。

（2）在施工中，安装好一层系统后即可开始使用，这可给冬期施工带来很大方便。免得为了冬期施工的需要，特别装置临时供暖设备。

3. 机械循环上供上回式热水供暖系统

机械循环上供上回式热水供暖系统的特点是将回水干管敷设在散热设备的上面。在每根立管下端应装一个泄水阀，可在必要时将水泄空，避免冻结。它往往使用在工业建筑和不可能将供暖管道放在地板上或地沟里的建筑物中。

4. 机械循环下供上回式热水供暖系统（倒流式）

如图 8-4 所示。供水干管在下，回水干管在上，水在立管中自下而上流动，故亦称作倒流式系统。它有单管和双管系统，图左侧是双管系统，右侧是单管顺流式系统，顶部还设有顺流式膨胀水箱。

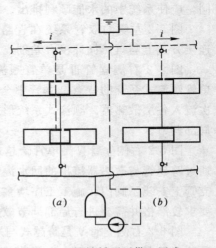

图 8-4　机械循环下供上回式
热水供暖系统
（a）双管系统；（b）单管顺流式系统

这种系统的优点是：

（1）水在系统内的流动方向是自下而上，与空气流动方向一致，因此，容易排除系统内的空气。

（2）供水干管在下部，回水干管在上部，无效热损失小。

（3）对于单管下供上回式系统，如用于高温水系统时，由于回水干管在高处而供水干管在底层，这样就可降低水箱标高，减少布置高架水箱的困难。

（4）对热损失大的底层房间，由于底层供水温度较高，所以底层散热器的面积较少，这样有利于布置散热器。

（5）给水主立管短，热损失小。

（6）可缓解竖向水力失调。

这种系统的缺点是散热器的传热系数比上供下回式系统低。散热器的平均温度几乎等于散热器的出口温度，这样就增加了散热器的面积。但用于高温水供暖时，这一特点却有利于满足散热器表面温度不致过高的卫生要求。

由于它具有上述优点，这种单管系统宜用于高温水供暖。

5. 机械循环中供式热水供暖系统

如图 8-5 所示。由总立管引出供水干管，干管敷设在系统中间。每根立管的散热器在供水干管之下的形成了上供下回式系统，而在供水干管之上的散热器形成了下供下回式系统。

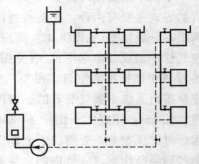

图 8-5　机械循环中供式
热水供暖系统

供水干管放在立管的中间，这就避免了由于顶层大梁底标高过低以致上供下回式系统供水干管难于敷设的问题；而且还减少了供水干管的无效热损失，减轻了双管上供下回式在立管上垂直失调现象。但上层的排气需要设置空气管或排气阀。

6. 同程式系统

上述介绍的各种系统，当各立管距总立管的水平距离不相等时，通过各立管的循环环路之总长度也不相等，这种系统称为"异程系统"。在机械循环系统中，由于作用半径比自然循环系统大得多，各个环路的总长度就有可能相差很大，因而，各个立管环路的压力损失就更难于平衡。有时在靠近总立管最近的立管选用了最小管径 $\phi15$ 时，仍有很多的剩余压力，这就会出现严重的水平失调现象。为了消除或减轻这种现象，可采用"同程系统"，见图 8-6。同程系统的特点是各立管环路的总长度都相等，压力损失容易平衡。

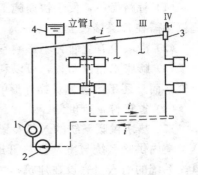

图 8-6　同程式系统
1—热水锅炉；2—循环水泵；
3—集气罐；4—膨胀水箱

同程系统的管径和长度较异程系统有时稍大，但由于它有上述优点，因此，在较大的建筑物内宜采用同程系统。

7. 水平式供暖系统

上面介绍的几种系统均为垂直式供暖系统，除此之外，还有水平式供暖系统。水平式供暖系统按供水管与散热器的连接方式，可分为水平顺流式（见图 8-7）和水平跨越式（见图 8-8）两种形式。这些连接图式在机械循环和自然循环系统中都可应用。

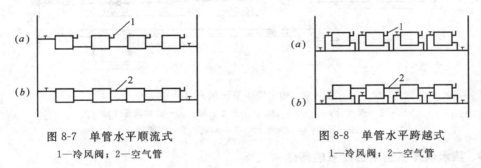

图 8-7　单管水平顺流式
1—冷风阀；2—空气管

图 8-8　单管水平跨越式
1—冷风阀；2—空气管

很显然，顺流式系统虽然最省管材，但每个散热器不能进行局部调节。所以它只能用在对室温控制要求不严格的建筑物中，或大的房间中。

跨越式的连接方式可以有图 8-8 中 a、b 两种。a 的连接形式虽然稍费一些支管，但增大了散热器的传热系数。由于跨越式可以在散热器上进行局部调节，它可以用在需要局部调节的建筑物中。

水平式系统排气比垂直式上供下回系统要麻烦，通常采用排气管集中排气，如图 8-7 和图 8-8 上的 b 环路上的排气措施，它为了排气在散热器上部专门设一空气管（$\phi15$），最终集中在一个散热器上设一放气阀；而两图的 a 环路上的排气措施，则是由每个散热器上安装一个排气阀进行局部排气。当然，散热器较多的大系统，为了管理方便，宜用空气管排气，较小的系统可用排气阀排气。

水平式系统的总造价要比垂直式系统少很多；但对于大系统，由于有较多的散热器处于低水温区，尾端的散热器面积可能较垂直式系统的要多些；另外，它的水平失调现象

（即前端过热而末端过冷）比较突出。但它与垂直式（单管和双管）系统相比，还有以下优点：

（1）管路简单，便于快速施工。除了供、回水总立管外，没有其他穿楼板的立管，因此就无需在各层楼板上打洞。

（2）沿墙没有立管，不影响室内美观。

（3）膨胀水箱的布置，可以利用最高层的辅助空间（如楼梯间、厕所等），不仅降低了造价，而且还不影响建筑物外形的美观。

（4）省管材，造价低。

三、热水供暖系统的入口装置

室内供暖系统与室外供热管道的连接处，就是室内供暖系统的入口，也称作热力入口。系统的引入口宜设在建筑物负荷对称分配的位置，一般在建筑物的中部，敷设在用户的地下室或地沟内。入口处设有必要的仪表和调节、检测、计量设备。如图8-9所示。

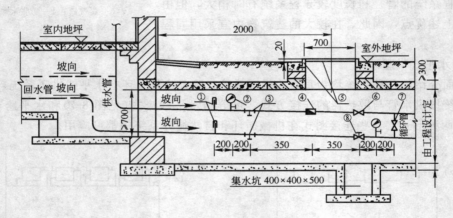

图 8-9　热水供暖系统的入口装置

①—温度计；②—压力表；③—泄水丝堵；④—热水流量计；

⑤—井盖；⑥—闸板阀；⑦—闸阀；⑧—平衡阀

四、热水供暖系统中应注意的问题

热水供暖系统中应注意以下三个问题。

1. 空气排除

在热水供暖系统中，如果有空气积存在散热器中，将会减少散热器的有效散热面积；如果空气积聚在管道中，就会形成空气塞，堵塞管道，破坏水的循环，造成局部系统不热。此外，空气和水交替与钢管内表面相接触，将加速腐蚀，缩短管道寿命。

在热水供暖系统中，存在空气的原因：一是因为在充水前系统中充满空气；二是因为冷水中溶解有部分空气，水被加热后，这部分空气将会不断地从水中析出。

为了保证热水供暖系统能正常工作，必须及时、方便地排除系统中的空气。

2. 水受热膨胀

热水供暖系统在运行时，要将系统中的水加热，水受热会膨胀。在热水供暖系统中用膨胀水箱来容纳水所膨胀的容积。膨胀水箱上接有检查管（信号管）、膨胀管、循环管、溢流管和排污管。膨胀水箱的构造详见本章第四节。

在供暖系统运行前，首先要将系统充水。充水时应打开检查管上的阀门，当水从检查管流出时，说明整个系统的静水面已超过系统管路的最高点，此时停止充水并关闭检查管上的阀门。运行时将系统中的水加热，水受热体积膨胀，膨胀水箱内水面会上升。为了防止膨胀水箱冻结，设置了循环管，使水在膨胀管和循环管所组成的小环路内缓慢流动。溢水管的作用是将多余的水排至下水管。排污管的作用是清除水箱内的污物或检修时将水箱内的水放掉。

膨胀水箱的有效容积是指检查管与溢流管之间的容积，它由整个系统内的水容量及水的温升来确定。

3. 热补偿

在供暖系统中，金属管道会因受热而伸长。每米钢管温度每升高1℃，便会伸长0.012mm。因此，当水平直管道的两端部被固定不能自由移动时，管道就会弯曲变形；当膨胀量较大时，管道中的管件就有可能因为受力过大而破裂，所以管道的膨胀问题必须妥善处理。

解决管道热胀冷缩变形问题最简单的办法是合理地利用管道本身拐弯。如图8-10所示的管道系统，在两个固定点间的管道伸缩均可由弯曲的部分补偿。一般室内供暖系统中的管道都具有较多的弯曲部分，而且直线管段并不太长，因此不必设置专门的补偿装置。当伸缩量较大，靠管道的弯曲部分不能很好地发挥补偿作用或管段上没有弯曲部分时，就要用补偿器来补偿管道的伸缩量。

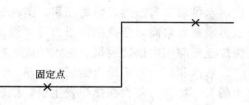

图8-10　管道本身具有的弯曲和固定点

为了使管道的伸缩影响范围不致过大，要将管道中某些点固定。在设有固定点的地方，管道不能位移。因此，在两个固定点之间要有管道本身的弯曲部分或设置伸缩补偿器。

常用的补偿器有方形补偿器、球形补偿器、波形补偿器、填料式补偿器（套筒式）等。

方形补偿器具有补偿能力大、制造安装方便、工作可靠、使用维护简单等优点。其缺点是占据空间大或占地面积大，介质流动阻力大，安装时必须进行预拉伸，而且耗费管材较多，投资大。

球形补偿器的优点是伸缩量大、占据空间位置或地沟面积小，投资较省。

波形补偿器的优点是结构紧凑、占地面积小。其缺点是由于作用于固定支架的推力较大，因而波段数不宜太多，补偿能力较小，制造比较困难。

填料式补偿器的优点是尺寸小、占地面积少、热补偿能力大，其缺点是填料的密封性能不太好，容易产生漏汽现象，需要经常维护。当管道发生横向位移时，填料圈易被卡住，补偿失效。

第三节　蒸汽供暖系统

一、蒸汽作为热媒的特点

蒸汽供暖以水蒸气作为热媒，在供热系统的散热设备中靠凝结放出热量，图8-11是蒸汽供暖系统的工作原理图。蒸汽从热源 1 沿蒸汽管路 2 进入散热设备 4，在散热器中放出汽化潜热后变为凝结水，凝结水通过疏水器 5 和凝结水管 6 流到凝结水箱 7，由凝结水泵 9 将凝结水送入热源加热重新变成蒸汽，再注入到系统中。

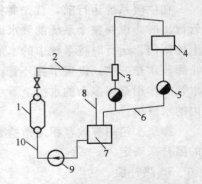

图 8-11　蒸汽供暖工作原理图
1—热源；2—蒸汽管路；3—分水器；
4—散热设备；5—疏水器；6—凝结水
管路；7—凝结水箱；8—空气管；
9—凝结水泵；10—凝结水管

蒸汽的汽化潜热值比起每公斤水在散热设备中靠温降放出的热量要大得多。因此，对同样热负荷，蒸汽供暖时所需要的蒸汽流量比热水供暖时所需热水流量少得多。

蒸汽在散热设备中在定压下凝结放热。此时，蒸汽在该压力下变成同温度的饱和水。在通常的压力条件下，散热设备中蒸汽的饱和温度比热水供热时热水在其中的平均温度高，散热表面的传热系数大，故蒸汽供暖比热水供暖节省散热设备的面积。蒸汽的饱和温度可随压力增高而增高，变换供汽压力可以满足各种不同负荷对热媒温度的需要；因此，蒸汽供暖广泛地应用在供暖通风、热水供应、特别是生产工艺热用户中。

蒸汽和凝水在系统内能循环流动，其状态参数变化较大，这是蒸汽作为热媒区别于热水的又一特性。蒸汽在热源发生后，依靠自身的压力沿管道输送。蒸汽在沿管路流动时，因克服摩擦阻力和局部阻力，压力逐渐下降；因管壁散热，热焓逐渐降低。在经过阻力较大的阀门时，蒸汽被绝热节流，虽焓值不变，但压力下降，温度一般要降低，湿饱和蒸汽经过节流可成为节流后压力下的干饱和蒸汽或过热蒸汽；干饱和蒸汽节流后，体积膨胀，形成节流后压力下的过热蒸汽。由于管壁向周围环境散热，过热蒸汽的过热度降低，逐渐变成饱和蒸汽；饱和蒸汽散热生成"沿途凝水"。在这些变化中，蒸汽的密度会随着发生较大的改变。此外，从散热设备中流出的凝水，返回热源时可靠重力或水泵。当流出的是饱和温度的凝水时，在返回的途中，由于压力不断下降，沸点改变，凝水有可能部分重新汽化，生成"二次蒸汽"。可以根据凝水的热平衡方程式确定二次蒸汽量。蒸汽和凝水状态参数变化较大的特点是蒸汽供暖系统比热水供暖系统在设计与管理上较为复杂的原因之一；由这一特性提出的技术问题解决不当时，会降低蒸汽供暖的经济性和适用性，妨碍它的效能。

供暖技术中使用的蒸汽，其比容较热水比容大得多，因此，蒸汽在管道中的流动速度，通常采用比热水流速高得多的数值，但不会造成在相同流速下热水流动时所形成的极高的阻力损失。

蒸汽比容大，密度小，在高层建筑供暖时，不会像热水供暖那样产生很大的静水压力。

蒸汽供暖系统的热惰性小，供汽时它热得很快；停汽时冷得也快。这种性质特别适宜于要求间歇供暖的用户。在设计正确时，蒸汽供暖系统间歇运行没有冻结的危险。

二、蒸汽供暖系统的分类

按照供汽压力的大小，将蒸汽供暖系统分为三类：供汽压力高于 70kPa 时，称为高压蒸汽供暖；供汽压力低于或等于 70kPa 时，称为低压蒸汽供暖；供汽压力低于大气压时，称为真空蒸汽供暖。

高压蒸汽供暖的供汽压力一般由管路和设备的耐压强度决定。例如，使用普通铸铁散热器时，规定散热器内蒸汽压力不超过 200kPa。因为供汽压力低时，蒸汽温度较低，凝水二次汽化的可能性较小；运行较可靠而且卫生条件较高，故国外设计的低压蒸汽供暖系统一般采用较低的供汽压力，且多数使用在民用建筑中。真空蒸汽供暖在我国很少使用。

按照蒸汽干管布置的不同，蒸汽供暖系统可有上供式、中供式和下供式三种。

按照立管的布置特点，蒸汽供暖系统可分为单管式和双管式。

按照回水动力的不同，蒸汽供暖系统可分为重力回水和机械回水两类。

三、低压蒸汽供暖系统的工作原理

1. 重力回水低压蒸汽供暖系统的工作原理

图 8-12 所示是重力回水低压蒸汽供暖系统简图。它是双管上供式图式。锅炉中充水至Ⅰ—Ⅰ平面，加热后产生具有一定压力和温度的蒸汽。蒸汽在自身压力作用下，克服流动阻力，沿管路输送到散热器内。同时，具有压力的蒸汽将原存于管子及散热器内的空气排往凝水管，蒸汽充满整个散热器。蒸汽在散热器内放热后变成凝水，靠重力沿凝水管流回锅炉，被重新加热变成蒸汽。在蒸汽排挤下离开散热器进入凝水管的空气，经过凝水管末端所连接的空气管 B 排入大气。这种凝水管，其横断面里，上部分是空气，下部分是水，是非满管的两相（液—空气）流动，称为干式凝水管。与此相对应的，当凝水管的横断面全部充满凝水，满管流动时，称为湿式凝水管。图 8-12 中水面Ⅱ—Ⅱ以下的总凝水立管便是湿式凝水管段。

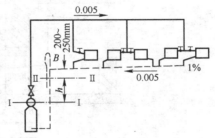

图 8-12　重力回水低压蒸汽
供暖系统简图

图 8-12 所示系统中，因总凝水立管与锅炉连通，在锅炉工作时，在蒸汽压力作用下，总凝水立管中的水位将升高 h 值，达到Ⅱ—Ⅱ水面。当凝水干管内为大气压力时，h 值恰为锅炉压力所折算的水柱高。显然，要把凝水干管作成干式，就必须把它敷设在Ⅱ—Ⅱ水面以上，再考虑到锅炉压力波动，应使它的末端最低点高出Ⅱ—Ⅱ水面约 200～250mm。空气管 B 应连在干式凝水管道上。第一层散热器当然应在Ⅱ—Ⅱ水面以上才不致被凝水充满，从而保证其正常工作。

重力回水低压蒸汽供暖系统形式简单，宜在小型系统中采用。当供暖系统作用半径较大时，就要采用较高的蒸汽压力才能将蒸汽输送到最远散热器。如仍用重力回水方式，凝结水管内水面Ⅱ—Ⅱ的高度就可能达到甚至超过底层散热器的高度，底层散热器就会大部分充满凝结水并积聚有空气，蒸汽再也无法进入，从而影响散热器正常工作。因此，当系统作用半径较大，供汽压力较高（通常供汽表压力高于 20kPa）时，应采用机械回水系统。

2. 机械回水低压蒸汽供暖系统的工作原理

当低压蒸汽供暖系统的作用半径较长时，必须使用较大的蒸汽压力才能将蒸汽从锅炉送到最远的散热器。锅炉内的蒸汽压力这样大，重力回水管里的水面Ⅱ—Ⅱ便可能达到最底层散热器的高度。此时，散热器内充满凝水，蒸汽便难于进入，散热量便减少，这种情况是不能允许的。故当系统作用半径较大时，不应再采用重力回水，而应将凝水先通入专门的凝水箱，然后，用泵汲送凝水压入锅炉。即将系统作成机械回水式，如图 8-13 所示。

在这种系统里，锅炉可以不安装在底层散热器之下，而只需要凝水箱低于所有散热器和凝水管。进凝水箱的凝水干管应作顺水流向下的坡度，使散热器中流出的凝水靠重力自流进入凝水箱。凝水干管仍可做成干式的，使系统的空气可经凝水干管上部断面流入凝水箱，再经凝水箱上的空气管排往大气。为了防止水泵停止工作时水从锅炉倒流入凝水箱，在锅炉和凝水箱的连通管路上，安装止回阀。为避免凝水在水泵吸入口汽化，保证凝水泵(通常是离心泵)正常工作，凝水泵的最大吸水高度及最小正水头高度 h 要受凝水温度的制约。

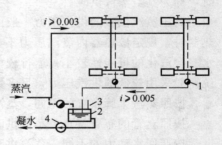

图 8-13　机械回水低压蒸汽
供暖系统示意图
1—低压恒温式疏水器；2—凝结水箱；
3—空气管；4—凝水泵

3. 低压蒸汽供暖系统入口装置

图 8-14 所示为低压蒸汽供暖系统入口装置图。

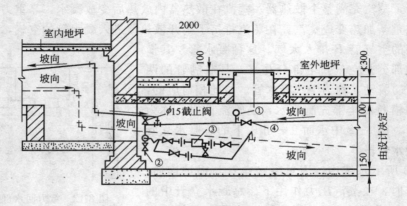

图 8-14　低压蒸汽供暖系统入口装置图
①—压力表；②—泄水阀；③—疏水器；④—闸板阀

四、高压蒸汽供暖系统

高压蒸汽供暖与低压蒸汽供暖相比，有下述技术经济特点：

(1) 高压蒸汽供汽压力高，流速大，系统作用半径大，但沿程热损失也大。对同样热负荷，所需管径小，但沿途凝水排泄不畅时会产生水击现象。

(2) 散热器内蒸汽压力高，因而散热器表面温度高，对同样热负荷，所需散热面积较小；但易烫伤人和烧焦落在散热器上面的有机灰尘，发出难闻的气味，安全条件与卫生条件较差。

(3) 凝水温度高。凝水可靠疏水器出口和凝水箱中的压力差以及凝水管路坡度形成的重力差流动。在凝水管和凝水箱中有二次蒸汽存在，含有二次蒸汽的凝水管径较大，凝水回收设备费用较高，管理与调节复杂。设计与管理不当时，漏气量大，水击危害严重，维修工作量多。

高压蒸汽供暖多用在有高压蒸汽热源的工厂里。室内的高压蒸汽供暖系统可直接与室外蒸汽管网相连。在外网蒸汽压力较高时，可在用户入口处设减压装置。

图 8-15 所示为一个厂房用户引入口和室内高压蒸汽供暖系统示意图。高压蒸汽通过室外蒸汽管路进入用户引入口的高压分汽缸。根据各热用户的使用情况和压力要求的不同，季节性的室内蒸汽供暖管道系统宜与其他热用户的管道系统分开。当蒸汽入口压力或生产工艺用热的使用压力高于供暖系统的工作压力时，应在分汽缸之间设置减压装置。室内各供暖系统的蒸汽在散热器内冷凝放热，凝结水沿凝结水管道流动，经疏水器后汇流到凝结水箱，最后用凝结水泵加压送回锅炉房。凝结水箱可布置在该厂房内，也可布置在工厂区的凝结水回收分站或直接布置在锅炉房内。凝结水箱可以与大气相通，称为开式凝结水箱；也可以密封，箱内具有一定的表压力，称为闭式凝结水箱。

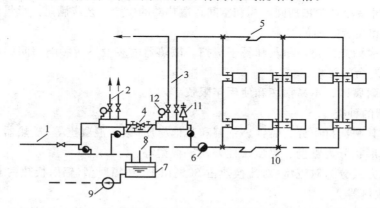

图 8-15　室内高压蒸汽供暖系统示意图
1—室外蒸汽管；2—室内高压蒸汽供热管；3—室内高压蒸汽供暖管；
4—减压装置；5—补偿器；6—疏水器；7—开式凝结水箱；8—空气管；
9—凝结水泵；10—固定支架；11—安全阀；12—压力表

在高压蒸汽供暖系统中，由于蒸汽的压力较高，容易出现较严重的水击现象。为了使蒸汽管道内的蒸汽与沿途凝结水同向流动，减轻水击现象，室内高压蒸汽供暖系统大多采用双管上供下回式。各散热器的凝结水通过凝结水管路进入集中的疏水器，疏水器具有阻汽排水的功能，并靠疏水器后的余压将凝结水送回凝结水箱。沿凝结水流动方向的坡度不得小于 5‰。

高压蒸汽和凝结水温度高，在供汽和凝结水干管上往往需要设置固定支架和补偿器，以补偿管道的热胀冷缩量。另外，由于高压蒸汽供暖系统的凝结水温度高，在它通过疏水器减压后，会重新汽化，产生二次蒸汽。也就是说，在高压凝结水管中输送的是凝结水和二次蒸汽的混合物。在有条件的地方，要尽可能将二次蒸汽送到附近低压蒸汽供暖系统或热水供应系统中综合利用。

第四节　供暖系统的主要设备

一、散热器

散热器是安装在供暖房间内的一种散发热量的设备，其功能是将供暖系统的热媒所携带的热量通过散热器壁面传给房间。

1. 对散热器的要求

(1) 热工性能方面的要求

散热器的传热系数 K 值越高，说明其散热性能越好。可以采用增加外壁散热面积（在外壁上加肋片）、提高散热器周围空气流动速度和增加散热器向外辐射散热的比例等措施来提高散热器的传热系数。

(2) 经济方面的要求

散热器传给房间的单位热量所需金属耗量越少，成本越低，其经济性越好。

(3) 安装使用和工艺方面的要求

散热器应具有一定机械强度和承压能力；散热器的结构形式应便于组合成所需要的散热面积，结构尺寸要小，少占房间面积和空间；散热器的生产工艺应满足大批量生产的要求。

(4) 卫生和美观方面的要求

散热器外表面光滑，不积灰和易于清扫，散热器的装设不应影响房间的美观。

(5) 使用寿命的要求

散热器应耐腐蚀、不易损坏和使用年限长。

2. 散热器的种类

散热器按其制造材质分为铸铁、钢制和其他材质(铝、混凝土等)散热器。

按其结构形状分为管型、翼型、柱型、平板型等。

按其传热方式分为对流型(对流换热占 60% 以上)和辐射型(辐射换热占 60% 以上)。

3. 铸铁散热器

铸铁散热器长期以来被广泛应用。因为它具有结构比较简单、防腐性好、使用寿命长以及热稳定性好的优点；但是它的突出缺点是金属耗量大，制造安装和运输劳动繁重，生产铸造过程中对周围环境污染。我国应用较多的铸铁散热器有：

(1) 翼型散热器

它分为圆翼型和长翼型两种。图 8-16 所示为圆翼型散热器。它是在一根管外加有许多圆形肋片的铸件，其规格用内径表示，有 $D50$（内径 50mm，肋片 27 片）和 $D75$（内径 75mm，肋片 47 片）两种。其两端有法兰，可以把数根组成平行或叠置的散热器组件再与管道相连接。

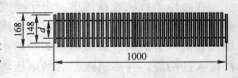

图 8-16 圆翼型散热器

长翼型散热器如图 8-17 所示，也叫 60 型散热器。它的外表面具有许多竖向肋片，外

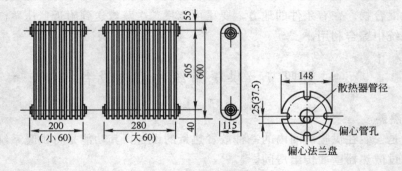

图 8-17 长翼型散热器

壳内部为一扁盒状空间，其规格用高度表示，如 60 型散热器的高度是 60cm；又根据散热器每片长度的不同，长度为 28cm（14 个翼片）称大 60，长度为 20cm（10 个翼片）称小 60。它们可以单独悬挂或互相搭配组装。

翼型散热器的主要优点是：制造工艺简单，耐腐蚀，造价较低。

它的主要缺点是：承压能力低（圆翼型承压不宜超过 300kPa，长翼型不宜超过 200kPa），易积灰，难清扫，外形也不美观。此外，这种散热器肋片（根）散热面积大，不易恰好组成所需要的面积；由于片数计算的取整进位，往往会造成散热面积过大的弊端。

翼型散热器多应用于一般民用建筑和无大量灰尘的工业建筑中。

（2）柱型散热器

柱型散热器是呈柱状的单片散热器。外表光滑，无肋片。每片各由几个中空的立柱相互连通。根据散热面积的需要，可把各个单片组对在一起形成一组。

我国常用的柱型散热器有四柱、五柱和二柱 M-132。如图 8-18 和图 8-19 所示。

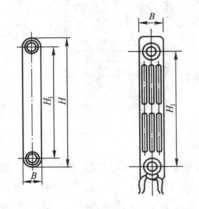

图 8-18　四柱型散热器

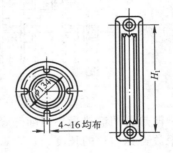

图 8-19　二柱 M-132 型散热器

M-132 型散热器宽度为 132mm，两边为柱状，中间有波浪形的纵向肋片。

四柱和五柱型散热器规格是按高度表示。如四柱 813 型，其高度为 813mm。它有带脚与不带脚两种片型，用于落地或挂墙安装。

柱型散热器与翼型散热器相比，传热系数高，外形美观，易清除积灰，容易组成需要的散热面积，被广泛应用于住宅和公共建筑中。主要缺点是制造工艺复杂。

4. 钢制散热器

钢制散热器是由冲压成形的薄钢板，经焊接制作而成的。钢制散热器与铸铁散热器相比，具有如下一些特点：

（1）钢制散热器大多数由薄钢板压制焊接而成，金属耗量少。

（2）铸铁散热器的承压能力一般为 0.4～0.5MPa。钢制板型及柱型散热器最高工作压力达 0.8MPa；钢串片的承压能力高达 1.0MPa。

（3）外形美观整洁、占地小、便于布置。如板型和扁管型散热器还可在外表面喷刷各种颜色和图案，与建筑和室内装饰相协调。

（4）除钢制柱型散热器外，钢制散热器的水容量较少，热稳定性差些。在供水温度偏低而又采用间歇供暖时，散热效果明显降低。

（5）钢制散热器的最主要缺点是容易腐蚀，使用寿命比铸铁散热器短。

由于钢制散热器存在上述缺点，它的应用范围受到一些限制。铸铁柱型散热器仍是目前国内应用最广的散热器。

目前我国生产的钢制散热器主要有下面几种形式：

（1）钢串片对流散热器

钢串片散热器是由钢管、钢片、联箱、放气阀及管接头组成。钢串片散热器外面宜加罩子，使钢串片位于罩子底部附近，而罩子前面上下端有栅格，就构成了钢串片对流散热器，见图8-20所示。由于罩中被加热空气柱上升的热压作用，使热气流从对流散热器上部的栅格送至室内，而室内较冷的空气从下部栅格吸入对流散热器。同时由于罩子的遮挡，而使热量大部分以对流方式放出。

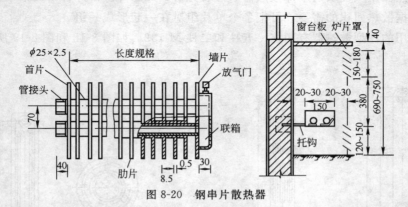

图 8-20　钢串片散热器

这种散热器的散热量不但随热媒参数、流量改变，而且与其构造特点有关：如钢串片竖放、平放，钢串片的长度、片距，罩子的尺寸及罩子前面上下端开孔的中心距等。

散热器串片采用 0.5mm 的薄钢片，运输安装易损坏，串片易伤人。为了改进结构形式，出现了图 8-21 所示的闭式对流串片散热器。它将每个串片两端折边 90°形成封闭形，

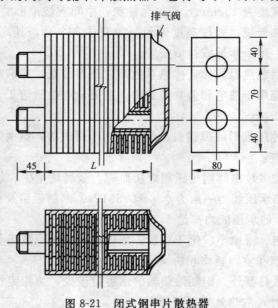

图 8-21　闭式钢串片散热器

这样就形成了许多封闭的垂直空气通道，造成烟囱效应，增强了对流放热能力，使用也不需配置密闭对流罩，造价显著降低。散热器的强度和安全性也得到了改善。

钢串片对流散热器的优点是体积小、占地少、质量轻、省金属、承压高、制造工艺简单。缺点是用钢材制作，造价较高，水容量小，易积灰尘。

钢串片对流散热器宜用于承受压力较高的高温水供暖系统和高层建筑供暖系统中。

（2）板式散热器

板式散热器由面板、背板、对流片和水管接头等部件组成。面板和背板采用冷轧钢板（厚 2mm）。散热器的主要水道压制在面板上，上、下水平联箱压制在背板上。面板和背板复合，通过周边滚焊和板间点焊成形。为增大散热面积，在背板上点焊对流片（厚0.5mm）。板式散热器结构形式如图 8-22所示。

板式散热器主要有两种结构形式：一种是由面板和背板复合成形的，叫单板板式散热器；另一种是在单板板式散热器背面加上对流片的，叫单板带对流片板式散热器。板式散热器规格：高度有 480、600mm 等几种规格，长度有 400、600、800、1000、1200、1400、1600 和 1800（mm）等八种。

板式散热器适用于热水供暖系统。

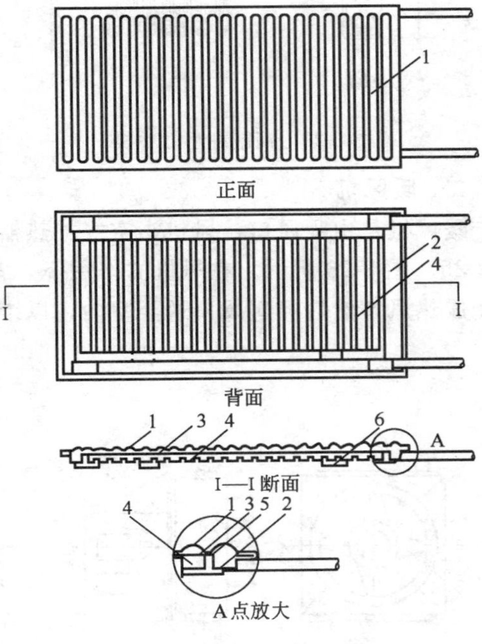

（3）钢制柱型散热器

钢制柱型散热器的构造与铸铁柱型散热器相似，每片也有几个中空立柱，见图 8-23所示。这种散热器采用 1.25～1.5mm 厚冷钢板冲压延伸形成片状半柱型。将两个片状半柱型经压力滚焊复合成单片，单片之间经气体弧焊连接成散热器。

图 8-22　板式散热器

1—面板；2—联箱；3—背板；
4—对流板；5—点焊；6—挂钩

（4）扁管散热器

扁管散热器是采用 52mm×11mm×1.5mm（宽×高×厚）的水通路扁管作为散热器的基本模数单元，然后将数根扁管叠加焊接在一起，在两端加上断面 35mm×40mm 的联箱就形成了扁管单板散热器。

扁管散热器外形尺寸是以 52mm 为基数，根据需要，可叠加成 416mm（8 根管）、520mm（10 根管）和 624mm（12 根管）三种高度。长度起点为 600mm，以 200mm 迭进至2000mm，共八种不同长度。

扁管散热器的板型有单板、双板、单板带对流片和双板带对流片四种结构形式，如图8-24 所示。由于单、双板扁管散热器两面均为光板，板面温度较高，有较大的辐射热。对带有对流片的单、双板扁管散热器，由于在对流片内形成了许多对流空气柱，热量主要是以对流方式传递的。

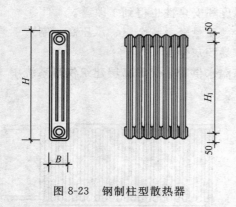

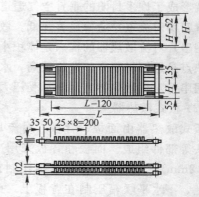

图 8-23　钢制柱型散热器　　　　　　　　　图 8-24　钢制扁管型散热器

二、暖风机

暖风机是由吸风口、风机、空气加热器和送风口等联合构成的通风供暖联合机组，如图 8-25、图 8-26 所示。在风机的作用下，室内空气由吸风口进入机体，经空气加热器加热变成热风，然后经送风口送至室内，以维持室内一定的温度。

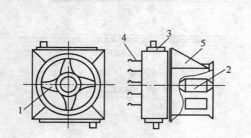

图 8-25　NC 型暖风机
1—轴流式风机；2—电动机；3—加热器；
4—百叶板；5—支架

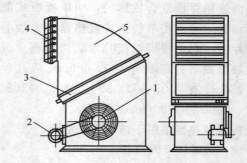

图 8-26　NBL 型暖风机
1—离心式风机；2—电动机；3—加热器；
4—导流叶片；5—外壳

暖风机分为轴流式与离心式两种，常称小型暖风机和大型暖风机。根据其结构特点及适用热媒的不同，又有蒸汽暖风机、热水暖风机、蒸汽热水两用暖风机以及冷热水两用的冷暖风机。其规格型号很多，轴流式暖风机型号有 S、GS、Q、NC、NA、NC/B 型及横式单位散热器；离心式暖风机有 NBL、NBL/A 型等。轴流式暖风机体积小，送风量和产热量大，金属耗量少、结构简单、安装方便、用途多样；但它的出风口送出的气流射程短、出口风速小。这种暖风机一般悬挂或支撑在墙或柱子上。热风经出风口处百叶板调节，直接吹向工作区。

离心式暖风机是用于集中输送大量热风的热风供暖设备。由于其配用的风机为离心式，拥有较多的剩余压头和较高的出风速度，它比轴流式暖风机气流射程长，送风量和产热量大；它可大大减少温度梯度，减少屋顶热耗；减少了占用的面积和空间；便于集中控制和维修。设计时应注意使集中送风的气流不直接吹向工作区，而是使工作区处于气流的回流区。

暖风机使用的热媒可用蒸汽或热水，要根据暖风机性能选用各种热媒参数。各种暖风机的性能，即热媒参数（压力、温度）、散热量、送风量、出口风速和温度、射程等均可以从有关设计手册或样本中查出。

三、辐射板型散热器

供暖所用的散热器是以对流和辐射两种方式进行散热的。如前所述，一般铸铁散热器主要以对流散热为主，对流散热占总散热量的 75% 左右。用暖风机供暖时，对流散热几乎占 100%。而辐射板主要是依靠辐射传热的方式，尽量放出辐射热（还伴随着一部分对流热），使一定的空间里有足够的辐射强度，以达到供暖的目的。

辐射板型散热器按表面温度分为低温辐射板散热器，例如混凝土辐射板散热器，见图8-27；中温辐射板散热器，如钢制辐射板，见图8-28；高温辐射板散热器，如燃气红外线辐射散热器，见图8-29。

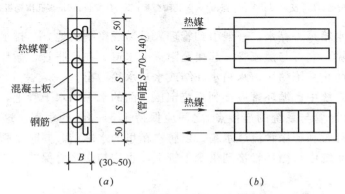

图 8-27　混凝土辐射板散热器构造示意图

（a）剖面图；（b）热媒管布置图

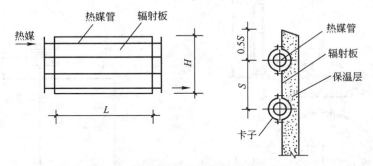

图 8-28　金属辐射板散热器构造示意图

四、膨胀水箱

膨胀水箱的作用是用来贮存热水供暖系统加热的膨胀水量。在自然循环上供下回式系统中还起着排气的作用，在机械循环系统中还起着恒定供暖系统的压力的作用。

膨胀水箱一般用钢板制成，有圆形和矩形两种。图8-30为圆形膨胀水箱构造图。箱上连有膨胀管、溢流管、信号管、排水管、循环管和补水管。膨胀管与供暖系统管路的连接点，在自然循环系统中接在供水总立管的顶端；在机械循环系统中一般接至循环水泵吸入口前。无论系统运行还是停止，连接点处的压力都是恒定的，该点也称为定压点。当系统水位超过溢水管口时，通过溢流管将水自动排出。溢流管一般可接到附近下水道。信号

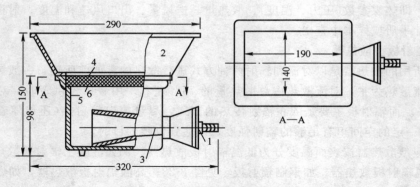

图 8-29　燃气辐射板散热器构造示意图

1—喷嘴；2—反射罩；3—外壳；4—多孔陶瓷板；5—分配板；6—多孔陶瓷板托架

管用来检查膨胀水箱是否存水，一般引到管理人员易观察到的地方。排水管用来清洗水箱时放净存水和污垢，它可与溢流管一起接至附近下水道。在膨胀管、循环管和溢流管上严禁安装阀门，以防止系统超压、水箱水冻结或水从水箱溢出。

在机械循环系统中，循环管应接到系统定压点前的水平回水干管上，见图 8-31 所示。该点与定压点（膨胀管与系统的连接点）之间应保持 1.5～3m 的距离。这样可让少量热水能缓慢地通过循环管和膨胀管流过水箱，以防水箱里的水冻结。同时，膨胀水箱应考虑保温。在自然循环系统中，循环管接到供水干管上，也应与膨胀管保持一定的距离。

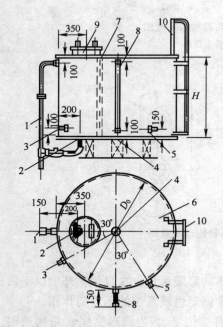

图 8-30　圆形膨胀水箱

1—溢流管；2—排水管；3—循环管；4—膨胀管；
5—信号管；6—箱体；7—内人梯；
8—玻璃管水位计；9—人孔；10—外人梯

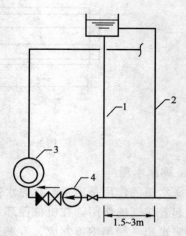

图 8-31　膨胀水箱与机械循环
系统的连接方式

1—膨胀管；2—循环管；
3—热水锅炉；4—循环水泵

五、排气设备

热水供暖系统的水被加热时会分离出空气；在系统停止运行时，通过不严密处会渗入空气；系统充水时也会有些空气残留在系统内。系统中如积存空气就会形成气塞，影响水的正常循环。热水供暖系统排除空气的设备有手动的，也有自动的。目前国内常见的排气设备主要有集气罐、自动排气阀和冷风阀等。

1. 集气罐

集气罐用直径 100～250mm 的短管制成，有立式和卧式两种，见图 8-32 所示。顶部连接直径 15mm 的排气管。在机械循环上供下回系统中，集气罐应设在系统各分环环路的供水干管末端的最高处，见图 8-33 所示。在系统运行时定期手动打开阀门将热水中分离出来并聚在集气罐内的空气排除。

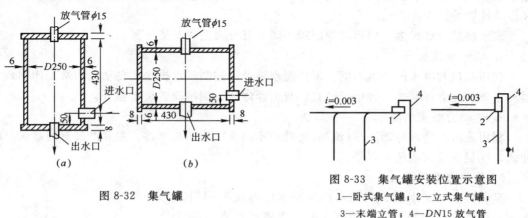

图 8-32 集气罐

图 8-33 集气罐安装位置示意图
1—卧式集气罐；2—立式集气罐；
3—末端立管；4—DN15 放气管

2. 自动排气阀

自动排气阀靠本体内的自动机构使系统中的空气能自动排出系统之外。目前国内生产的自动排气阀形式较多。它们的工作原理多数是依靠阀体内水对浮体的浮升力，通过杠杆机构传动使排气孔自动启闭，实现自动排气阻水的功能。如图 8-34 所示为 B11X-4 型立

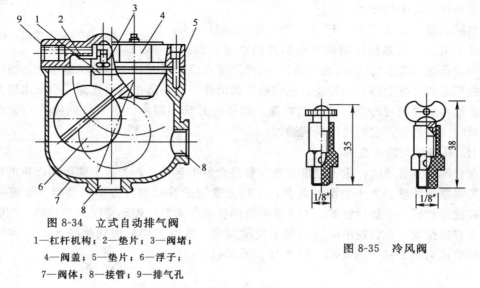

图 8-34 立式自动排气阀
1—杠杆机构；2—垫片；3—阀堵；
4—阀盖；5—垫片；6—浮子；
7—阀体；8—接管；9—排气孔

图 8-35 冷风阀

147

式自动排气阀。当阀体7内无空气时，系统中的水流入阀体内将浮子6顶起，通过杠杆机构1将排气孔9关闭；当空气积聚在阀体内时，空气将水面压下，浮子靠自重下落，排气孔打开，使空气自动排出。空气排除后，水再将浮子浮起，排气孔重新关闭。

3. 冷风阀

在水平式和下供下回式系统中，大量的空气集中在散热器的上部，这时要靠安装在散热器上部的冷风阀进行排气。将冷风阀旋紧在散热器上部专设的丝孔上，以手动方式排除空气。冷风阀可以是手动的也可以是自动的。通常所用的手动冷风阀如图8-35所示。

六、疏水器

蒸汽疏水器能自动阻止蒸汽逸漏、迅速排出凝水，同时能排除系统中积留的空气和其他不凝性气体。疏水器是蒸汽供暖系统中的重要设备，它的工作状况对系统运行的可靠性和经济性影响极大。

疏水器的形式很多，根据工作原理不同，可分为三种类型。

1. 机械型疏水器

利用蒸汽与凝水的密度不同，形成凝水液位以控制凝水排水孔自动启闭来工作的疏水器。主要产品有浮筒式、钟形浮子式、自由浮球式、倒吊筒式疏水器等。

2. 热动力型疏水器

利用蒸汽与凝水热动力学（流动）特性的不同来工作的疏水器。主要产品有圆盘式、脉冲式、孔板或迷宫式疏水器等。

3. 热静力型疏水器

又称恒温式疏水器。利用蒸汽与凝水的温度不同引起恒温元件膨胀或变形来工作的疏水器。主要产品有波纹盒式、双金属片式和液体膨胀式疏水器等。

由于国内外使用的疏水器产品种类繁多，不可能一一叙述，在使用时可查有关设计手册及产品说明书。下面简要介绍恒温式疏水器的工作原理（见图8-36）。这种疏水器在低压蒸汽系统中最常用。

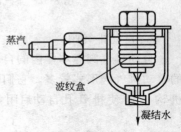

图 8-36 恒温式疏水器

当凝水流入疏水器后，经过一个缩小的空口排出。此孔的启闭由一个能热胀冷缩的薄金属片波纹盒控制，盒中装有少量受热易蒸发的液体（如酒精）。当蒸汽流入疏水器时，小盒被迅速加热，液体蒸发产生的压力使波纹盒伸长，带动盒底的锥形阀堵住小孔，防止蒸汽逸漏。当疏水器内蒸汽冷凝成饱和水并稍过冷后，波纹盒收缩，阀孔打开排出凝水。当空气或较冷的凝水流入时，阀门一直打开，它们可以顺利通过。

七、补偿器与管道支架

在热媒流过管道时，由于温度升高，管道会发生热伸长，为减少膨胀而产生的轴向应力，需根据伸长量的大小选配补偿器，工程上常用的补偿器有方形补偿器、套筒式补偿器、波纹补偿器、金属软管等。为了使管道的伸长能均匀合理地分配给补偿器，使管道不偏离允许的位置，在管段中间应用固定支架固定。管道支架的形式见图8-37，常用的补偿器的形式见图8-38、图8-39、图8-40、图8-41。

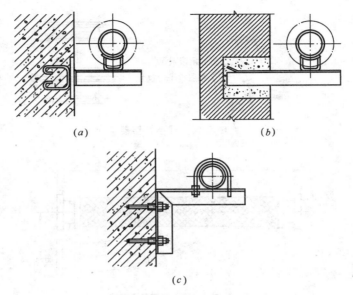

图 8-37 管道支架安装形式

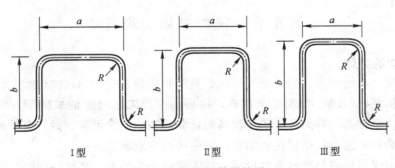

Ⅰ型　　　　　　　Ⅱ型　　　　　　　Ⅲ型

图 8-38 方形补偿器外形

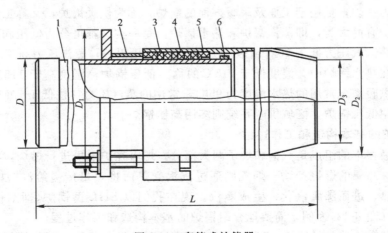

图 8-39 套筒式补偿器

1—套筒；2—前压兰；3—壳体；4—填料圈；5—后压兰；6—防脱肩

图 8-40　球形补偿器

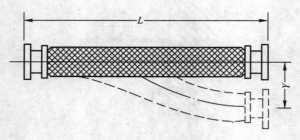

图 8-41　金属软管

第五节　锅炉与锅炉房设备

一、锅炉的类型

就一个供暖系统而言，通常是利用锅炉及锅炉房设备生产出蒸汽(或热水)，然后通过热力管道，将蒸汽(或热水)输送至用户，以满足生产工艺或生活采暖等方面的需要。因此，锅炉是供暖之源。锅炉及锅炉房设备的任务，在于安全可靠、经济有效地把燃料的化学能转化为热能，进而将热能传递给水，以生产热水或蒸汽。

蒸汽，不仅用作将热能转变成机械能的工质以产生动力，蒸汽(或热水)还广泛地作为工业生产和采暖通风等方面所需热量的载热体。通常，我们把用于动力、发电方面的锅炉，叫做动力锅炉；把用于工业及采暖方面的锅炉，称为供暖锅炉，又称工业锅炉。

供暖锅炉有两大类，即蒸汽锅炉和热水锅炉，每一类又都可分为低压和高压两种。在蒸汽锅炉中，蒸汽压力低于 70kPa(表压力)的称为低压锅炉；蒸汽压力高于 70kPa 的称为高压锅炉。在热水锅炉中，温度低于 115℃ 的称为低压锅炉；温度高于 115℃ 的称为高压锅炉。集中供暖系统常用的热水温度为 95℃，常用的蒸汽压力往往低于 70kPa，所以供暖锅炉大都采用低压锅炉。区域供暖系统则多用高压锅炉。

二、锅炉的基本构造和工作过程

锅炉，最根本的组成是汽锅和炉子两大部分。燃料在炉子里进行燃烧，将它的化学能转化为热能；高温的燃烧产物—烟气则通过汽锅受热面将热量传递给汽锅内温度较低的水，水被加热、进而沸腾汽化，生成蒸汽。现在我们以 SHL 型锅炉(即双锅筒横置式链条炉排锅炉)(图 8-42)为例，简要地介绍锅炉的基本构造和工作过程。

汽锅的基本构造包括锅筒(又称汽包)、管束、水冷壁、集箱和下降管等组成的一个封闭汽水系统。炉子包括煤斗、炉排、炉膛、除渣板、送风装置等组成的燃烧设备。

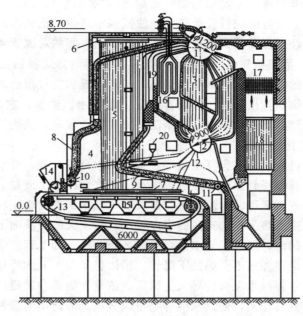

图 8-42　SHL 型锅炉

1—上锅筒；2—下锅筒；3—对流管束；4—炉膛；5—侧墙水冷壁；
6—侧水冷壁上集箱；7—侧水冷壁下集箱；8—前墙水冷壁；9—后墙水冷壁；
10—前水冷壁下集箱；11—后水冷壁下集箱；12—下降管；13—链条炉排；
14—加煤斗；15—风仓；16—蒸汽过热器；17—省煤器；
18—空气预热器；19—烟窗及防渣管；20—二次风管

此外，为了保证锅炉的正常工作和安全，蒸汽锅炉还必须装设安全阀、水位表、高低水位警报器、压力表、主汽阀、排污阀、止回阀等。还有用来消除受热面上积灰以利传热的吹灰器，以提高锅炉运行的经济性。

锅炉的工作包括三个同时进行着的过程：燃料的燃烧过程、烟气向水的传热过程和水的受热汽化过程(蒸汽的生产过程)。现分述如下：

1. 燃料的燃烧过程

由图 8-42 所示，锅炉的炉子设置在汽锅的前下方，此种炉子是供暖锅炉中应用较为普遍的一种燃烧设备——链条炉排炉。燃料在加煤斗中借自重下落到炉排面上，炉排借电动机通过变速齿轮箱减速后由链轮来带动，犹如皮带运输机，将燃料带入炉内。燃料一面燃烧，一面向后移动；燃烧需要的空气是由风机送入炉排腹中风仓后，向上穿过炉排到达燃料层，进行燃烧反应形成高温烟气。燃料最后烧尽成灰渣，在炉排末端被除渣板(俗称老鹰铲)铲除于灰渣斗后排出，这整个过程称为燃烧过程。燃烧过程进行的完善与否，是锅炉正常工作的根本条件。要保证良好的燃烧必须要有高温的环境，必需的空气量和空气与燃料的良好混合。当然为了锅炉燃烧的持续进行，还得连续不断地供应燃料、空气和排出烟气、灰渣。为此，就需配备送、引风设备和运煤出渣设备。

2. 烟气向水、汽等工质的传热过程

由于燃料的燃烧放热，炉内温度很高。在炉膛的四周墙面上，都布置一排水管，俗称水冷壁。高温烟气与水冷壁进行强烈的辐射换热，将热量传递给管内工质。继而烟气受引风机、烟囱的引力而向炉膛上方流动。烟气出烟窗（炉膛出口）并掠过防渣管后，就冲刷蒸汽过热器——一组垂直放置的蛇行管受热面，使汽锅中产生的饱和蒸汽在其中受烟气加热而得到过热。烟气流经过热器后又掠过胀接在上、下锅筒间的对流管束，在管束间设置了折烟墙使烟气呈"S"形曲折地横向冲刷，再次以对流换热方式将热量传递给管束内的工质。沿途降低着温度的烟气最后进入尾部烟道，与省煤器和空气预热器内的工质进行热交换后，以经济的较低烟温排出锅炉。省煤器实际上是给水预热器，它和空气预热器一样，都设置在锅炉尾部（低温）烟道，以降低排烟温度提高锅炉效率，从而节省了燃料。

3. 水的受热和汽化过程

这是蒸汽的生产过程，主要包括水循环过程和汽水分离过程。经水处理的锅炉给水由水泵加压，先流经省煤器得到预热，然后进入汽锅。汽锅中的工质是处于饱和状态下的汽水混合物。位于烟温较低区段的对流管束受热较弱，汽水工质的密度较大；位于烟气高温区的水冷壁和对流管束受热强烈，工质的密度较小。密度大的工质向下流入下锅筒而密度小的工质向上流入上锅筒，形成了锅水的自然循环。此外，为了组织水循环和进行输导分配，一般还设有置于炉墙外的不受热的下降管，借以将工质引入水冷壁的下集箱，而通过上集箱上的汽水引出管将汽水混合物导入上锅筒。依靠上锅筒内装设的汽水分离设备以及锅筒本身空间的重力分离作用，使汽水混合物得以分离。分离出的蒸汽由上锅筒顶部引出后进入蒸汽过热器，分离下来的水仍回落到上锅筒下半部的水空间。

汽锅中的水循环保证了与高温烟气相接触的金属受热面得以冷却而不会烧坏，是锅炉能长期安全可靠运行的必要条件。汽水混合物的分离设备是保证蒸汽品质和蒸汽过热器可靠工作的必要设备。

三、锅炉的基本特性

为区别各类锅炉构造、燃用燃料、燃烧方式、容量大小、参数高低以及运行经济性等特点，常用下列的锅炉基本特性来说明。

1. 蒸发量

蒸发量是指锅炉在额定参数（压力、温度）和保证一定效率下的最大连续蒸发量，用于表征锅炉容量的大小。蒸发量常用符号 D 来表示，单位是 t/h，供暖锅炉蒸发量一般从 $0.1\sim65t/h$。

供暖用的热水锅炉用额定供热量来表征容量的大小，常以符号 Q 表示，单位是 kJ/h 或 kW。供热量与蒸发量之间的关系，可由下式表示：

$$Q = 0.278D(i_q - i_{gs}) \quad \text{kW} \tag{8-1}$$

式中　D——锅炉的蒸发量，t/h；

i_q、i_{gs}——分别为蒸汽和给水的焓，kJ/kg。

对于热水锅炉

$$Q = 0.278G(i''_{rs} - i'_{rs}) \quad \text{kW} \tag{8-2}$$

式中　G——热水锅炉每小时送出的水量，t/h；

i'_{rs}、i''_{rs}——锅炉进、出热水的焓，kJ/kg。

2. 蒸汽（或热水）参数

锅炉产生蒸汽的参数是指锅炉出口处蒸汽的额定压力（表压力）和温度。对生产饱和蒸汽的锅炉来说，一般只表明蒸汽压力；对生产过热蒸汽（或热水）的锅炉，则需标明压力和蒸汽(或热水)温度。

供热锅炉的容量、参数既要满足生产工艺对蒸汽的要求，又要便于锅炉房的设计，锅炉配套设备的供应以及锅炉本身的标准化，因而要求有一定的锅炉参数系列。表 8-1 所列是我国目前所用的蒸汽锅炉参数系列；表 8-2 所列是我国目前所用的热水锅炉参数系列。

蒸汽锅炉参数系列　　　　　　　　　　表 8-1

额定蒸发量[①] (t/h)	额定出口蒸汽压力(MPa)(表压)										
	0.4	0.7	1.0	1.25			1.6		2.5		
	额定出口蒸汽温度(℃)										
	饱和	饱和	饱和	饱和	250	350	饱和	350	饱和	350	400
0.1	△										
0.2	△										
0.5	△	△									
1	△	△									
2		△	△	△			△				
4		△	△	△			△		△		
6			△	△	△	△	△	△	△		
8			△	△	△	△	△	△	△		
10			△	△	△	△	△	△	△	△	△
15				△	△	△	△	△	△	△	△
20				△	△	△	△	△	△	△	△
35				△	△	△	△	△	△	△	△
65										△	△

注：① 表中的额定蒸发量，对于小于 6t/h 的饱和蒸汽锅炉是 20℃ 给水温度情况下锅炉的额定蒸发量，对于大于或等于 6t/h 的饱和蒸汽锅炉及过热蒸汽锅炉是 105℃ 给水温度情况下的额定蒸发量。

热水锅炉参数系列　　　　　　　　　　表 8-2

额定热功率 (MW)	额定出口/进口水温度(℃)									
	95/70			115/70		130/70		150/90		180/110
	允许工作压力(MPa)(表压)									
	0.4	0.7	1.0	0.7	1.0	1.0	1.25	1.25	1.6	2.5
0.1	△									
0.2	△									
0.35	△	△								
0.7	△	△		△						
1.4	△	△		△						
2.8	△	△	△	△	△	△	△	△		
4.2		△	△	△	△	△	△	△		
7.0		△	△	△	△	△	△	△	△	

153

额定热功率(MW)	额定出口/进口水温度(℃)									
	95/70			115/70		130/70		150/90		180/110
	允许工作压力(MPa)(表压)									
	0.4	0.7	1.0	0.7	1.0	1.0	1.25	1.25	1.6	2.5
10.5					△	△	△			
14.0					△	△	△	△		
29.0							△	△	△	△
46.0									△	△
58.0									△	△
116.0									△	△

3. 受热面蒸发率、受热面发热率

锅炉受热面是指汽锅和附加受热面等与烟气接触的金属表面积,即烟气与水(或蒸汽)进行热交换的表面积。受热面的大小,工程上一般以烟气放热的一侧来计算,用符号 H 表示,单位为 m^2。

每平方米受热面每小时所产生的蒸汽量,就叫做锅炉受热面的蒸发率,用 D/H($kg/m^2 \cdot h$)表示,但各受热面所处的烟气温度水平不同,它们的受热面蒸发率也有很大的差异。例如,炉内辐射受热面的蒸发率可达 $80kg/(m^2 \cdot h)$左右;又如对流管受热面的蒸发率就只有 $20\sim30kg/(m^2 \cdot h)$。因此,对整台锅炉的总受热面来说,这个指标只反映蒸发率的一个平均值。鉴于各种型号的锅炉,其参数不尽相同,为了便于比较时有共同的"参数基础",就引入了标准蒸汽的概念,即1标准大气压下的干饱和蒸汽,其焓值在工程单位取为 $640kcal/kg$,相应的法定计量单位下的焓值为 $2676kJ/kg$。把锅炉的实际蒸发量 D 换算为标准蒸汽蒸发量 D_{bz},这样,受热面蒸发率就以 D_{bz}/H 来表示,其换算公式为:

对工程单位 $\qquad D_{bz}/H = D(i_q - i_{gs}) \times 1000/640H \quad kg/(m^2 \cdot h)$ (8-3)

对法定计量单位 $\qquad D_{bz}/H = D(i_q - i_{gs}) \times 1000/2676H \quad kg/(m^2 \cdot h)$ (8-4)

显然,式中蒸汽的焓 i_q、给水的焓 i_{gs} 也应相一致,即工程单位为 $kcal/kg$,法定计量单位为 kJ/kg。

热水锅炉则采用受热面发热率这个指标,即每平方米受热面每小时能生产的热量,用符号 Q/H 表示。

一般供热锅炉的 $D/H < 30\sim40kg/(m^2 \cdot h)$,热水锅炉的 $Q/H < 83700kJ/(m^2 \cdot h)$ 或 $Q/H < 0.02325MW/m^2$。

受热面蒸发率或发热率越高,则表示传热好,锅炉所耗金属量少,锅炉结构也紧凑。这一指标常用来表示锅炉的工作强度,但还不能真实反映锅炉运行的经济性;如果锅炉排出的烟气温度很高,D/H 值虽大,但未必经济。

4. 锅炉的热效率

锅炉的热效率是指每小时送进锅炉的燃料(全部完全燃烧时)所能发出的热量中有百分之几被用来产生蒸汽或加热水,以符号 η_{gl} 表示。它是一个能真实说明锅炉运行的热经济性的指标,目前生产的供热锅炉,其 $\eta_{gl} \approx 60\% \sim 80\%$。

有时为了概略反映或比较蒸汽锅炉运行的热经济性，常用"煤汽比"或"煤水比"来表示，就是指每千克燃煤，能产生多少千克蒸汽。由于媒质好坏和锅炉种类不同，供热锅炉运行时的煤水比差别很大。

5. 锅炉的金属耗率及耗电率

锅炉不仅要求热效率高，而且也要求金属材料耗量低，运行时耗电量少；但是，这三方面经常是相互制约的。因此，衡量锅炉总的经济性应从这三方面综合考虑，切忌片面性。金属耗率，就是相应于锅炉每吨蒸发量所耗用的金属材料的重量(t)，目前生产的供热锅炉这个指标为 2～6t/t。耗电率则为产生 1t 蒸汽耗用电的度数(kWh/t)；耗电率计算时，除了锅炉本体配套的辅机外，还涉及到破碎机、筛煤机等辅助设备的耗电量，一般为 10 kWh/t 左右。

6. 锅炉型号的表示方法

我国供热锅炉型号由三部分组成，各部分之间用短横线相连，如图 8-43 所示：

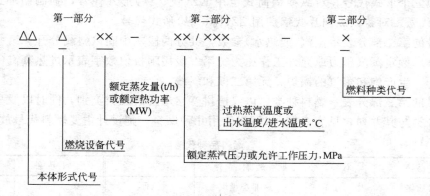

图 8-43　锅炉型号表示

型号的第一部分表示锅炉形式、燃烧方式和蒸发量。共分三段：第一段用两个汉语拼音字母代表锅炉本体形式，其意义见表 8-3；第二段用一个汉语拼音字母代表燃烧方式（废热锅炉无燃烧方式代号），其意义见表 8-4；第三段用阿拉伯数字表示蒸发量为若干 t/h（热水锅炉则用 MW 表示，废热锅炉则以受热面 m² 表示）。

锅炉本体代号　　　　　　　　　　　　　　　　　　　表 8-3

火 管 锅 炉		水 管 锅 炉	
锅炉本体形式	代　　号	锅炉本体形式	代　　号
立 式 水 管	LS(立、水)	单锅筒立式 单锅筒纵置式	DL(单、立) DZ(单、纵)
立 式 火 管	LH(立、火)	单锅筒横置式 双锅筒纵置式	DH(单、横) SZ(双、纵)
卧 式 内 燃	WN(卧、内)	双锅筒横置式	SH(双、横)
卧 式 外 燃	WW(卧、外)	纵横锅筒式 强制循环式	ZH(纵、横) QX(强、循)

燃 烧 方 式	代 号	燃 烧 方 式	代 号
固 定 炉 排	G(固)	下饲式炉排	A(下)
固 定 双 层 炉 排	C(层)		
活 动 手 摇 炉 排	H(活)	往复推饲炉排	W(往)
链 条 炉 排	L(链)	沸 腾 炉	F(沸)
抛 煤 机	P(抛)	半 沸 腾 炉	B(半)
倒 转 炉 排 加 抛 煤 机	D(倒)	室 燃 炉	S(室)
振 动 炉 排	Z(振)	旋 风 炉	X(旋)

水管锅炉有快装、组装和散装三种形式。为了区别快装锅炉与其他两种形式，在型号的第一部分的第一段用 K(快)代替锅筒数量代号，组成 KZ(快、纵)、KH(快、横)和 KL(快、立)三个形式代号。对纵横锅筒式也用 KZ(快、纵)形式代号，强制循环式 KQ(快、强)形式代号。对铸铁纵向片式锅炉用 ZZ(铸、纵)形式代号。

型号的第二部分表示蒸汽(或热水)参数，共分两段，中间以斜线分开。第一段用阿拉伯数字表示额定蒸汽压力或允许工作压力；第二段用阿拉伯数字表示过热蒸汽(或热水)温度为若干。生产饱和蒸汽的锅炉，无第二段和斜线。

型号的第三部分表示燃料种类。以汉语拼音字母代表燃料类别，同时以罗马字代表燃料品种分类与其并列，见表 8-5。如同时使用几种燃料，则设计主要燃料代号放在前面。

燃料品种	代 号	燃料品种	代 号	燃料品种	代 号
Ⅰ类劣质煤[①]	LⅠ	Ⅲ类烟煤	AⅢ	柴 油	Y_c
Ⅱ类劣质煤	LⅡ	褐 煤	H	重 油	Y_z
Ⅰ类无烟煤	WⅠ	贫 煤	P	天 然 气	Q_T
Ⅱ类无烟煤	WⅡ	型 煤	X	焦 炉 煤 气	Q_J
Ⅲ类无烟煤	WⅢ	木 柴	M	液化石油气	Q_Y
Ⅰ类烟煤	AⅠ	稻 糠	D	油母页岩	Y_M
Ⅱ类烟煤	AⅡ	甘 蔗 渣	G	其 他 燃 料	T

注：① 煤矸石归为Ⅰ类劣质煤(LⅠ)。

举例：如型号为 SHL10-1.25/350-WⅡ锅炉，表示为双锅筒横置式链条炉排锅炉，额定蒸发量为 10t/h，额定工作压力为 1.25MPa 表大气压，出口过热蒸汽温度为 350℃，燃用Ⅱ类无烟煤的蒸汽锅炉。

又如型号 QXW2.8-1.25/90/70-AⅡ锅炉，表示为强制循环往复炉排锅炉，额定热功率为 2.8MW，允许工作压力为 1.25MPa，出水温度为 90℃，进水温度为 70℃，燃用Ⅱ类烟煤的热水锅炉。

由于锅炉至今尚未完全标准化，按同一型号表示的锅炉，各厂的设计也可能不尽相同，在具体结构、尺寸等方面仍有区别。

四、锅炉房设备的组成

锅炉房中除锅炉本体以外，还必须设置水泵、风机、水处理等辅助设备，以保证锅炉房的生产过程能持续不断地正常运行，达到安全可靠、经济有效地供热。锅炉本体和它的辅助设备总称为锅炉房设备。现以图 8-44 为例，简要介绍如下。

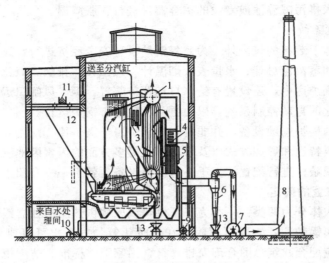

图 8-44　锅炉房设备简图

1—锅筒；2—链条炉排；3—蒸汽过热器；4—省煤器；
5—空气预热器；6—除尘器；7—引风机；8—烟囱；9—送风机；
10—给水泵；11—运煤皮带运输机；12—煤仓；13—灰车

1. 锅炉本体

通常将构成锅炉的基本组成部分合称为锅炉本体，它包括：汽锅、炉子、蒸汽过热器、省煤器和空气预热器。一般将后三者受热面总称为锅炉附加受热面，其中省煤器和空气预热器因装设在锅炉尾部的烟道内，又称为尾部受热面。供热锅炉除工厂生产工艺上有特殊要求外，一般较少设置蒸汽过热器。省煤器实际上是给水预热器，为广泛设置的尾部受热面。

2. 锅炉房辅助设备

锅炉房的辅助设备，可按它们围绕锅炉所进行的工作过程，由以下几个系统组成：

（1）运煤、除灰系统

其作用是保证为锅炉运入燃料和送出灰渣，如图所示，煤是由胶带（俗称"皮带"）运输机 11 送入煤仓 12，而后借自重下落，再通过炉前小煤斗而落于炉排上。燃料燃尽后的灰渣，则由灰斗放入灰车 13 送出。

（2）送、引风系统

为了给炉子送入燃烧所需空气和从锅炉引出燃烧产物——烟气，以保证燃烧正常进行，并使烟气以必需的流速冲刷受热面，锅炉的通风设备有送风机 9、引风机 7 和烟囱 8，为了改善环境卫生和减少烟尘污染，锅炉还常设有除尘器 6，为此也要求必须保持一定的烟囱高度。除尘器收下的飞灰，也可由灰车 13 送走。

（3）水、汽系统（包括排污系统）

汽锅内具有一定的压力，因而给水须借给水泵 10 提高压力后送入。此外，为了保证给水质量，避免汽锅内壁结垢或受腐蚀，锅炉房通常还设有水处理设备（包括软化、除氧）；为了储存给水，也得设有一定容量的水箱，等等。锅炉生产的蒸汽，一般先送至锅炉房内的分汽缸，由此再接出分送至各用户的管道。锅炉的排污水因具有相当高的温度和压力，因此须排入排污减温池或专设的扩容器，进行膨胀减温。

（4）仪表控制系统

除了锅炉本体上装有的仪表外，为监督锅炉设备安全经济进行，还常设有一系列的仪表和控制设备，如蒸汽流量计、水量表、烟温计、风压计、排烟二氧化碳指示仪等常用仪表。在有的工厂锅炉房中，还设置有给水自动调节装置，烟、风闸门远距离操纵或遥控装置，以至更现代化的自动控制系统，以便更科学地监督锅炉运行。

以上所介绍的锅炉辅助设备，并非每一个锅炉房千篇一律、配备齐全，而是随锅炉的容量、形式、燃料特性和燃烧方式以及水质特点等多方面的因素因地制宜、因时制宜，根据实际要求和客观条件进行配置。至于一些次要设备，就不一一介绍了。

五、锅炉房位置的确定

供热锅炉房大体分为两类：一类为工厂供热或区域供热用的独立锅炉房；另一类为生活或供暖用的附属锅炉房，它既可以附设在供暖建筑物内，也可以建筑在供暖建筑物以外。锅炉房位置应配合建筑总图合理安排，符合国家卫生标准、防火规范及安全规程中的有关规定，并应考虑以下要求：

（1）靠近热负荷中心或建筑物的中央，以减小供暖系统的作用半径。

（2）管道布置方便，有利于凝结水回收。

（3）便于燃料储运和灰渣排除。

（4）有利于减少烟尘和有害气体对环境的污染。

（5）有利于自然通风和采光。

（6）有较好的地质条件。

（7）留有扩建的可能。

锅炉房一般应是独立的建筑，当设置单独锅炉房有困难时，低压锅炉可以与民用建筑相连或设置在民用建筑内。

六、锅炉房对土建的要求

（1）锅炉房应属于丁类生产厂房，建筑为不应低于三级的耐火建筑。

（2）锅炉房的尺寸既要满足工艺要求，又要符合国家标准《厂房建筑模数协调标准》的规定，并预留能通过设备最大搬运件的孔洞。

（3）锅炉房为多层布置时，锅炉基础与楼地面接缝处应采用能适应沉降的处理措施。

（4）钢筋混凝土烟囱和砖烟道的混凝土底板等设计温度高于100℃的部位，应采取保温隔热措施；烟囱和烟道的连接处应设置沉降缝。

（5）锅炉房内有振动较大的设备时，应采取隔振措施。

（6）锅炉间外墙的开窗面积，应满足通风采光和事故泄压的要求。和其他建筑物相邻时其相邻的墙应为防火墙。

（7）锅炉房应有安全可靠的进出口。当占地面积超过250m² 时，每层至少应有两个通向室外的出口，分设在相对的两侧。只有在所有锅炉前面操作地带的总长度不超过12m的单层锅炉房，才可以设一个出口。

（8）锅炉房的地面及除灰室的地面，至少应高出室外地面约150mm，以免积水和便于泄水，外门的台阶应做成坡道，以利运输。

（9）锅炉房楼层地面和屋面的荷载应根据工艺设备和检修荷载要求确定，如无详细资料时，可按表 8-6 确定。

楼面、地面、屋面荷载　　　　　　　　　　表 8-6

名　　称	活荷载(kN/m²)	名　　称	活荷载(kN/m²)
锅炉间楼面	6～12	除氧层楼面	4
辅助间楼面	4～8	锅炉间及辅助间屋面	0.5～1
运煤层楼面	4	锅炉间地面	10

注：1. 表中未列的其他荷载应按现行国家标准《建筑结构荷载规范》的规定选用；

2. 表中不包括设备的集中荷载；

3. 运煤层楼面有皮带头部装置的部分应由工艺提供荷载或可按 10kN/m² 计算；

4. 锅炉间地面考虑运输通道时，通道部分的地坪和地沟盖板可按 20kN/m² 计算。

第六节　供暖系统的运行管理与维护

供暖系统在运行中，为了安全可靠、经济地向各用户供热，除设计先进合理、施工安装质量完好外，还应对系统进行科学的运行和管理。供暖系统的运行分试运行和日常运行，对新装、改装和大修后的供暖系统，运行是从试运行开始，而日常运行即为供暖运行。

一、供暖系统启动前的准备工作

1. 锅炉启动前的准备工作

锅炉生火前应准备好锅炉用的燃料、引火物和各种工具，对锅炉必须进行全面细致的检查，检查内容包括以下几个方面。

（1）锅炉的内部检查

对新安装或检修后的锅炉，在关闭人孔、手孔前，应检查锅筒、集箱内是否清洁，有无油污及工具或其他杂物遗留在内，检查水管、受热面管子内有无焊瘤或杂物堵塞。对长期停运的锅炉，尚应检查受热面及其他受压部件有无腐蚀、水垢及烟灰，能否保证锅炉安全运行。

（2）锅炉的外部检查

应检查燃烧设备是否完好，并查看试运转验收卡片，检查炉膛内是否完整清洁，受热面及尾部受热面是否清洁无烟炱，吹灰装置是否灵活、严密，烟道挡板位置是否正确，开关是否灵活，炉墙是否完好严密，炉膛、外墙的砖缝是否符合砌筑质量要求等。

（3）安全附件的检查

检查水位表、压力表、安全阀、排污阀等安全附件及阀门是否符合要求，操作是否灵活可靠。

（4）其他

检查转动机械是否灵活，润滑情况是否良好，鼓、引风机是否试运转，空载电流量是否合格，给水设备是否可靠正常，各部分阀门是否已检修试压，是否严密等。

检查完毕认为合格后，即可向锅炉进水。进水时，应将锅炉上部空气阀打开，当无空气阀时，可抬起安全阀，进水时应注意，水位不可过高，当水位达到锅炉水位表的最低水位线时，应停止进水。进水速度不应太快，在水温较高时尤应缓慢，以防进水太快而产生冷热不均引起泄露，进水时间一般夏季不少于 1h，冬季不少于 2h。进水温度一般要求不超过锅炉温度 50℃。进水后如水位降低应查明漏水处并加以处理，如停止进水后，水位仍继续上升，说明进水阀不严，也须修理或更换阀门。

锅炉生火前，应再检查一下各部阀门的开关情况及有无泄露，并应将主汽阀、进水阀及水位表放水旋塞关严，将水位表汽、水旋塞打开。调压力表至工作状态后，将其旋塞打开。对热水锅炉，还应开启供回水总阀门。有省煤器的锅炉，应打开旁通路烟道或省煤器再循环管上的阀门。打开烟道挡板和风门，进行炉膛、烟道通风，有引风机的通风 5min，自然通风一般 10～15min，以排除烟道内残存烟气。

2. 热水供暖系统启动前的准备工作

首先应对系统进行全面的检查，检查内容如下：

(1) 系统管道和附件是否良好，有无损坏、缺损，保温层是否完好。

(2) 阀门操作是否灵活，压力表是否正常。

(3) 散热设备有无缺陷、是否有损坏，手动放风阀操作是否灵活。

(4) 检查恒压设备、膨胀水箱和膨胀管是否完好。

检查完毕后，应进行系统的放水、充水工作。启动前要从末端放水，检查水是否有铁锈和污物，如水中有铁锈和污物可边充水边放水。系统充水时应使用水质符合要求的软化水，不宜使用暂时硬度较大的水。当软化水源的压力超过系统静压时，可直接用软化水向系统充水，当软化水源的压力低时，需用补水泵进行充水，没有补水泵，可用循环水泵充水。冬季外部管网的充水应用 65～70℃ 的热水。管网充水一般从回水管开始，先关闭全部排水阀，开启管网所有排气阀，同时开启管网末端循环管上的阀门，一次充水。对大型管网宜分段充水，由近及远，逐段进行。外部管网充满水并通过外网循环管开始循环后，即可关闭外网循环管，由远到近、由大到小逐个向用户系统充水。用户系统充水时，对上分式系统应从回水管向系统充水；对下分式系统，应从供水管向系统充水，以利于系统空气的排除。充水时，应开启用户系统顶部的放气阀，充水速度不宜太快，以便空气慢慢排出。整个系统充水完毕后，把系统阀门打开，用循环泵进行循环，检查是否缺水，如缺水应及时补水。

充水后，注意检查系统有无渗漏，如有应及时修理。

3. 蒸汽供暖系统启动前的准备工作

蒸汽供暖系统在启动前也应做全面的检查工作，检查内容除与热水供暖系统相同外，还应检查必要装置如疏水器、减压阀是否正常。

蒸汽供暖系统启动前除做检查工作外，还应进行暖管。暖管方法在后面将要介绍。

二、热水供暖系统的启动

热水供暖系统的启动，锅炉与热力网及热用户是同步进行的。当系统充水结束后，即可启动运行。启动步骤和方法如下：

(1) 循环水泵启动前，应先开启位于管网末端的若干个热用户或用户引入口旁通管阀门。

(2) 启动循环水泵。为了防止电动机电流过大，采用闭闸启动，即关闭循环水泵出口阀门，启动后再逐渐开大水泵出口阀门，直至全部开启。

（3）在系统启动过程中，要注意观察系统各点的压力，特别是锅炉出口压力和定压点压力，随时调节管网给水阀门的开度，使给水压力控制在一定的范围内。

（4）系统启动时，要逐步开启热用户的阀门，其顺序由远至近，由大用户至小用户，在开启热用户时必须注意以下几点要求：

1）在系统启动前，应检查热用户入口处的压力，根据压力决定供回水阀门的开度。开启热用户时，一般应先开启回水阀门，然后开启供水阀门。

2）开启后，给水管压力不得大于用户系统所用散热器的承压能力（对于一般铸铁散热器的工作压力为 0.4MPa），其回水管压力不得小于用户系统高度加上汽化压力，供回水管压力差应满足用户所需的作用压力。

3）启动完毕后，将管网末端用户引入口旁通管阀门关闭。

（5）系统启动后，热水锅炉开始点火。不同燃烧设备其点火操作方法不同，这里简单介绍一下链条炉的点火操作方法。

生火前，应将煤闸板提高到最高位置，在炉排前部约 1m 长铺 30～50mm 厚煤，煤上铺木柴、油棉纱等引火物，在炉排中后部铺一层炉灰。点燃引火物，当煤点燃时，调整煤层闸板，缓慢转动炉排，并调节引风机，以加快燃烧。当燃煤移动到第二风门处，适当开启第二段风门，在燃煤移动到第三、四风门处时，依次开启第三、四段风门。当底火铺满后，适当增加煤层厚度，相应地调节风量，以提高炉排运转速度，维持炉膛负压 20～30Pa。升火时系统的水必须进行循环，要注意使锅炉和系统的水温缓慢上升，当供水温度接近供暖温度时，检查一下锅炉的人孔、手孔及系统阀件有无渗漏现象。

三、蒸汽供暖系统的启动

蒸汽供暖系统的启动分两步进行，一是锅炉的升压过程，二是暖管供汽。

1. 蒸汽锅炉的升压

蒸汽锅炉与热水锅炉点火方法相同，锅炉点火后，火势应由微到大逐渐加强，待由空气阀或抬起的安全阀冒出蒸汽后，关闭空气阀或放下安全阀。当锅炉压力升到 0.05MPa 时，应冲洗水位表，同时拧紧人孔和手孔盖的螺栓；当锅炉压力升到 0.1～0.15MPa 时，应冲洗压力表弯管，并校验压力表，当锅炉压力升到 0.2MPa 时，打开锅炉下部定期排污阀排污，以辅助炉水压循环，减少其温差，使锅筒受热均匀，当锅炉压力升到 0.3～0.35MPa 时，应试开注水器或蒸汽往复泵，检查给水设备是否正常。

当锅炉压力升到工作压力时，应调整安全阀。在调整安全阀时，应注意压力表指针的位置，保证汽压不超过锅炉允许的最高压力。锅炉水位要保持在低于正常水位线。切实注意不要缺水。安全阀调整后，再加大火势，使压力上升，进行一次安全阀自动排汽试验。

锅炉汽压升至工作压力后，如需与另外运行锅炉并列送汽时，应做好并炉工作，但并炉前，应进行暖管。锅炉正式供暖前，应对锅炉的附件和仪表进行一次全面检查。

2. 蒸汽供热系统的暖管

为使管道、汽阀、法兰等受热均匀，将管内凝结水驱出，防止产生汽水冲击现象，所以供暖前必须进行暖管。

暖管先供热管网后用户，具体步骤如下：

（1）供热管网通汽暖管前，应关闭各用户的供汽阀门，拆除管网上应吹洗的压力表、疏水器等，吹洗后再装上。

（2）供热管网的暖管应从离热源近的管段开始逐段进行，送汽的同时，应打开排汽阀及疏水器旁通阀，边送蒸汽边排除管内空气及凝结水。

（3）暖管时应缓慢开启主汽阀或主汽阀上的旁通阀半圈，缓慢送汽，送入的蒸汽量不能太多也不能太少，太多管道会升温过快产生剧烈变形及水锤现象，太少管内有可能形成真空，影响凝结水的排出。

（4）暖管时，如管道发生振动或水击，应立即关闭主汽阀，同时迅速排除凝结水，待振动消除后，再慢慢开启主汽阀，继续进行暖管。

（5）待管内汽压接近炉压力，管网首末端温度一致后，开始吹洗。吹洗时，蒸汽流速应保持在 $20\sim30m/s$，蒸汽吹出管引至安全地点，到吹出管排放出洁净蒸汽为止。

（6）供热管网吹洗后，接上疏水器、压力表等吹洗前拆除的装置，将疏水器旁通阀关闭，把主汽阀全开，使送汽压升高，直到汽压达到工作压力，能单独送汽为止。

（7）在供热管网送汽正常后，即可由远到近、由大用户到小用户逐步向用户送汽。向用户送汽时，应依次由远到近开放各并联立管管路。

（8）送汽时，各环路阀门均处于最大开启状态，全开后再回转 $1\sim2$ 圈，以供调节。

在系统启动完毕，各热用户的流量已得到初步分配的基础上，即可开始系统的初调节。

四、供暖系统启动中应注意的问题

供暖系统的启动是供暖运行的开始阶段，对锅炉设备以及管网、用户来讲，也是由静到动，从冷到热的一个转化过程，因此，启动运行中应注意以下几个问题：

（1）必须做好启动前的准备工作。

（2）供暖前管网要冲洗和充水。对新建、改建和扩建的系统充水前要进行冲洗，冲洗的目的是为了清除管网和用户系统中的污泥、铁锈、砂子和其他在施工中掉入的铁渣和杂物。对已运行过的系统边充水边清洗，以清洗系统内铁锈和污物，防止在供暖运行过程中阻塞管路或散热器。充水的顺序为锅炉、外网、用户。

（3）系统的排气。充水过程中，应打开锅炉、管网及用户系统最高点的排气装置，以排除系统中空气，防止形成气阻或气塞。

（4）升火与升温的速度不能太快，以利于锅炉及炉墙各部均匀膨胀，防止连接处应力集中造成损坏。

（5）要严密监视锅炉的水位和压力。蒸汽锅炉的水位应控制在最低水位线以上，正常水位线以下。热水锅炉内应充满水。锅炉出口压力应控制在规定范围内，若有变化，应查明原因，及时排除。

（6）要注意供暖系统的调平。供暖系统在启动运行时，往往会出现冷热不均的热力失调现象，解决热力失调的办法是进行网路的平衡调整。

五、供暖系统的维护

1. 锅炉房运行期间设备的维护要求

（1）锅炉的维护要求

1）控制燃烧室内的负压。负压太高，燃烧室吸入的冷空气量增加，降低了燃烧室内的温度，增大排烟损失；负压过低，容易造成燃烧室内的火焰和热烟气从炉门、拨火门或看火门喷出，引起烧伤司机和损坏设备的事故。因此，锅炉在运行期间，燃烧室内应维持一定的负压。燃烧室内的负压的调整，主要靠增、减送风量和引风量来完成。

2）水温或水位和汽压的调节。锅炉正常运行时，对于水温、水位、汽压和汽温等都要进行控制操作，且应随时进行调节。

对热水供暖锅炉，水温一般是根据室外空气温度的变化进行调节，相应地增加或减少给煤量，加强或减弱锅炉的送风，锅炉运行中要注意防止炉内的水汽化。

蒸汽供暖锅炉内的水位变化时，汽压和汽温也会发生变化，甚至会发生缺水或满水事故。因此，锅炉运行中应保持锅炉内的水位在正常水位线附近并有轻微波动。

蒸汽供暖锅炉的汽压应维持在规定的压力范围内，当汽压趋向下降时，应适当增加给煤量和送风量，强化燃烧，增大蒸发量，满足用热负荷的要求；反之，减少给煤量和送风量，减小蒸发量，以适应负荷的变化。当汽化超过最高允许压力时，安全阀必须能自动启动排汽。

3）受热面的吹灰。容易积灰的受热面，如水管锅炉的对流管，火管锅炉和快装锅炉的火管，以及锅炉尾部的省煤器，都应定期吹灰，以便改善其传热。吹灰的间隔时间视锅炉类型和煤质而定，水管锅炉每班至少一次，火管锅炉每周不少于一次。

4）锅炉排污。为了改善锅炉的炉水品质，防止受热面结垢，锅炉必须进行排污。排污方式有两种，即定期排污和连续排污。

定期排污主要是排除炉水中的沉淀污垢，定期排污时间每次约 0.6～1min。排污间隔，对于蒸汽供暖锅炉，一般是每班进行一次，对于热水供暖锅炉几天或一周以上进行一次。定期排污前必须把炉内水位调节到稍高于正常水位，排污时要特别注视炉内水位变化，注意不得使水位降到安全水位以下，以免发生意外。

5）压火和扬火。当室外空气温度较高需要停止锅炉运行时，可以进行锅炉压火，需要锅炉继续运行时再扬火，压火和扬火不宜过于频繁，以免锅炉金属来回胀缩而引起胀管或其他部位漏泄。

6）清灰。锅炉运行期间要定期打开烟道和烟囱底部的清灰口，清理掉内部的积灰。

（2）省煤器的维护要求

省煤器在运行中，严格禁止开动排污阀，以防给水走短路，将省煤器管烧坏，为提高省煤器效率，应每班吹灰一次，省煤器出水温度应低于炉水饱和温度 40～50℃，以防产生蒸汽，造成省煤器事故。

（3）风机的维护要求

鼓风机、引风机的安装地点应勤打扫，经常保持清洁，特别是易积灰处。

室外安装的引风机轴承用水冷却时，必须保持轴承冷却水畅通，引风机停车后应及时放水，以免冻坏轴承。

鼓风机、引风机运行期间，轴承温度不应超过 40℃，手摸轴承应当不烫手，轴承箱内油量不足时应及时添加干净合格的新油。

风机运行期间，要注意风机的电动机是否过热，电流强度是否保持正常。

风机运行中应没有碰撞、摩擦声，基础不出现过度振动。如果声响异常，应当停机检查，排除故障，风机运转中要经常注意它的地脚螺栓是否松动，应当把地脚螺栓上的螺母拧紧。

（4）除尘器的维护要求

1）控制好进入除尘器的烟气流速。

2）定期排出除尘器内积灰，保持烟气畅通。

3）维持除尘器严密。

4）定期检查除尘器内部，清除堵塞物，更换或修补遭到严重腐蚀和磨损的除尘器，经常敲铲它的外表面并涂刷防锈漆。

（5）水泵的维护要求

1）水泵的轴承应经常充满干净的机油，以免轴承过热和过早磨损，轴承处温度不应超过70℃。

2）填料盒中填料压紧程度以填料盒中水滴呈滴状滴出为宜。

3）经常检查水泵地脚螺栓上螺母拧紧程度，螺母松动，应及时紧固，水泵压水和吸水口法兰上的螺母按同样方法处理。

4）水泵运行期间要经常注意其工作状况的变化，从水泵运行时发出的声响中判断水泵工作是否正常，若有故障，必然会出现异常声响。

（6）压力表、温度计的维护要求

运行中，压力表的表管和旋塞均不应泄露，压力表每周要冲洗一次，保持压力表表面清洁，发现压力表有异常变化，应及时查明原因。在更换压力表时，必须使用经过检查，并有铅封的压力表，使用压力表每半年必须校验一次。

运行期间温度计套管中应充满机油，缺油时要及时补充。温度计不宜设置在人们频繁活动的场所，以免碰坏。

（7）安全阀的维护要求

安全阀每周做一次手动排汽试验，每月应进行一次自动排汽试验，以防安全阀的阀芯和阀座粘住，造成动作失灵。如发现安全阀泄漏，应停炉检查。安全阀杠杆上严禁随意增加重物，同时要注意悬挂重锤的安全阀是否咬住或重锤顺杠杆移动。严禁无关人员擅自触摸安全阀，安全阀定压后应加铅封或上锁，运行期间要定期进行检查。

（8）阀门的维护要求

循环水泵附近的闸阀每月要开关检查一次，以了解其动作是否灵活，开关阀门严禁使用铁杆、钢管或不合规定长度的扳手，以防阀杆及手轮损坏。闸阀填料盒漏水严重时，应取下闸阀，用浸油的亚麻绳作为填料重新填装填料盒。闸阀阀盖同阀体法兰之间垫片处漏水，应十字交叉用力均匀地拧紧螺栓上的螺母。截止阀填料盒在运行中漏水时也要拉紧压盖上的螺栓，漏水不停要重装填料。

（9）除污器的维护要求

系统运行期间应定期冲洗和清理除污器内的污物，冲洗时拧掉外壳底部的丝堵，用通过除污器的水流冲出沉积在它内部的脏物，丝堵口流出清水后再拧上丝堵。除污器内部金属网格堵塞，应卸开清扫孔法兰盖，用人工清理。

（10）水位计的维护要求

水位计玻璃管应经常擦拭干净，保持玻璃透明。锅炉运行期间应避免寒冷的穿堂风直接吹到水位计玻璃管上，以免玻璃管受骤冷而断裂，如玻璃管断了，应及时更换。水位计要经常检查，水、汽旋塞和冲洗旋塞漏水漏汽应及时修理。为使水位计经常保持正常状态，每班至少要吹洗三次。

2. 供暖管网运行期间的维护要求

(1) 巡线检查

供暖管网在运行期间要定期地进行巡线检查。检查各个地方的压力表、温度计是否符合要求，并要经常校验，使指示的度数正确无误。检查地沟和检查井是否完好无损，沟顶和井顶的回填土有无不均匀沉降，地沟和检查井是否浸入地下水或地表水；阀门、管道、补偿器和支架等工作是否正常，有无出现故障的迹象和发生事故的苗头；绝热层及保护层有无损坏；管道沿线连接部位是否有漏水漏汽现象，管道是否沉陷等。巡线检查时发现的问题，若现场能处理应及时处理，不能现场处理的应先做上记号并记入记事本或"运行日志"，过后处理。

巡线检查中还应注意排出管网中的空气，防止空气在管网中形成"气囊"，影响正常的运行。

(2) 管网地下构筑物的维护

地下敷设的管网运行期间，要特别注意检查井的状况，并应经常维护。

检查井井壁开裂的原因是当大直径管道的固定支架直接做在检查井的井壁上时，管道运行期间由于热伸长产生的推力作用到支架上，而支架又把这个力传至井壁上造成，或者是地下水、地表水及管道漏水进入井内而使井壁发生了不均匀沉陷造成。

为使地沟保持良好的工作环境，地沟内的排水设施要经常清洗和疏通，检查井集水坑中的水要及时排出。

(3) 管道的腐蚀及其预防

管道腐蚀是管网运行中最常见也最难处理的问题之一。

管道内外部的腐蚀，主要是空气中的氧及二氧化碳与管道金属壁反应造成，另外管道内水或蒸汽中的酸、碱、盐对管道也有腐蚀，除此之外，管道内沉积的杂质或其他脏物也会对管道产生腐蚀。

减少管道腐蚀就要在运行期间，定期进行排气和排污。管网排气应指定专人定期进行，排气时要等到从排气管流出热水或喷出蒸汽后，才能关上排气管上的阀门。凝结水管路必须定期排污，排污时应当造成较高的水流速度，依靠强有力的水流把脏物冲出。

3. 用户系统运行期间的维护要求

(1) 热力入口的维护

对于直接连接的热力入口，在运行期间应关闭入口处供回水管之间连通管上的阀门。必须保证入口阀门初调节后的开启度。因为阀门开启度的变化，不仅使本用户系统的水力工况和热力工况发生变化，而且也会使整个供热系统的水力工况和热力工况产生变化。如果阀门曾经加过铅封，或者在阀杆上刻有标记，也要注意铅封是否完好，标记是否移位。

对于有喷射器或减压阀等的热力入口，要注意它们前后的压力表、温度计的读数是否符合要求，如不符合要求就要考虑到是否存在堵塞或使用太久磨损太多等，应及时检修或更换。

对于装有拦截脏物用的除污器或金属网格要进行定期清理。

(2) 疏水器的维护

检查疏水器工作状况是否正常，可用听诊法或触觉法。浮筒式或钟形浮子式疏水器工作正常时，可听到阀尖或滑阀同疏水阀座有节奏的轻微的撞击声，而热动式疏水器则会发出轻微的跳动声，或在停止疏水期间，正常工作的疏水器后的排水管用手摸是冷的。

运行期间疏水器损坏，若不能立即修复且短期内又无新的疏水器时，可安装节流孔板代替，也可用安装两个串联的截止阀代替。疏水器开启度由蒸汽压力定，疏水器每工作1500～2000小时检修一次，当疏水器有滤网时，要定期清理滤网。

（3）用户系统的日常维护

供暖系统运行期间要定期打开排气装置的阀门进行排气，对系统中的管路、阀门、散热器、支架等，要经常注意观察它们的工作状况有无异常。蒸汽供暖系统最常见的毛病是管路堵水，若疏水器未发生故障，应采用重新调节的方式改善。

运行期间还要特别注意那些容易受冻的部位，如安装在不供暖房间的膨胀水箱、集气罐及连接管道，安装在外门附近和楼梯间的散热器，敷设在外门门下的过门管等，必须采取可靠的防冻措施。

4. 供暖系统停运后的维护

供暖系统停止运行前，必须对系统进行一次全面细致的检查，所有运行期间暴露的缺陷和发生的损坏，都应做上明显记号并记录入册，以便停止运行期间有计划、有目的地加以检修。

（1）供暖锅炉的除垢

经过供暖期运行后若锅炉结垢比较严重，停炉后应安排时间进行除垢。常用的除垢方法有机械除垢和化学除垢，采用哪种方法除垢应根据水垢的性质和结垢程度确定。

（2）供暖系统停运后的放水、冲洗和养护

供暖系统停止运行后，可根据需要放掉锅炉中的水，同时也可放掉管网中的水，继而放掉用户系统的水，再用清水冲洗各部分两三次，然后分别进行停止运行后的养护。

放水和冲洗期间，管网中所有阀门都要保持全开状态，以免放水和冲洗后管道中留下存水的死角。放水和冲洗之后，要一一关好所有排汽阀和放水阀。其余阀门应根据系统所采用的保养方法决定开关。

系统放水和冲洗后，应对水泵、水箱、除污器、分水器、集水器等进行专门清理。

整个系统在放水和冲洗后，应进行停运后的全面检查，把检查中的所有缺陷均做上记号，并登记入册，连同运行中来不及处理的缺陷一同填入"缺陷一览表"，作为系统检修的依据。

（3）系统停止运行期间的保养

1）热水供暖系统的保养

热水供暖系统一般采用充水保养亦称为湿法保护。系统停止运行后，放掉系统中的水并冲洗干净，重新充入经过化学处理的水，并把锅炉烧起来，打开排汽阀，排除空气后，把所有的阀门关好，停炉熄火，让水逐渐冷却，把水留在系统中，直到下次开始运行。

热水供暖锅炉通常同整个系统一起充水保养，若锅炉能隔断同管网的联系，也可采用干法保养。

2）蒸汽供暖系统的保养

蒸汽供暖系统停止运行后，一般是空管使用，系统放水和冲洗之后不再进行充水，让管道系统空着，一直保持到下一个供暖期开始。

系统的放水和冲洗必须特别仔细，不得在任何地方留下积水，而且要把所有的阀门关严，保证没有漏气的地方，否则空气从不严密处渗入管内，会造成管路系统强烈的腐蚀。尽管采取了一定的措施，但系统内部的腐蚀仍难以避免，因而最好的办法是同热水供暖系统一样，采用充水保养。

蒸汽供暖锅炉一般采用同系统管网隔开单独停炉保养，即干法保养，其做法为：

锅炉停运后，将炉水放尽，清除水垢和烟灰，先用微火将锅炉烘干，在锅筒内放干燥剂，一般用生石灰和氯化钙，按每立方米容积加 2～3kg 计算，将干燥剂放在敞口的搪瓷盘中，均匀放在锅筒内，如用硅胶做干燥剂，也可用布袋吊装在锅筒内，用以吸收潮气。使用干法保养，阀门、孔洞一定要密封好，每隔 2～3 月检查一次，必要时更换干燥剂。

（4）系统停止运行期间的日常维护

为保证系统运行时能正常工作，系统停止运行后必须认真地进行日常维护。

系统停止运行期间，要定期检查整个系统，注意各部件的状态变化。凡是人能通行的地沟要定期进入沟内巡线检查，充水保养的管道和阀门漏水要及时修理。对于阀门要定期活动，以免生锈，最好是在系统停运后，把所有阀门的阀杆和螺母、螺栓涂上润滑油。

外网停运期间的防水防潮问题必须引起充分注意，一定要防止地下水、地表水进入地沟，地沟一旦被水浸淹，必须立即组织排水。地沟附近土壤比较潮湿或被水浸淹后，应打开地沟检查井盖通风干燥。即使不曾出现上述情况，地沟内也应定期进行通风换气。

供暖系统停止运行后，应按预先制定的计划进行全面检修，以便为下次运行作好一切准备。

六、供暖系统常见故障及排除

1. 系统不热现象分析及排除

（1）双管上供下回式热水供暖系统

当供暖系统采用双管系统时，在层数较多的情况下，系统易发生垂直失调现象，即系统上层散热器过热，下层散热器不热，上层房间室温超过了供暖要求的值，造成了能源的浪费，而下层房间室温达不到供暖要求。

排除方法：可关小上层散热器支管上的阀门，使通过上下层散热器的热媒流量趋于平衡，减小垂直失调现象。

（2）双管中分式热水供暖系统

当采用双管中分式供暖系统时，供、回水干管设在系统中部，下部散热器易出现不热，下层房间室温达不到供暖要求。

解决方法：系统回水干管设在散热器下部，以解决散热器垂直失调现象。

（3）垂直单管热水供暖系统

当采用垂直单管上供下回式供暖系统时，由于层数较多，造成下部散热器出现不热，下层房间室温达不到供暖要求，出现垂直失调现象。

解决方法：在系统散热器的支管上安装三通温控阀，有效控制进入散热器的流量，使每组散热器能单独调节，以解决垂直失调现象，保证房间室温的要求。

（4）异程式供暖系统

在异程式供暖系统的末端最不利环路，散热器常常不热。

排除方法：可调节系统环路立管或支管上阀门，应关小近端环路立管阀门，另外要排除末端散热器的存气现象。

（5）局部散热器不热现象

由于各种原因会使管道和散热器堵塞，造成局部散热器不热，可通过敲打或拆开检查清除堵塞。

若系统内排气设备安装位置不当，就会使空气不能顺利排除，造成散热器不热。因此，要正确安装集气设备的位置，打开放气阀放出空气。

（6）蒸汽供暖系统水击现象

蒸汽供暖系统易出现水击现象，产生噪声，是由于蒸汽供暖系统管道坡度设置不对。蒸汽管道中的蒸汽和沿途产生的凝结水发生碰撞，使之冲撞管道壁面和局部构件。

解决方法：水平的蒸汽管道要有正确的坡度和坡向，才能及时排除管道内的凝结水，避免或减轻水击现象的危害。

（7）蒸汽供暖系统疏水器

蒸汽供暖系统易发生疏水器失灵，不能有效地阻止蒸汽通过，发生疏水器漏汽现象。

解决方法：选用符合国家标准的设备，保持管道内的清洁，及时检修。

2. 供暖系统外管网运行中常见的故障及处理

（1）管道破裂

管道破裂是由于安装了不合格的管子、管子焊接质量不高造成的。

管道破裂的处理方法：一是放水补焊或更换管道；二是在不能停止运行时，用打卡子的办法处理。

（2）管道堵塞

外网干管堵塞时，会造成全管网或几栋楼房暖气不热。干管堵塞时水泵进出口压差会出现太大或负压现象，此时，恒压点被破坏，开停泵后膨胀水箱的水位有明显变化。常用的排除方法是冲洗法。

（3）支架破坏

支架破坏是由于补偿器的补偿量不够、固定支架位置不对、未考虑管道伸缩及支架材料强度不够造成。

支架破坏后，应将管子用吊链吊起来，对支架做加强处理，或更换补偿能力满足要求的补偿器。

（4）阀门、法兰处漏水

阀门漏水主要是从压盖和阀杆间漏水，其主要原因是压盖填料密封破坏或压盖压的不紧。处理方法是重新压石棉绳填料或拧紧压盖。

法兰处漏水主要是螺栓松紧不一或垫片有起皱、裂缝缺陷。处理方法是更换法兰垫片，力量均匀地对角紧固螺栓。

3. 供暖用户常见的故障及处理

（1）管道漏水

丝接管道漏水主要由于螺纹连接处未充分拧紧；丝扣套得太软；安装时操作不当，拧管件时用力过猛或缠麻方法不对；管道腐蚀裂缝、开孔或管件有裂缝等原因引起的。

焊接管道漏水是由于管道质量不好或腐蚀使管道破坏，也有因焊口质量不好使焊口渗水造成。

对于管道漏水的处理应据具体情况采用卸下重拧；更换管道或管件；对裂缝、开孔进行补焊等方法进行处理。

（2）散热器漏水

散热器漏水主要是组对后，未按规定逐组进行水压试验，使散热器本身有砂眼、裂纹及组对时对丝未拧紧或胶垫损坏等缺陷未能及时返修所致。

散热器对丝处漏水，可先用再紧一下对丝的办法试处理，如对丝脱扣或胶垫损坏时应更换对丝或胶垫。散热器有砂眼、裂纹时，一般需更换处理。

（3）管道异物堵塞

管道堵塞是供暖系统中常见的故障之一，堵塞后造成供暖系统不热。堵塞故障的处理关键在于如何判断管道堵塞及其位置。下面分不同情况说明如何通过检查发现在不同部位发生的异物堵塞。

1）房屋中部分环路发生堵塞。如不热的环路通过用阀门尽力调节还是不热，甚至很热的环路也凉下来，该环路必堵无疑。此外，有些环路不热且热媒出现倒流，也是该环路供水管道堵塞的特征。

2）房屋入口处干管堵塞。入口干管堵塞情况与室内部分环路发生堵塞相似，常常也是一部分环路热，一部分环路不热。不同的是经阀门调节，可先使原先不热的环路热起来，很热的变凉或全部变成温度不足。另外，如入口处供回水压差很大，而室内暖气不正常，则入口干管必堵无疑。

判断出堵塞位置后，进行排除。排除堵塞时可先用冲洗法，即关闭未堵塞的环路，打开堵塞环路的回水管末端，排水冲洗。排水清洗无法排除时，只好打开清除。

（4）管道或散热器内有空气滞留

管道或散热器内集存空气的原因有多种，排除空气时应根据具体情况采用相应的措施，如弥补或改正设计、施工中的缺陷和错误，加强运行操作管理，系统充足水，勤放气。

七、锅炉常见事故分析及处理

锅炉事故按锅炉设备的损坏程度，一般可分为爆炸事故、重大事故和一般事故。

（1）爆炸事故：锅炉内受压件损坏，锅炉不能承受内部的工作压力，产生爆炸，使锅炉压力瞬间从工作压力降到大气压力，形成锅炉爆炸事故。

（2）重大事故：锅炉受压件严重过热变形、鼓包、破裂等，造成了锅炉被迫停产或中断供汽。

（3）一般事故：锅炉设备发生故障或损坏，使锅炉被迫停炉或中断供汽，但在短时间内能恢复运行。

锅炉发生爆炸的主要原因有三：

（1）锅炉发生较长时间的缺水，钢板被烧红，机械强度急剧下降的情况下，司炉人员违反操作规程，向炉内进水，引起爆炸。

（2）铆接锅炉，锅壳或锅筒长期泄漏，而且炉水碱度较高，造成铆缝或胀口处的钢板苛性脆化，以致造成爆炸。

（3）锅炉严重超压，这往往是由于司炉人员的误操作或检测与安全仪表的失灵所造成的。

当锅炉爆炸事故发生后，应保护好爆炸现场，及时抢救伤员，及时填写事故报告书，向有关领导和部门汇报情况，并分析事故的原因，认真总结经验。

当锅炉出现如下症状时，锅炉发生缺水事故：

（1）锅筒内水位降低至最低安全水位以下；

（2）水位报警器发出低水位警报声；

（3）过热蒸汽的温度上升；

（4）给水流量不正常地小于蒸汽流量。

在无法确定是缺水还是满水时，可开启水位计放水阀。若无炉水流出，就表明是缺水事故，否则，便是满水事故。

锅炉缺水处理方法如下：

（1）在锅炉运行过程中，水位下降，虽经加大进水，仍无法维持正常水位，这时应详细检查锅炉所有的排污阀是否严密和完好。检查省煤器和受热面管子是否破裂，如发现大量漏水时，应紧急停炉，并进行必要的处理。

（2）如锅炉水位表上已看不到水位，就应立即采取以下措施：首先进行水位表的清洗，用"叫水"法检查缺水的程度；如经"叫水"后，水位表内仍然见不到水位出现时，则应立即紧急停炉，严禁向炉内进水，以免引起爆炸。

锅炉运行中有可能发生满水事故，锅炉满水症状如下：

（1）锅壳或锅筒的水位超过规定的正常水位，水位报警器持续发出高水位信号；

（2）过热蒸汽温度下降；

（3）给水量不正常地大于蒸汽流量；

（4）严重满水时，蒸汽管内发生水冲击，连接法兰处向外冒汽滴水。

锅炉满水处理如下：

（1）当锅炉汽压及给水压力正常，而锅筒内的水位升高超过正常水位时，应采取以下措施：

1）对各种水位表进行对照和冲洗，以检查确定水位指示的准确性；

2）适当地关小给水控制阀，以减少给水量；

3）将给水自动调节阀暂时改为手动调节。

（2）经上述处理后，锅筒内水位仍在上升，并超过水位表最高界限时，可采取以下措施：

1）开启锅炉房蒸汽管上的直接疏水阀；

2）开启锅炉下部定期排污阀进行排水；

3）必要时可根据过热蒸汽温度，开启过热器疏水阀；

4）严重满水时，应紧急停炉，并停止向锅炉内进水，打开省煤器再循环阀或打开省煤器旁路烟道，注意水位表水位变化加大放水。

八、供暖系统安全运行的规章制度

为保证供暖系统安全运行，防止供暖系统发生故障及事故，必须建立健全以岗位责任制为中心的各项规章制度。

1. 岗位责任制

应参照有关部门颁发的规定，结合本单位具体情况而定，一般应包括以下内容：

（1）锅炉安全技术负责人职责；

（2）司炉工职责；

（3）水处理人员职责；

（4）锅炉水暖维修工职责；

（5）锅炉班长职责。

2．交接班制度

交接班制度包括司炉工交接班制度和水处理人员交接班制度，可根据本单位具体情况，参照有关部门颁发的规定制定。

3．巡回检查制度

（1）班长、岗位专职人员按时在自己的责任范围内，沿巡回检查线路逐点逐项进行检查，新投产期间增加检查次数。

（2）锅炉、软化水岗位一小时检查一次，班长两小时全面检查一次。

（3）水泵、引风机、鼓风机一小时检查一次，外部管网等两小时检查一次。

（4）巡回检查出现的问题应立即处理，处理不了应及时向上级汇报，并做好记录。

4．运行记录制度

（1）班长、岗位专职人员必须按时分别填写以下各种运行记录：

1）锅炉运行日志；

2）锅炉、供暖交接班记录；

3）设备维护检修记录；

4）离子交换运行记录；

5）轮化工交接班记录；

6）锅炉给水、炉水化验记录。

（2）班长负责检查有关记录的情况，并按月上交有关记录，并立卷入档。

（3）记录情况应保存五年以上。

5．事故报告制度

6．水质管理制度

7．各岗位的运行规程

（1）锅炉运行操作规程。应根据炉型特点和运行中的要求制定。

（2）水处理设备运行操作规程。应根据设备的类型和工艺流程规定出操作规程，一般按再生方式规定出操作步骤和方法。

（3）辅助设备的操作规程：

1）风机的操作规程。对运转前的检查内容、启动后的轴承表面温度的要求以及风机紧急停车作出具体的规定。

2）水泵的操作规程。应对水泵启动前的检查与准备，水泵的启动及停用操作提出规定。

8．设备维修保养制

（1）锅炉设备的保养类别

锅炉设备的保养工作，一般可划分为三级，即例行保养、一级保养和二级保养。

例行保养即为日常保养，它的内容是清洁、润滑和紧固易松动的螺栓、检查零部件的完整，一般由操作工人承担。

一级保养以司炉工为主，维修工人指导配合，设备累计运行一定的时间要进行一次一级保养。

二级保养以检修工人为主，操作工人配合协助，设备累计运行一定的时间（按设备间隔修理时间），进行一次二级保养。

（2）供暖系统维修保养制的具体内容

1）锅炉保养制；

2）管网、热用户保养制；

3）水泵保养制；

4）风机保养制；

5）炉排传动系统保养制。

9. 安全操作规程

应按照有关部门颁发的规定执行。

10. 供暖系统定期检验和检修制度

（1）定期检验的间隔时间可按具体情况而定，一般在停炉期间每年要做一次。

（2）定期的检修按维护保养制执行，一般局部性的和预防性的小修项目，每年停炉后都要进行，全面性的恢复性的大检修，一般隔两年进行一次。

复 习 思 考 题

1. 供暖系统的工作原理是什么？
2. 机械循环热水供暖系统与自然循环热水供暖系统有什么不同？
3. 热水供暖系统应注意哪些问题？
4. 蒸汽作为热媒有哪些特点？
5. 供暖系统对散热器有哪些方面的要求？
6. 简述锅炉的工作过程。
7. 我国供热锅炉的型号表示方法是什么？
8. 锅炉房由哪些设备组成？
9. 热水供暖系统启动前应做哪些准备工作？
10. 简述热水供暖系统启动的步骤和方法。
11. 供暖管网运行期间的维护要求有哪些？
12. 供暖系统常见的故障有哪些？如何排除？
13. 锅炉缺水时如何处理？

第九章 空调设备管理

第一节 空气调节概述

一、空气调节的任务与作用

在任何自然环境中，为将某一特定建筑空间的空气环境维持在一定的温度、湿度、洁净度和气流速度，以保证人们享有舒适的生活和工作环境，或者保证某些物品的安全存放，或者保证生产、科学实验的正常运行，必须对空气进行加热、冷却、加湿、减湿、过滤及通风换气等处理。担负这种使命的一门应用性技术学科称为空气调节（简称空调），所谓空气调节是指在某一特定的空间内对空气温度、湿度、洁净度和空气流动速度进行调节，达到并满足人体舒适和工艺过程的要求。空气调节的任务就是创造满足人类生活、生产和科学实验所要求的室内空气环境。

温度、湿度、洁净度和空气流动速度是决定空气好坏的决定性指标，它们被称为空气的"四度"。

自然环境总是不断变化的，随地理位置、地域特性和季节不同而有很大差异。严酷的自然条件势必恶化人们的生活环境。在此情况下，必须设法改善室内空气环境。这种以确保人体舒适、健康和高效工作为目的的空气调节称为"舒适性空调"。不利的自然环境和多变的内部因素都会破坏建筑物内空气环境的质量和稳定，从而使一些对环境品质要求十分严格的生产工艺和操作过程无法正常进行。为保证产品质量以及满足这些生产工艺和操作过程的特定要求而创造一种严格受控的空气环境，这种空调技术称为"工艺性空调"。工艺性空调的情况千差万别，随生产工艺和操作过程的不同，它对空气环境的要求较舒适性空调复杂得多、严格得多，并且它还常常兼顾到舒适空调的一些基本要求。

空气调节技术正日益广泛地应用到国民经济和人民生活的各个领域，与工业、农业、科学技术和国防事业的发展紧密联系，与人民的物质文化生活水平的提高息息相关。随着我国经济的发展，空气调节必将在更大的广度和深度上发挥它的重要作用。

二、空调系统的分类

一个完整的建筑物空气调节系统应包括：冷（热）源设备、冷（热）媒输送设备、空气处理设备、空气分配装置、冷（热）媒输配管道、空气输配管道、自动控制装置等。这些部件可根据建筑物形式和空调房间的要求组成不同的空气调节系统。因此，在设计时应考虑各种因素合理地选择空气调节系统。

1. 按空气处理设备设置情况分类

（1）集中式空气调节系统

将所有空气处理设备（包括冷却器、加热器、加湿器、过滤器和风机等）设置在一个集中的空调机房内。集中式空气调节系统又可分为单风管空气调节系统、双风管空气调节系统和变风量空气调节系统。

(2) 半集中式空气调节系统

除了设置集中的空调机房外，还设有分散在空调房间内的二次处理装置(又称末端装置)，其功能主要是在空气进入空调房间前，对来自集中处理设备的空气做进一步补充处理。半集中式空气调节系统按末端装置的形式又可分为末端再热式系统、风机盘管系统和诱导器系统。

(3) 全分散空气调节系统

将冷(热)源设备、空气处理设备和空气输送装置都集中在一个空调机组内。可以按照需要灵活、方便地布置在各个不同的空调房间内。全分散空气调节系统不需要集中空气处理机房。常用的有单元式空调器系统、窗式空调器系统和分体式空调器系统。

2. 按负担室内空调负荷所用的介质来分类

(1) 全空气空调系统

全部由集中处理的空气来承担室内的热湿负荷。由于空气的比热小，通常这类空调系统需要占用较大的建筑空间，但室内空气的品质有所改善。

(2) 全水空调系统

室内的热湿负荷全部由水作为冷热介质来承担。由于水的比热比空气大得多，所以在相同情况下，只需要较少的水量，从而使输送管道占用的建筑空间较少。但这种系统不能解决空调空间的通风换气的问题，通常情况下不单独使用。

(3) 空气—水空调系统

由空气和水(作为冷热介质)来共同承担空调房间的热湿负荷。这种系统有效地解决了全空气空调系统占用建筑空间多和全水空调系统中空调空间通风换气的问题。在对空调精度要求不高和舒适性空调的场合广泛地使用该系统。

(4) 直接蒸发空调系统

这种系统中将制冷系统的蒸发器直接置于空调空间内来承担全部的热湿负荷。随着科学技术的发展，目前小管道内制冷剂的输送距离可达到50m，再配合良好的新风和排风系统，使得这类系统在较小型空调系统中较多地被采用。其优点在于冷热源利用率高，占用建筑空间少，布置灵活，可根据不同房间的空调要求自动选择制冷和加热。目前较为常用的是多联机系统并采用变频控制技术。

3. 根据集中式空气调节系统处理的空气来源分类

(1) 封闭式系统

它所处理的空气全部来自空调房间，没有室外空气补充。因此房间和空调设备之间形成一个封闭环路(图9-1a)。封闭式系统用于封闭空间且无法(或不需要)采用室外空气的场合。这种系统冷、热能消耗最少，但卫生效果差。在室内有人长期停留时，必须考虑空气的再生。这种系统适用于战时的地下避护所等战备工程以及很少有人进入的仓库。

(2) 直流式系统

它所处理的空气全部来自室外，室外空气经处理后送入室内，然后全部排至室外环境(图9-1b)。因此它与封闭系统具有完全不同的特点。这种系统适用于不允许采用回风的场合，如放射性实验室、核工厂和散发大量有害物质的车间等。

(3) 混合式系统

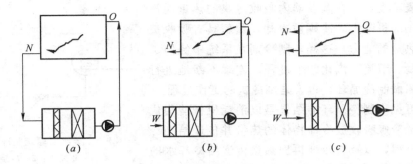

图 9-1　按处理的空气来源不同分类示意图

(a)封闭式；(b)直流式；(c)混合式

从上述两种系统可见，封闭式系统不能满足卫生要求，直流式系统在经济上不合理。所以两者只能在特殊条件下使用。对于大多数场合，往往需要综合这两者的利弊，采用混合一部分回风的系统，这种系统既能满足卫生要求，又经济合理，故应用最广。图 9-1(c)就是这种系统。

三、空调制冷的基本原理

"制冷"就是使自然界的某物体或某空间达到低于周围环境温度并使之维持这个温度。制冷装置是空调系统中冷却干燥空气所必需的设备，是空调系统的重要组成部分。实现制冷可通过两种途径，一是利用天然冷源，一种是采用人工制冷。对于空调来说二者都可应用。天然冷源有很多种适用于空调，主要是地下水和地道风，利用天然冷源是一种比较经济简便的获得低温的方法，有条件时应尽量采用。

人工制冷是以消耗一定的能量为代价，实现使低温物体的热量向高温物体转移的一种技术，人工制冷的设备称为制冷机，制冷机有压缩式、吸收式、喷射式等，在空调中应用最广泛的是压缩式和吸收式。

1. 蒸汽压缩式制冷系统

(1) 蒸汽压缩式制冷的基本原理

蒸汽压缩式制冷机是利用液体在低温下汽化吸热的性质来实现制冷的。制冷装置中所用的工作物质称为制冷剂，制冷剂液体在低温下汽化时能吸收很多热量，因而制冷剂是人工制冷不可缺少的物质。常用的制冷剂有氨、氟利昂 22 等。在大气压力，氨的汽化温度为－33.4℃，氟利昂 22 的汽化温度为－40.8℃，对于空调和一般制冷要求均能满足。氨价格低廉，易于获得，但有刺激性气味，有毒，有燃烧和爆炸危险，对铜及其合金有腐蚀作用。氟利昂无毒，无气味，不燃烧，无爆炸危险，对金属不腐蚀，但其渗透性强，泄漏时不易发现，价格较贵。

用来将制冷机产生的冷量传递给被冷却物体的媒介物质称为载冷剂或冷媒。常用的冷媒有空气、水和盐水。空调中喷水室所用的冷冻水就是冷媒。

蒸汽压缩式制冷机主要由压缩机、冷凝器、膨胀阀和蒸发器四个关键性设备所组成，并用管道连接形成一个封闭系统，如图 9-2 所示。工作过程如下：压缩机将蒸发器内产生的低压低温制冷剂蒸汽吸入汽缸，经压缩后压力提高，排入冷凝器，在冷凝器内高压制冷剂蒸汽在定压下把热量传给冷却水或空气，而凝结成液体。然后该高压液体经过膨胀阀节流减压进入蒸发器,在蒸发器内吸收冷媒的热量而汽化,又被压缩机吸走。冷媒被冷却,重新具有吸收被冷却物体热量的能力。这样,制冷剂在系统中经历了压缩、冷凝、节流、汽化四个过程。连续不断地进行四个过程叫做制冷循环,也就是制冷机的工作过程。

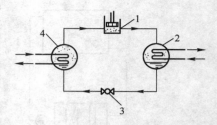

图9-2 蒸汽压缩式制冷工作原理
1—压缩机;2—冷凝器;
3—膨胀阀;4—蒸发器

由此可见,制冷循环的结果是以消耗机械能为代价,经历了冷媒吸收被冷却物体的热量并传递给制冷剂的传热过程,以及制冷剂再把热量传递给冷却水的传热过程。因冷却水(自来水、河水等)的温度比冷媒的温度要高得多,所以实现了热量从低温物体传向高温物体的过程。

(2)蒸汽压缩式制冷的主要设备

实际制冷系统除上述四大主要设备外,还应有一些辅助设备,如油分离器、贮液器、自控仪表、阀件等。对于氨制冷系统还应设集油器、空气分离器和紧急泄氨器;对于氟利昂制冷系统还应设热交换器和干燥过滤器等。

目前我国许多冷冻机厂供应氨压缩制冷与氟利昂冷凝制冷成套设备,可供空调选用。图9-3为一种简单的氨空调制冷系统,几种主要设备介绍如下:

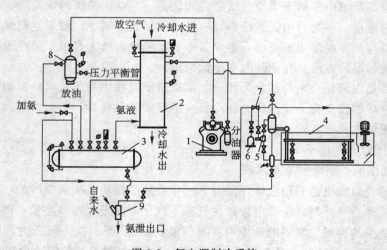

图9-3 氨空调制冷系统
1—氨压缩机;2—立式冷凝器;3—氨贮液器;4—螺旋管式蒸发器;
5—氨浮球调节阀;6—滤氨器;7—手动调节阀;8—集油器;9—紧急泄氨器

1)压缩机。压缩机是压缩和输送制冷剂蒸汽的设备,一般称为主机,目前应用最广泛的是活塞式压缩机,按使用的制冷剂不同,有氨压缩机和氟利昂压缩机。压缩机汽缸的布置方式有Z型(立式)、V型(汽缸中心线夹角90°)、W型(夹角60°)和S型(夹角45°)。

2)冷凝器。利用水作为介质的冷凝器,常用的有立式壳管和卧式壳管两种形式。它们构造上的共同点是在圆形金属外壳内装有许多根小直径的无缝钢管或铜管(适用于氟利昂),在外壳上有气、液连接管,放气管,安全阀,压力表等接头。冷却水在管内流动,制冷剂蒸汽在管外表面间的空隙流动凝结。

3）蒸发器。蒸发器也是一种热交换器，它使低压低温制冷剂液体吸收冷媒的热量而汽化。有两种类型：一种是直接蒸发式，适用于氟利昂制冷系统，装于空气处理室中，直接冷却空气。另一种是用于冷却盐水或冷冻水的蒸发器，是螺旋管冷水箱式，多用于氨制冷系统。

2. 热力吸收式制冷系统

热力吸收式制冷是以消耗热能来达到制冷的目的。它与蒸汽压缩式制冷的主要区别是工质不同，完成制冷循环所消耗能量的形式不同。吸收式制冷机通常使用的工质是由两种工质（吸收剂和制冷剂）组成的混合溶液，如氨水溶液、水—溴化锂溶液等。其中沸点高的作为吸收剂，沸点低且易挥发的物质作制冷剂。氨水中的氨是制冷剂，水是吸收剂；水—溴化锂中水是制冷剂，溴化锂是吸收剂。

图 9-4 为溴化锂吸收式制冷的工作原理图，这种制冷机主要是由发生器、冷凝器、蒸发器、吸收器以及节流降压装置等部分所组成。

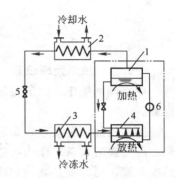

图 9-4 溴化锂吸收制冷
工作原理图

1—发生器；2—冷凝器；3—蒸发器；
4—吸收器；5—节流装置；6—泵

图中有两个工作循环。左半部为冷剂水蒸气的制冷循环，它的工作原理是这样的：

在发生器 1 内，由于外部热源的加热，溴化锂溶液中所含的水分汽化成冷剂水蒸气，并进入冷凝器 2 中，冷凝水蒸气把热量传递给冷却水后凝结为冷剂水，这部分冷剂水经过节流装置 5 降压后便进入蒸发器了。在这里，低压冷剂水夺取冷冻回水的热量而蒸发为水蒸气，从而实现了制冷过程。冷冻回水失去热量后温度降低被送到用户（如空调机、生产工艺）使用。而低温的冷剂水蒸气则进入吸收器 4，被其中溴化锂溶液所吸收，在吸收过程中放出的热量由冷却水带走（蒸发器内的真空是靠溴化锂溶液吸收蒸发产生的冷剂水蒸气来维持的）。吸收了冷剂水蒸气的溴化锂溶液变稀后，由泵 6 汲送到发生器 1。如果将这个循环过程同压缩式制冷加以比较的话，可以看出：吸收器内在较低压力下吸收水蒸气，其作用类似于压缩机的吸气；发生器内在较高压力下释放出水蒸气，其作用类似于压缩机的排气。可见，吸收剂的循环实际上起着压缩机的作用。

图中的右半部为吸收剂溶液的循环。变稀的溴化锂水溶液之所以被送到发生器内，是为了加热浓缩释放出冷剂水蒸气，这是为保证系统连续工作所必需的。当发生器内溴化锂溶液浓度达到规定上限值时，便需要排入吸收器中进行吸收稀释。当吸收器内溴化锂溶液浓度达到规定的下限值时，又需要送到发生器内加热浓缩，这样便形成了吸收剂溶液的再生循环。当然，所谓浓溶液和稀溶液是相对而言的，它们之间的浓度差只有 4% 左右。总之，由上面两个循环构成了吸收式制冷的整个工作循环。

3. 蒸汽喷射式制冷循环

蒸汽喷射式制冷系统主要由锅炉、喷射器、冷凝器、节流阀、蒸发器和水泵等组成，如图 9-5 所示。其工作过

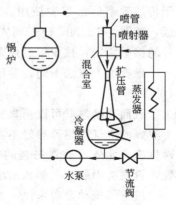

图 9-5 蒸汽喷射式制冷
工作原理图

程如下：由锅炉引来的工作蒸汽进入喷射器的喷管，在喷管中，减压膨胀增速，在混合室内形成低压，将蒸发器内的低压制冷工质吸入混合室，混合后的气流进入扩压管减速增压，送入冷凝器冷凝。由冷凝器中出来的凝结液分成两路。一路经水泵增压送入锅炉，加热汽化后成为工作蒸汽；另一路作为制冷剂经节流阀降压降温后进入蒸发器吸收被冷却物的热量，汽化为低压制冷剂蒸汽，完成一个制冷循环。

第二节　空调系统的设备

一、空气热湿处理设备

在空调系统中，为满足房间的温、湿度要求，通常使用一些可对空气进行热湿处理的设备。

空气的热、湿处理设备种类繁多，构造多样，然而它们大多是空气与其他介质进行热、湿交换的设备。作为与空气进行热、湿交换的介质有：水、水蒸气、冰、各种盐类及其水溶液、制冷剂及其他物质。空气和介质间的热湿交换有直接接触式和间接接触式两种形式，相应地有两类不同的设备。

第一类热湿交换设备的特点是，与空气进行热湿交换的介质直接与空气接触，通常是使被处理的空气流过热湿交换介质的表面，通过含有热湿交换介质的填料层或将热湿交换介质喷洒到空气中去，形成具有各种分散度液滴的空间，使液滴与流过的空气直接接触。

第二类热湿交换设备的特点是，与空气进行热湿交换的介质不与空气接触，二者之间的热湿交换是通过分隔壁面进行的。根据热湿交换介质的温度不同，壁面的空气侧可能产生水膜(湿表面)，也可能不产生水膜(干表面)。分隔壁面有平表面和带肋表面两种。

二、冷却、加热、蒸汽盘管

冷却、加热、蒸汽盘管统称为表面式换热器，它在空调工程中得到广泛的使用。表面式换热器具有构造简单、占地少、水质要求不高、水系统阻力小等优点，已成为常用的空气处理设备。

表面式换热器有光管式和肋管式两种。光管式表面式换热器由于传热效率低已很少使用。肋管式表面式换热器由管子和肋片构成，如图 9-6。为了使表面式换热器性能稳定，应力求使管子与肋片间接触紧密，减少接触热阻，并保证长久使用后不会松动。

根据加工方法不同，肋片管又可分成绕片管、串片管和轧片管(见图 9-7)。

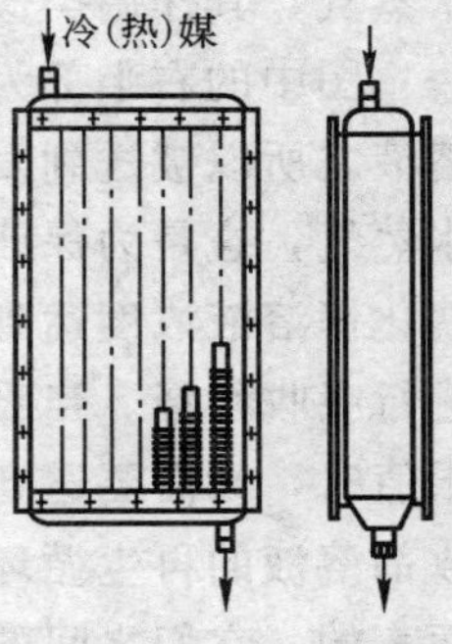

图 9-6　肋片式表面式换热器

表面式换热器可以垂直安装，也可以水平安装。但是，以蒸汽为热媒的空气加热器最好不要水平安装，以免聚集凝结水而影响传热性能。此外，垂直安装的表面式换热器必须使肋片处于垂直位置，否则将因肋片上部积水增加空气阻力和降低传热效率。

按空气流动方向来说，表面式换热器可以并联，也可以串联或者既有并联又有串联。到底采用什么样的组合方式，应根据空气量的多少和需要的换热量大小来确定。一般是处理空气量多时采用并联，需要空气温升(或温降)大时采用串联。

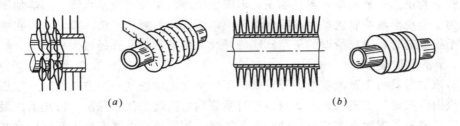

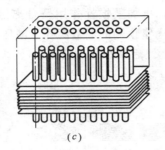

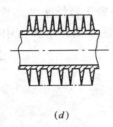

图 9-7　表面式换热器的肋片形式

(a)皱褶绕片；(b)光滑绕片；(c)串片；(d)轧片

表面式换热器的冷、热媒管路也有并联和串联之分，不过在蒸汽作为热媒时，各台表面式换热器的蒸汽管只能并联，而以热水作为热媒时，水管的串联、并联均可。通常的做法是相对于空气来说并联的表面式换热器，其冷、热媒管也应并联，串联的表面式换热器其冷、热媒管也应串联。管路串联可以增加水流速，有利于水力工况的稳定和提高传热系数，但是系统阻力有所增加。为了使冷、热媒和空气间有较大的传热温差，最好让冷、热媒与空气之间按逆流或交叉流型流动，即水管进口和空气出口应在同一侧。

为了便于使用和维修，冷、热媒管路上应设阀门、压力表和温度计。在蒸汽加热器的蒸汽管路上还要设蒸汽调节阀门和疏水器。为了保证表面式换热器正常工作，在水系统的最高点应设排空气装置，而在最低点应设泄水和排污阀门。

如果表面式换热器是冷热两用，则热媒以 60℃ 以下的热水为宜，以免因管内壁积垢过多而影响表面式换热器的出力。

三、空气湿处理设备

空气的加湿处理可以在空气处理室(空调箱)或送风管道内对送入房间内的空气集中加湿，也可以在空调房间内部对空气局部补充加湿。

空气的加湿方法一般有：喷水加湿、喷蒸汽加湿、电加湿、超声波加湿、远红外线加湿等。利用外热源使水变成蒸汽和空气的混合过程在 i-d 图上表现为等温加湿过程，而水吸收空气本身的热量变成蒸汽使空气加湿的过程在 i-d 图上表现为绝热加湿过程或等焓加湿过程。

1. 等温加湿

(1) 蒸汽喷管

蒸汽喷管是最简单的一种加湿装置。它是由直径略大于供汽管的管段组成，管段上开有许多小孔。蒸汽在管网压力的作用下由小孔中喷出，小孔的数目和孔径大小应由需要的加湿量大小来决定。

蒸汽喷管虽然构造简单，容易加工，但喷出的蒸汽中带有凝结水滴，影响加湿效果的控制。为了避免蒸汽喷管内产生冷凝水滴和蒸汽管网内的凝结水流入喷管，可在喷管外面加上一个保温套管，做成所谓的干蒸汽喷管，此时的蒸汽喷孔孔径可大些。

（2）干蒸汽加湿器

干蒸汽加湿器由干蒸汽喷管、分离室、干燥室和电动或气动调节阀组成。如图9-8所示，蒸汽由蒸汽进口1进入外套2内，它对喷管内蒸汽起加热、保温、防止蒸汽凝结的作用。由于外套的外表面直接与被处理的空气接触，所以外套内将产生少量凝结水并随蒸汽进入分离室4。由于分离室断面大，使蒸汽减速，再加上惯性作用及分离挡板3的阻挡，冷凝水被拦截下来。分离出凝结水的蒸汽经由分离室顶端的调节阀孔5减压后，再进入干燥室6，残留在蒸汽中的水滴在干燥室中再汽化，最后从小孔8喷出。

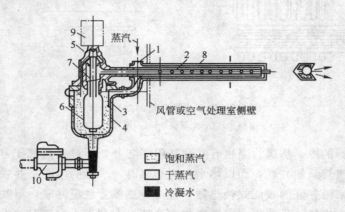

图9-8　干蒸汽加湿器

1—接管；2—外套；3—挡板；4—分离室；5—阀孔；6—干燥室；
7—消声腔；8—喷管；9—电动或气动执行机构；10—疏水器

（3）电热式加湿器

电热式加湿器是将管状电热元件置于水槽内制成的（见图9-9）。元件通电后加热水槽中的水，使之汽化。补水靠浮球阀自动调节，以免发生缺水烧毁现象。这种加湿器的加湿能力取决于水温和水表面积，可用有关水表面蒸发理论计算。

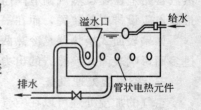

图9-9　电热式加湿器

2. 等焓加湿设备

直接向空调房间空气中喷水的加湿装置有：压缩空气喷雾器、电动喷雾机、超声波加湿器。压缩空气喷雾器是用于压力为0.03MPa（工作压力）左右的压缩空气将水喷到空气中去。电动喷雾机由风机、电动机和给水装置组成。这两种加湿装置在空调系统中很少使用。

利用高频电力从水中向水面发射具有一定强度的、波长相当于红外线波长的超声波，在这种超声波的作用下，水表面将产生直径为几个微米的细微粒子，这些细微粒子吸收空气热量蒸发为水蒸气，从而对空气进行加湿，这就是超声波加湿器的工作原理。超声波加湿器的主要优点是产生的水滴较细，运行安静可靠。但容易在墙壁和设备表面上留下白点，要求对水进行软化处理。超声波加湿器在空调系统中也有采用。

3. 空气的减湿

(1) 冷冻减湿机

冷冻减湿机(除湿机)是由冷冻机和风机等组成的除湿装置(见图 9-10)。经过冷冻减湿机后得到的是高温、干燥的空气，因此，在既需要减湿又需要加热的场所使用冷冻减湿机较合适。相反，在室内产湿量大、产热量也大的地方，最好不采用冷冻减湿机。

(2) 溴化锂转轮除湿机

溴化锂转轮除湿机利用一种特制的吸湿纸来吸收空气中的水分。吸湿纸是以玻璃纤维滤纸为载体，将溴化锂等吸湿剂和保护加强剂等液体均匀地吸附在滤纸上烘干而成。存在于吸湿纸里的溴化锂的晶体吸收水分后生成结晶体而不变成水溶液。常温时吸湿纸表面水蒸气分压力比空气中水蒸气分压力低，所以能够从空气中吸收水蒸气；而高温时吸湿纸表面的水蒸气分压力比空气中水蒸气分压力高，所以又将吸收的水蒸气析放出来。如此反复达到除湿的目的。

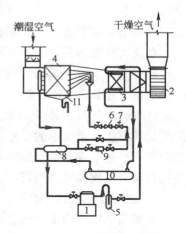

图 9-10　冷冻减湿机的原理

1—压缩机；2—送风机；3—冷凝器；
4—蒸发器；5—油分离器；6、7—节流
装置；8—热交换器；9—过滤器；
10—贮液器；11—集水器

图 9-11 是溴化锂转轮除湿机的基本工作原理图，这种转轮除湿机是由吸湿转轮、传动机构、外壳、风机、再生加热器(电加热器或热媒为蒸汽的空气加热器)等组成。转轮是由交替放置的平吸湿纸和压成波纹的吸湿纸卷绕而成。在转轮上形成了许多蜂窝状通道，因而也形成了相当大的吸湿面积。转轮的转速非常缓慢，潮湿空气由转轮的 3/4 部分进入干燥区，再生空气从转轮的另一侧 1/4 部分进入再生区。

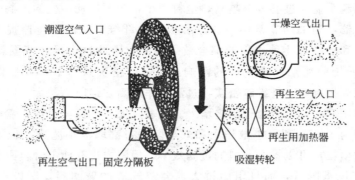

图 9-11　溴化锂转轮除湿机工作原理图

溴化锂转轮除湿机吸湿能力较强，维护管理方便，是一种较为理想的吸湿机，在空调系统中应用广泛。

(3) 固体吸湿

在空调工程中最常用的吸附剂是硅胶。

硅胶(SiO_2)是用无机酸处理水玻璃时得到的玻璃状颗粒物质，它无毒、无臭、无腐蚀性，不溶于水。硅胶的粒径通常为 $2\sim5$mm，密度为 $640\sim700$kg/m³。1kg 硅胶的孔隙面积可达 40 万 m^2，孔隙容积为其总容积的 70%，吸湿能力可达到其质量的 30%。

硅胶失去吸湿能力后，可以加热再生，再生后的硅胶仍可重新使用。如果硅胶长时间停留在参数不变的空气中，则将达到某一平衡状态。这一状态下，硅胶的含湿量不变，称之为硅胶平衡含湿量 d_s，单位为 g/kg 干硅胶。

在使用硅胶和其他固体吸附剂时，都不应该达到吸湿能力的极限状态。这是因为吸附剂在沿空气流动方向逐层达到饱和，不可能所有材料层都达到最大吸湿能力。

四、空气净化处理设备

空气的净化处理是指除去空气中的污染物质，确保空调房间或空间空气洁净度要求的空气处理方法。空气中的悬浮污染物质包括粉尘、烟雾、微生物和花粉等，它们对人体和工业生产产生危害。空气的净化处理常见于电子、医药工业以及某些散发对人体非常有害的微粒或有高度放射性的场所。

1. 空气过滤器的过滤机理

空调系统中使用的空气过滤器主要是玻璃纤维和合成纤维，以及由这些材料制成的滤布和滤纸。它的过滤机理比较复杂，可以分成以下几种：

（1）惯性作用（撞击作用）。粒子在惯性力作用下，脱离流线而碰撞到纤维表面。

（2）截留作用。对非常小的粒子（亚微米粒子）可以忽略惯性，它随着流线运动，当气流紧靠纤维表面时，尘粒与纤维表面接触而被截留下来。

（3）扩散作用。由于气体分子的布朗运动，尘粒也随之运动，在运动时接触纤维表面而留在表面上，尘粒越小，过滤速度越低，扩散作用越明显。

（4）静电作用。含尘气流经过某些纤维时，由于气流的摩擦，可能产生电荷，从而增加了吸附尘粒的能力，静电作用与纤维材料的物理性质有关。

在各种过滤器中，上述几种作用的大小不同。影响过滤效率的因素主要有：1）尘粒越大，惯性作用越明显，过滤效率越高。尘粒越小，布朗运动产生的过滤效果越明显。因此，对有些过滤器，当采用非常小的滤速和很细的纤维直径时，对捕捉 $0.2 \sim 0.4 \mu m$ 的尘粒来说，惯性和扩散等几种作用的综合效果最差，因此这个尺寸范围就成为最难捕集的区域。2）滤粒纤维的粗细和密实性的影响：在同样密实条件下，纤维直径越小，接触面积越大，过滤效果越好。纤维越密实，过滤效率越高，但阻力越大。3）过滤风速：风速越大时，惯性作用越大，但阻力也随之增大。风速过大时，甚至可使附着的尘粒吹出。所以在高效滤器中为了充分利用扩散作用和减小阻力，都取极小滤速。4）附尘影响：附着在纤维表面上的尘粒，可以提高滤料的过滤效率，但阻力也有所上升。阻力过大，既不经济又使空调系统风量降低，而且阻力过大，会使气流冲破滤料，所以过滤器需要经常清洗。

2. 初效过滤器

初效过滤器的滤材多采用玻璃纤维、人造纤维、金属网丝及粗孔聚氨酯泡沫塑料等，也有用铁屑及瓷环作为填充滤料的。初效过滤器大多做成 500mm×500mm×50mm 扁块（见图 9-12）。其安装方式多采用人字排列或倾斜排列，以减少所占空间（见图 9-13）。

初效过滤器适用于一般的空调系统，对尘粒较大的灰尘（大于 $5\mu m$）可以有效过滤。在空气净化系统中，一般作为更高过滤器的预滤，起到一定的保护作用。

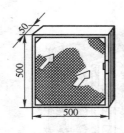

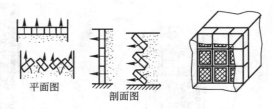

图 9-12　初效过滤器　　　　　　　　图 9-13　初效过滤器安装方式

3. 中效过滤器

中效过滤器的主要滤料是玻璃纤维（比初效过滤器的玻璃纤维直径小，约 $10\mu m$）、人造纤维（涤纶、丙纶等）合成的无纺布及中细孔聚乙烯泡沫塑料等，如图 9-14 所示。这种滤料一般可做成袋式和板式。中效过滤器用无纺布和泡沫塑料作滤料时，可以清洗后再用；而玻璃纤维过滤器则只能更换。中效过滤器大多情况下用于高效过滤器的前级保护，少数用于清洁度要求较高的空调系统。

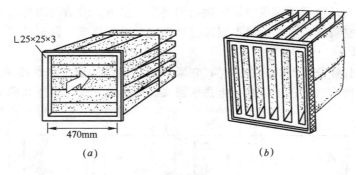

图 9-14　中效过滤器结构

(a)泡沫塑料；(b)无纺布

4. 高效过滤器

高效过滤器可分为高效和亚高效过滤器。一般滤料均为超细玻璃纤维或合成纤维，加工成纸状，故称滤纸。一般空气穿过滤纸的速度极低，因而为了增大过滤面积而将滤纸做成折叠状。常见的带折叠状的过滤器如图 9-15(b) 所示，近年发展的无分隔片的高效过滤器如图 9-15(a) 所示，这种高效过滤器为多折式，厚度较小，靠在滤料正反面一定间隔处贴线（或涂胶）保持滤料间隙，便于空气通过。

5. 静电集尘器

在空调净化中也可采用静电集尘器。静电集尘器的特点是对不同粒径的悬浮粒子均可有效捕集。静电集尘器为两段式：第一段为电离段，第二段为集尘段。静电集尘器的效率主要取决于电场强度、空气流速、尘粒大小及集尘板的几何尺寸等。积集在极板上的灰尘需定期清洗。小型静电集尘器的集尘段可整体取出清洗，清洗后需烘干再用。

五、空气分配设备

空调房间或空调区域中所需要的送风量是由该空调房间或空调区域的热湿负荷和送风

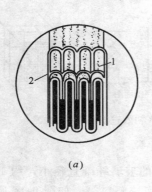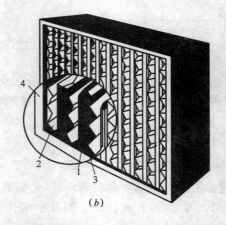

图 9-15 高效过滤器的结构形式

(a)无分隔片多折式过滤器；(b)折叠状过滤器

1—滤纸；2—密封胶；3—分隔板；4—木外框

温度决定的。然而，空调房间或空调区域内的温度、湿度、清洁度的均匀性和风速的合理值应由合理选择空调送风点、排风点以及合理确定送排风形式来保证。

1. 空调空间的气流分布形式

空调空间的气流分布形式多种多样，它取决于送风口的形式和送排风口的布置方式。一般有：上送上回式、下送上回式、上送下回式和中送风方式。具体如图 9-16 所示。

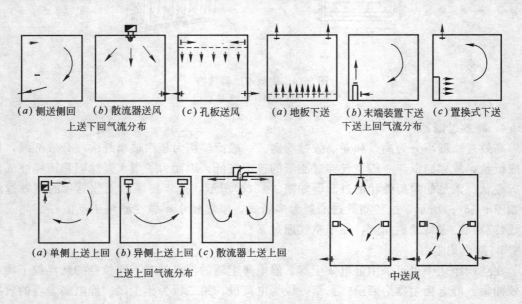

图 9-16 空调空间的气流分布形式

2. 送风口的形式

送风口的形式、特征和适用范围见表 9-1 所示。

送风口类型	送风口名称	形 式	气流类型及调节性能	适 用 范 围
侧送风口	格栅送风口	叶片固定或可调节两种，不带风量调节阀	1. 属圆射流 2. 根据需要可上下调节叶片倾角 3. 不能调节风量	要求不高的一般空调工程
	单层百叶送风口	叶片横装 H 型，竖装 V 型，均带对开风量调节阀	1. 属圆射流 2. 根据需要调节叶片角度 3. 能调节风量	用于一般精度空调工程
	双层百叶送风口	有 HV 和 VH 两种，均可带调节阀，也可配装可调导流片	1. 属圆射流 2. 根据需要调节外层叶片角度 3. 能调节风量	用于公共建筑的舒适性空调，以及精度较高的工艺性空调
	条缝形百叶送风口	长宽比大于 10，叶片横装可调的格栅风口或装调节阀的百叶风口	1. 属平面射流 2. 依需要调节叶片角度 3. 可调节风量	可作风机盘管出风口，也可用于一般空调工程
散流器	圆形（方形）直片式散流器	扩散圈为三层锥形面，拆装方便，可与风阀配套调节风量	1. 扩散圈在上一档为下送流型，下一档为平送贴附流型 2. 可调节风量	用于公共建筑的舒适性空调和工艺性空调
	圆盘形散流器	圆盘为倒蘑菇型，拆装方便，可与风阀配套调节风量	1. 圆盘在上一档为下送流型，下一档为平送贴附流型 2. 可调节风量	用于公共建筑的舒适性空调和工艺性空调
	流线形散流器	散流器及扩散圈呈流线形，可调风量	气流呈下送流形，采用密集布置	用于净化空调
	方（矩）形散流器	可做成 1~4 种不同送风方向，可与阀配装	1. 平送贴附流型 2. 可调节风量	用于公共建筑的舒适性空调
	条缝形（线形）散流器	长宽比很大，叶片单向倾斜为一面送风，双向倾斜为二面送风	气流呈平送贴附流型	用于公共建筑的舒适性空调
喷射式送风口	圆形喷口	出口带较小收缩角度	属圆射流，不能调节风量	用于公共建筑和高大厂房的一般空调
	矩形喷口	出口渐缩，与送风干管流量调节板配合使用	属圆射流，可调节风量	用于公共建筑和高大厂房的一般空调
	圆形旋转风口	较短的圆柱喷口与旋转球体相连接	属圆射流，可调节风量和气流方向	用于空调和通风岗位送风

送风口类型	送风口名称	形　式	气流类型及调节性能	适用范围
无芯管旋流送风口	圆柱形旋流风口	由风口壳体和无芯管起旋器组装而成，带风量调节	向下吹出流型	用于公共建筑和工业厂房的一般空调
	旋流吸顶散流器		可调成吹出流型和贴附流型	
	旋流凸缘散流器		可调成吹出流型、冷风散流器和热风贴附流型	
条形送风口	活叶条形散流器	长宽比很大，在槽内采用两个可调叶片控制气流方向	1. 可调成平送贴附或垂直下送流型。可使气流一侧或两侧送出 2. 能关闭送风口	用于公共建筑的舒适性空调

六、空调系统的冷水机组

空调系统中应用最广泛的制冷机是压缩式(包括活塞式、离心式、螺杆式)和吸收式两种。制冷机的选择应根据建筑物用途、负荷大小和变化情况、制冷机的特性、电源、热源、水源情况、初投资和运行费、维护保养、环保、安全等因素综合考虑。

1. 活塞式冷水机组

活塞式冷水机组由活塞式制冷压缩机、卧式壳管式冷凝器、热力膨胀阀和干式蒸发器组成，并配有自动能量调节和自动安全保护装置，常用的制冷剂为 HCFC—22 和 HCFC—123。目前国产活塞式冷水机组的压缩机以 70、100、125、170(缸径毫米数)系列压缩机居多。当冷凝器进水温度为 32℃，出水温度为 36℃，蒸发器出水温度为 7℃，活塞式冷水机组的冷量范围为 35～580kW。活塞式冷水机组常由多台压缩机组成，以扩大冷量选用范围，提高制冷效率，实现省能调节。

活塞式制冷压缩机使用历史悠久，与离心式和螺杆式制冷压缩机比较，具有以下特点：

(1) 采用普通金属材料制成，加工容易，造价较低。制冷量在 500kW 以下，比离心式和螺杆式制冷机便宜，故广泛使用于柜式空调机组、房间空调器以及冷负荷在 352kW 以下的空调系统中。

(2) 压力范围广，不随排气量而变，能适应比较宽广的冷量要求，适用于中小型空调系统。

(3) COP 值较低，但与离心式制冷机比较，容易获得较高的压缩比，且不会产生喘振，故可在 50kW 以下的热泵中应用。

(4) 采用标准化生产的模块式冷水机组，体积小，重量轻，噪声低，占地少，可以组合成多种容量。部分负荷时的调节性能好，但价格高。

(5) 往复运动的惯性力大，转速不能太高，单机容量较小。

2. 离心式冷水机组

离心式冷水机组中的离心压缩机本体包括高速旋转的叶轮、扩压器、进口导叶、传动轴和微电脑控制等部分。离心压缩机与增速器、电动机之间的连接可分为开启式和封闭式两种，当采用封闭式压缩机时，电动机由系统中的制冷剂来冷却。常用的制冷剂有：

HCFC—22、HCFC—123 和 HCFC—134a 等。离心式制冷机组具有以下特点：

（1）由于离心式制冷压缩机叶轮转速高（达 10000r/min），压缩机输气量大，单机容量大。目前单机空调制冷量在 580～35000kW。

（2）与相同容量的活塞式相比，结构紧凑，重量轻，占地面积少，对于空调冷负荷较大的高层建筑特别适用。

（3）与活塞式相比，无气阀、填料、活塞环等易损部件，工作可靠，维修周期长。离心式制冷压缩机运转平稳，振动小，对基础没有特殊要求。

（4）冷量调节通常采用导流叶片的调节方法，可以在 20%～100% 范围内作无级调节，调节性能较好。靠汽轮机驱动时，常用变速调节方法。

（5）离心式制冷机的工况范围比较狭窄，不宜采用较高的冷凝温度和过低的蒸发温度。例如冷水出口温度为 7℃，热水出口温度达 40℃ 以上时，若容量调节范围超出 60%～100%，易发生喘振。当采用多级压缩时可提高效率 10%～20% 和改善低负荷时的喘振现象。

（6）离心式制冷机的 COP 值：一般型为 4.4，节能型为 4.69，超节能型为 5.02。

3. 螺杆式冷水机组

螺杆式制冷压缩机是一种容积型回转式压缩机，它兼有活塞式制冷压缩机和离心式制冷压缩机两者的优点。近年来在食品冷冻、冷藏、制冰、空调和工业制冷等方面的应用日益广泛。螺杆式制冷压缩机多采用 HCFC—22 制冷剂，其结构为开启式或半封闭式。

螺杆式压缩机是能量可调式喷油压缩机，它的吸气、压缩、排气三个连续过程是靠机体内一对相互啮合的阴、阳转子旋转时产生周期性容积变化来实现。主要部件有：转子、机体（气缸及吸、排气端座等）、轴承、轴封、平衡活塞及能量调节装置。螺杆式压缩机可进行 15%～100% 能量无级调节。具有以下特点：

（1）与活塞式相比，结构简单，零部件仅为活塞式的 1/10，机体重量轻，易于维修。运动部件少，无往复运动的惯性力，运转平稳，振动小，运行可靠。

（2）单机制冷量大，比活塞式制冷机制冷量大，比离心式制冷机制冷量小。

（3）与活塞式压缩机相比，由于气缸内没有余隙容积和吸排气阀片，故有较高的容积效率。螺杆式压缩机压缩比可达 20（单级活塞式压缩比不超过 8～10），且容积效率变化不大，COP 值较高。

（4）单位功率制冷量比活塞式低。单机容量不大于 1160kW，适用于大、中型空调系统。

4. 吸收式冷水机组

吸收式制冷和压缩式制冷的机理相同，都是利用液态制冷剂在低压低温下吸热汽化而达到制冷目的。但是在吸收式制冷装置中促使制冷剂循环的方法与压缩式不同，它是利用二元溶液在不同压力和温度下能释放和吸收制冷剂的原理进行循环的。因此，系统中必须具有制冷剂和吸收剂两种工质，在相同压力下，制冷剂的沸点应低于吸收剂；在相同温度下，吸收剂应具有很强的吸收制冷剂的能力。常用的工质对是 LiBr—H_2O 溶液。

目前主要使用双效吸收式制冷机，其蒸汽消耗量比单效式低得多。直燃式双效吸收式制冷机除将高压发生器改为直燃发生器外，其他部分与蒸汽双效吸收式制冷机相同。直燃发生器由燃烧设备和发生器两部分组成，热力系数高，结构紧凑，使用方便，可实现同时供冷和供热。

第三节　空调系统的操作与运行管理

一、空气调节系统启动前的准备工作

空气调节系统启动前的准备工作主要有以下几点：

（1）检查电机、风机、电加热器、水泵、表冷器或喷水室、供热设备及自动控制系统等，确认其技术状态良好。

（2）检查各管路系统连接处的紧固和严密程度，不允许有松动、泄漏现象。

（3）对空调系统中有关运转设备（如风机、喷水泵、回水泵等），应检查各轴承的供油情况。若发现有亏油现象就应及时加油。

（4）根据室外空气状态参数和室内空气状态参数的要求，调整好温度、湿度等自动控制空气参数装置的设定值与幅差值。

（5）检查供配电系统，保证按设备要求正确供电。

（6）检查各种安全保护装置的工作设定值是否在要求的范围内。

二、空气调节系统的启动操作

空气调节系统的启动就是启动风机、水泵、电加热器和其他空调系统的辅助设备，使空气调节系统运行，向空调房间送风。

启动前，要根据冬夏季节的不同特点，确定启动方法。

夏季时，空调系统应首先启动风机，然后再启动其他设备。为防止风机启动时其电机超负荷，在启动风机前，最好先关闭风道阀门，待风机运行起来后再逐步开启。在启动过程中，只能在一台风机运行速度正常后才能再启动另一台，以防供电线路因启动电流太大而跳闸。风机启动的顺序是先开送风机，后开回风机，以防空调房间内出现负压。风机启动完毕后，再开其他设备。全部设备启动完毕后，应仔细巡视一次，观察各种设备运转是否正常。

冬季时，空调系统启动时应先开启蒸汽引入阀或热水阀，接通加热器，然后再启动风机，最后开启加湿器以及泄水阀和凝水阀。

三、空气调节系统的运行管理

空气调节系统启动完毕后便投入使用，值班人员应忠于职守，认真负责，勤巡视，勤检查，勤调节，并根据外界条件的变化随时调整运行方案。要随时注意控制盘上各仪表及电脑显示屏上的参数变化情况，并规定时间做好运行记录，读数要准确，填写要清楚，对空调运行记录表（试样见表9-2）中各种参数要逐一填写清楚，填写数据时，写错了只能重写，不允许涂改。应对刚维修过的设备加强运行检测，掌握其运行情况，发现问题应及时处理，重大问题应立即报告。

空气调节系统进入正常运行状态后，应按时进行下列项目的巡视：

（1）动力设备的运行情况，包括风机、水泵、电动机的振动、润滑、传动、负荷电流、转速、声响等。

（2）喷水室、加热器、表面冷却器等运行情况。

（3）空气过滤器的工作状态（是否过脏）。

（4）空调系统冷、热源的供应情况。

空调运行记录表　　　　年　月　日　天气 上午／下午　　　　表 9-2

项目 数据 时间	室外		一次混合温度	冷冻送水温度	露点温度	加热送水温度	加热回水温度	送风温度			回风温度			被调房间（℃）			设备开、停时间						
	温度	湿度						干球 （℃）	湿球 （℃）	水蒸气 分压力 （kPa）	干球 （℃）	湿球 （℃）	水蒸气 分压力 （kPa）	01	02	03	设备 名称	上午		下午		晚上	
																		开机	停机	开机	停机	开机	停机
																	风机						
																	喷水泵						
																	回水泵						
																	油过滤器						
																	电加热器						
																	备注						
运行记录																							

值班员　　　　上午　　　　　　　　　　　　下午　　　　　　　　　晚班

（5）制冷系统运行情况，包括制冷机、冷媒水泵、冷却水泵、冷却塔及油泵等运行情况和冷却水温度、冷凝水温度等。

（6）空调运行中采用的运行调节方案是否合理，系统中有关调节执行机构是否正常。

（7）控制系统中各有关调节器、执行调节机构是否有异常现象。

（8）使用电加热器的空调系统，应注意电气保护装置是否安全可靠，动作是否灵活。

（9）空调处理装置及风路系统是否有泄漏现象，对于吸入式空调系统，尤其应注意处于负压区的空气处理部分的漏风现象。

（10）空调处理装置内部积水、排水情况，喷水室系统中是否有泄漏、不畅等现象。

对上述各项巡视内容，若发现异常就应及时采取必要的措施进行处理，以保证空调系统正常工作。

空气调节系统运行管理中很重要的一环是运行调节。在空调系统运行中进行调节的主要内容有：

采用手动控制的加热器，应根据被加热后空气温度与要求的偏差进行调节，使其达到设计参数要求。

对于变风量空调系统，在冬夏季运行方案变换时，应及时对末端装置和控制系统中的夏、冬季转换开关进行运行方式转换。

采用露点温度控制的空调系统，应根据室内外空气条件，对所供水温、水压、水量、喷淋排数进行调节。

根据运行工况，结合空调房间室内外空气参数情况应适当地进行运行工况的转换，同时确定出运行中供热、供冷的时间。

对于既采用蒸汽、热水加热又采用电加热器作为补充热源的空调系统，应尽量减少电加热器的使用时间，多使用蒸汽和热水加热装置进行调节，这样，既降低了运行费用，又减少了由于电加热器长时间运行时引发事故的可能性。

根据空调房间内空气参数的实际情况，在允许的情况下，应尽量减少排风量，以减少空调系统的能量损失。

在能满足空调房间内的工艺条件的前提下，应尽量降低室内的正静压值，以减少室内空气向外的渗透量，达到节省空调系统能耗的目的。

空调系统在运行中，应尽可能地利用天然冷源，降低系统的运行成本。在冬季和夏季时可采用最小新风运行方式，而在过渡季节中，当室外新风状态接近送风点时，应尽量使用最大新风或全部采用新风的运行方式，减少运行费用。

四、空气调节系统的停机操作

空调系统的停机分为正常停机和事故停机两种情况。

空调系统正常停机的操作要求：接到停机指令或达到定时停机时间时应首先停止制冷装置的运行或切断空调系统的冷、热源供应，然后再停空调中的送、回、排风机。当空调房间内有正静压要求时，系统中风机的停机顺序为排风机、回风机、送风机；当空调房间内有负静压要求时，则系统中风机的停机顺序应为送风机、回风机、排风机。待风机停止程序操作完备之后，用手动或采用自动方式关闭系统中的风机负荷阀、新风阀、回风阀、一、二次回风阀、排风阀及加热器、加湿器调节阀和冷媒水调节阀等阀门，最后切断空调系统的总电源。

在空调系统运行过程中若电力供应系统或控制系统突然发生故障，为保护整个系统的安全需要就要做出紧急停机处理，紧急停机又称为事故停机，其操作方法是：

（1）电力供应系统发生故障时的停机操作：迅速切断冷、热源的供应，然后切断空调系统的电源开关。待电力系统故障排除恢复正常供电后按正常停机程序关闭阀门后，检查空调系统中有关设备及其控制系统，确认无异常后再按启动程序启动运行。

（2）空调系统设备发生故障时的停机操作：在空调系统运行过程中，若由于风机及其拖动电机发生故障，或由于加热器、表冷器以及冷、热源输送管道突然发生破裂而产生大量蒸汽或水外漏，或由于控制系统中调节器、调节执行机构（如加湿器调节阀、加热器调节阀、表冷器冷媒水调节阀等）突然发生故障，不能关闭或关闭不严或者无法打开，使系统无法正常工作或危及运行和空调房间安全时，应首先切断冷、热源的供应，然后按正常停机操作方法使系统停止运行。

若在空调运行过程中，报警装置发出火灾报警信号，值班人员就应迅速判断出发生火情的部位，立即停止有关风机的运行，并向有关单位报警。为防止意外，在灭火过程中按正常停机操作方法，使空调系统停止工作。

五、空气调节系统运行管理中的交接班制度

由于空调系统是一个需要连续运行的系统，因此，搞好交接班是保障空调系统安全运行的一项重要措施。空调系统交接班制度应包括下述内容：

（1）接班人员应按时到岗。若接班人员因故没能准时接班，交班人员就不得离开工作岗位，应向主管领导汇报，有人接班后，方准离开。

（2）交班人员应如实地向接班人员说明以下内容：

1）设备运行情况；

2）各系统的运行参数；

3）冷、热源的供应和电力供应情况；

4）当班运行中所发生的异常情况的原因及处理结果；

5）空调系统中有关设备、供水、供热管路及各种调节器、执行器、各仪表的运行情况；

6）运行中遗留的问题，需下一班次处理的事项；

7）上级的有关指示，生产调度情况等。

（3）值班人员在交接班时若有需要及时处理或正在处理的运行事故时，就必须在事故处理结束后方可接班。

（4）接班人员在接班时除应向交班人员了解系统运行的各参数外，应对交班中的疑点问题弄清楚，方可接班。

（5）如果接班人员没有进行认真地检查和询问了解情况而盲目地接班后，发现上一班次出现的所有问题（包括事故）均应由接班者负全部责任。

第四节　空调系统的维护

一、空调系统的日常维护

为了减少空调系统的故障，保证其正常工作，就要做好日常维护。搞好集中式空调系统的日常维护要做好两个方面的工作，一是保证设备处于良好的技术状态，二是认真执行日常维护规程。

保证设备处于良好的技术状态的基本要求是：操作者在启动运行空调系统前，应对空调系统设备的结构、功能、技术指标、使用维护及技术安全方面的知识进行全面地学习和实际操作技能的训练，经过技术考核合格后，持证上岗。操作者上岗后要认真遵守"三好"原则。

一是"管好"，就是对所操作的设备负责，应保证设备主体及其随机附件、仪器、仪表和防护装置等完好。设备启动后，不能擅离岗位，设备发生故障后，应立即停机，切断电源并及时向有关人员报告，不隐瞒事故情节。

二是"用好"，就是严格执行操作规程，不让设备超负荷运行。

三是"修好"，就是应使设备的外观和传动部分保持良好状态，发现隐患及时向有关人员报告，配合修理人员做好设备的修理工作。

在完成"三好"的基础上还应做到"四会"，即会使用，会保养，会检查，会排除简单的运行故障。会使用是要求操作者按操作规程对空调系统进行操作运行，并熟悉设备的结构、性能等。会保养是要求操作者会做简单的日常保养工作，执行好设备维护规程，保持设备的内外清洁、完好。会检查是要求操作者在进行交接班时应认真检查各种设备的运行状态，系统的运行参数是否在要求的范围内，如果发现设备出现故障或运行中出现问题，应告知交接班者进行处理或上报，待处理完毕后才能继续运行或交班离岗。在设备运行过程中，应注意观察各部位的工作情况，注意运转的声音、气味、振动情况及各关键部位的温度等，会排除简单的运行故障是要求操作者熟悉运行设备的特点，能够鉴别设备工作正常或异常，会做一般的调整和简单的故障排除，不能自己解决时要及时报告并协同维修人员进行排除。

认真执行日常维护规程的基本内容是：熟悉日常维护的四项基本要求，掌握操作维护规程的基本内容，熟知日常维护规程的工作内容。

1. 日常维护的基本要求

(1) 整齐。工具、工件、附件放置整齐，设备零部件及安全防护装置齐全。

(2) 清洁。设备内外清洁，无跑、冒、滴、漏现象。

(3) 润滑良好。按时给设备加油、换油，使用的润滑油质量合格。

(4) 安全。熟悉设备结构，遵守操作维护规程，精心维护，始终使设备运行在最佳状态。

2. 设备维护规程的基本内容

(1) 启动前应认真检查风机传动皮带的松紧程度，各种阀门所处状态是否处于待启状态。检查合格后方可启动。

(2) 严格按照说明书和有关技术文件的规定顺序和方法进行启动运行。

(3) 严格按照设备的技术条件要求进行运行，不准超负荷运行。

(4) 设备运行时，操作者不得离开工作岗位，并要注意各部位有无异味、过热、剧烈振动或异常声响等。若发现有故障应立即停止运行，及时排除。

(5) 设备上一切安全防护装置不得随意拆除，以免发生事故。

(6) 认真做好交接班工作，特别要向接班人员讲清楚发生故障后的处理情况，使接班者做到心中有数，做好防范工作。

二、空气处理设备的常见故障及处理方法

空气处理设备的故障，主要是指空气进行热、湿和净化处理的设备所发生的故障。表9-3所述为空气处理设备的常见故障及其处理方法，可作为空调系统维护操作时的参考资料。

空气处理设备的常见故障及处理方法　　　　　　　　　　　　表 9-3

设 备 名 称	故 障 现 象	处 理 方 法
喷 水 室	(1) 喷嘴喷水雾化不够 (2) 热、湿交换性能不佳	(1) 加强加水过滤、防止喷孔堵塞 (2) 提供足够的喷水压力 (3) 检查喷嘴布置密度形式、级数等，对不合理的进行改造 (4) 检查挡水板的安装，测量挡水板对水滴的捕集效率
表面换热器	(1) 热交换效率下降 (2) 凝水外溢 (3) 有水击声	(1) 清除管内水垢，保持管面洁净 (2) 修理表面冷却器凝水盛水盘，疏通盛水盘泄水管 (3) 以蒸汽为热源时，要有1/100的坡度以利排水
电 加 热 器	裸线式电加热器电热丝表面温度太高，粘附其上的杂质分解，产生异味	更换管式电加热器

设 备 名 称	故 障 现 象	处 理 方 法
加 湿 器	(1) 加湿量不够 (2) 干式蒸汽加湿器的噪声太大,并对水蒸气特有气味有要求	(1) 检查湿度控制器 (2) 改用电加湿器
净化处理设备	(1) 净化不够标准 (2) 过滤阻力增大,过滤分量减少 (3) 高效过滤器使用周期短	(1) 重新估价净化标准,合理选择空气过滤器 (2) 定时清洁过滤器 (3) 在高效过滤器前增设粗中效过滤器,增长高效过滤器的使用寿命
风 道	(1) 噪声过大 (2) 长期使用或施工质量不合格,风管法兰连接不严密,检查孔空气处理室人孔结构不良造成漏风引起风量不足 (3) 隔热板脱落,保温性能下降	(1) 避免风道急剧转弯,尽量少装阀门,必要时在弯头、三通支管处装导流片 (2) 消声器损坏时,更换新的消声器 (3) 应经常检查所有接缝处的密封性能,更换不合格的垫圈,进行堵漏 (4) 补上隔热板,完善隔热层和防潮层

三、空调系统常见故障及处理方法

空调系统是否出现故障,主要是看其运行参数是否合乎要求。如出现运行参数与设计参数出现明显的偏差时,就要弄清产生的原因,找出解决方法,保证系统安全、高效、节能地运行。表 9-4 所列为集中式空调系统常见故障分析与解决方法,供维修时参考。

集中式空调系统的常见故障分析与解决方法 表 9-4

序 号	故 障 现 象	产 生 原 因	解 决 方 法
1	送风参数与设计值不符	空气处理设备选择容量偏大或偏小 空气处理设备产品热工性能达不到额定值 空气处理设备安置不当,造成部分空气短路 空调箱或风管的负压段漏风,未经处理的空气漏入,冷热媒参数和流量与计值不符 挡水板挡水效果不好,凝结水再蒸发 风机和送风管道温升超过设计值(管道保温不好)	调节冷热参数与流量,使空气处理设备达到额定能力;如仍达不到要求,可考虑更换或增加设备 检查设备、风管、消除短路与漏风、加强风、水管保温 检查并改善喷水室、表冷器挡水板,消除漏风
2	室内温度、相对湿度均偏高	制冷系统产冷量不足 喷水室喷嘴堵塞 通过空气处理设备的风量过大、热湿交换不良 回风量大于送风量,室外空气渗入 送风量不足(可能过滤器堵塞) 表冷器结霜,造成堵塞	检修制冷系统 清洗喷水系统和喷嘴 调节通过处理设备的风量,使风速正常 调节回风量,使室内正压 清理过滤器,使送风量正常 调节蒸发温度,防止结霜
3	系统实测风量小于设计风量	系统的实际阻力大于设计阻力,风机风量减少 系统中有阻塞现象 系统漏风 风机出力不足(风机达不到设计能力或叶轮旋转方向不对,皮带打滑等)	条件许可时,改进风管构件,减小系统阻力 检查清理系统中可能的阻塞物 堵漏 检查、排除影响风机出力的因素

序号	故 障 现 象	产 生 原 因	解 决 方 法
4	室内温度合适或偏低，相对湿度偏高	送风温度低（可能是一次回风的二次加热未开或不足） 喷水室出水量大，送风含湿量大（可能是挡水板不均匀或漏风） 机器露点温度和含湿量偏高 室内产湿量大（如增加产湿设备，用水冲洗地板，漏气、漏水等）	正确使用二次加热 检修或更换挡水板，堵漏风 调节三通阀，降低混合水温 减少湿源
5	室内温度正常，相对湿度偏低（这种现象常发生在冬季）	室外空气含湿量本来较低，未经加湿处理，仅加热后送入室内	有喷水室时，应连续喷循环水加湿，若是表冷器系统应开启加湿器进行加湿
6	系统实测风量大于设计风量	系统的实际阻力小于设计阻力，风机的风量因而增大。设计时选用风机容量偏大	有条件时可改变风机的转速 关小风量调节阀，降低风量
7	系统总送风量与总进风量不符，差值较大	风量测量方法与计算不正确 系统漏风或气流短路	复查测量与计算数据 检查堵漏，消除短路
8	机器露点温度正常或偏低，室内降温慢	送风量小于设计值，换气次数少 有二次回风的系统，二次回风量过大 空调系统房间多、风量分配不均	检查风机型号是否符合设计要求，叶轮转向是否正确，皮带是否松弛，开大送风阀门，消除风量不足的因素 调节，降低二次回风量 调节，使各房间风量分配均匀
9	室内气流速度超过允许流速	送风口速度过大 总送风量过大 送风口的形式不合适	增大风口面积或增加风口数，开大风口调节阀 降低总风量 改变送风口形式，增加紊流系数
10	室内气流速度分布不均，有死角区	气流组织设计考虑不周 送风口风量未调节均匀，不符合设计值	根据实测气流分布图，调整送风口位置，或增加送风口数量 调节各送风口风量使其与设计值相符
11	室内空气清洁度不符合设计要求（空气不新鲜）	新风量不足（新风阀门未开足，新风道截面积小，过滤器堵塞等） 室内人员超过设计人数 室内有吸烟或燃烧等耗氧因素	对症采取措施增大新风量 减少不必要的人员 禁止在空调房间内吸烟和进行不符合要求的耗氧活动
12	室内洁净度达不到设计要求	过滤器效率达不到要求 施工安装时未按要求擦清设备及风管内的灰尘 运行管理未按规定打扫清洁 生产工艺流程与设计要求不符 室内正压不符合要求，室外有灰尘渗入	更换不合格的过滤器材 设法清理设备、管道内的灰尘 加强运行管理 改进工艺流程 增加换气次数和正压
13	室内噪声大于设计要求	风机噪声高于额定值 风管及阀门、风口风速过大，产生气流噪声 风管系统消声设备不完善	测定风机噪声，检查风机叶轮是否碰壳，轴承是否损坏，减振是否良好，对症处理 调节各种阀门、风口，降低过高风速 增加消声弯头等设备

复习思考题

1. 什么叫空气调节？空气调节的任务和作用是什么？
2. 空气的"四度"指什么？
3. 空调系统如何分类？
4. 如何进行空气调节系统的启动操作？
5. 空气调节系统进入正常运行状态后，应对哪些项目进行巡视？
6. 空调系统的日常维护中，所谓的"三好"原则是什么？
7. 空调系统的常见故障有哪些？如何处理？

第十章 电梯设备管理

第一节 电梯基本知识

一、电梯的起源与现状

电梯系垂直交通运输设备,起源于古代农业和建筑业中的原始起重升降机械。我国早在春秋战国时期,就出现了人力提升井水使用的辘轳,即由竹或木制成的支架、卷筒、曲柄和绳索组成的简易卷扬机。公元前236年,古希腊的科学家阿基米德又制作出了人力驱动的卷筒式升降机。这些原始的人力或畜力驱动的升降机,呈现出现代电梯的雏形。

自英国人瓦特于1765年发明蒸汽机之后,蒸汽机开始代替人力、畜力成为升降机的动力,1835年英国出现用蒸汽机拖动的升降机。1852年,德国制成了人类历史上最早的用电动机拖动提升绳索,使轿厢上下运行的电梯,但是结构简单,无导轨、无安全装置,仅供货物运送。1857年,美国人奥梯斯发明了带有安全钳的电梯,出现了世界上第一台载人电梯。此后,欧美等国相继发展了各种类型的电梯。

进入20世纪后,随着电子电气控制技术在电梯领域的广泛应用,安全可靠、自动化程度高的乘客梯、载货梯、客货梯、自动扶梯、自动人行道相继出现。

随着社会的发展,现代建筑的层数不断增高,电梯在人们的生活、生产中所起的作用越来越大,对电梯技术也提出了更高的要求。近年来,交流调速电梯又从调压调速系统发展到变压变频(VVVF)系统,开拓了电梯电力拖动的新领域。各国竞相开发研制螺旋形自动扶梯、曲线管道式电梯等新品种,无机房、线性电机驱动电梯也正在研制中。

二、电梯的种类

1. 按用途分类

(1)乘客电梯

为运送乘客而设计的电梯。具有完善舒适的设施和安全可靠的防护装置,主要用于宾馆、饭店、办公大楼、高层公寓等场所。

(2)载货电梯

通常有人伴随,主要为运送货物而设计的电梯。结构牢固、载重量较大、轿厢面积较大,有必备的安全防护装置,但自动化程度和运行速度不高,主要用于大型商场、货仓和生产车间等。

(3)客货两用电梯

以运送乘客为主,但也可以运送货物的电梯。具有完善的设施和安全可靠的防护装置,与乘客电梯的区别在于轿厢内部的装饰结构不同。

(4)住宅电梯

供住宅楼使用的电梯。一般应能满足运送家具和手把可拆卸的担架,额定载重量一般小于 1000kg。

（5）病床电梯

为运送病床（包括病人）及医疗设备而设计的电梯。轿厢窄而深，由司机操纵，运行平稳，额定载重量分为 1600kg、2000kg 和 2500kg 三种。

（6）杂物电梯

又称服务电梯，供图书馆、办公楼、饭店等运送图书、文件、食品等杂物，不允许人员进入。

（7）观光电梯

供乘客观光的电梯。井道和轿厢壁至少有同一侧透明，乘客在轿厢内可以观看、欣赏周围的风光。

（8）其他专用电梯

各种专用电梯的种类很多，如运送冷冻货物的冷库梯、装运汽车的汽车梯、垂直提升飞机的运机梯、运送建筑施工人员及材料的建筑施工梯、船舶上所用的船运梯、运送消防人员、器材和乘客的消防梯、供矿井内运送人员和货物用的矿井梯、装在大型门式起重机的门腿中运送工作人员及检修机件的门吊梯等。

2. 按曳引电动机供电电源分类

（1）交流电梯

电梯曳引电动机的供电为交流电源，有交流单速机组电梯、交流多速机组电梯、交流调速机组电梯、交流调压调速电梯、交流变压变频调速（VVVF）电梯等。

（2）直流电梯

电梯曳引电动机的供电为直流电源，如直流调压无齿轮机组电梯。

3. 按速度分类

（1）特高速电梯

指梯速超过 10m/s 的电梯。

（2）超高速电梯

指梯速超过 5m/s 的电梯。

（3）高速电梯

指梯速在 2～5m/s 的电梯。

（4）快速电梯

指梯速在 1～1.75m/s 的电梯。

（5）低速电梯

指梯速在 1m/s 以下的电梯。

4. 按传动结构形式分类

（1）钢丝绳式电梯

该种电梯又分为两种，一种是强制传动式，钢丝绳通过卷筒旋转驱动升降。一种是摩擦传动式，钢丝绳与曳引轮槽之间产生摩擦力驱动升降。

（2）液压式电梯

按液压柱塞设置的位置不同，分为两种，一种是柱塞直顶式，油缸柱塞直接支撑轿厢底部，使轿厢升降。一种是柱塞侧置式，油缸柱塞设置在井道侧面，借助曳引绳，通过滑轮组与轿厢连接，使轿厢升降。

（3）齿轮齿条式电梯

电动机及齿轮传动机构安装在轿厢的顶部、底部或轿厢内，依靠其伸出的齿轮与固定在构架上的齿条直接啮合驱动轿厢升降。

（4）螺旋式电梯

将直顶式电梯的柱塞加工成螺杆，螺母采用滚柱式的，然后通过减速器将这个大螺母带动旋转，从而驱动螺杆顶升轿厢或下降轿厢。

5. 按控制方式分类

（1）手柄操纵控制电梯

电梯的工作状态由司机操纵轿厢内的手动开关，控制轿厢的运行或停止。电梯轿门和厅门的开关有自动和手动两种形式。

（2）按钮控制电梯

电梯运行由轿厢内操纵盘上的选层按钮或层站呼梯按钮来操纵。某层站乘客将呼梯按钮揿下，电梯就启动运行去应答。在电梯运行过程中，如果有其他层站呼梯按钮揿下，控制系统只能把信号记存下来，不能去应答，而且也不能把电梯截住，直到电梯完成前应答运行层站之后，方可应答其他层站呼梯信号。

（3）信号控制电梯

把各层站呼梯信号集合起来，将与电梯运行方向一致的呼梯信号按先后顺序排列，电梯依次应答接运乘客。电梯运行取决于电梯司机操纵，而电梯在何层站停靠由轿厢操纵盘上的选层按钮信号和层站呼梯按钮信号控制。电梯往复运行一周可以应答所有呼梯信号，自动控制程度较高。

（4）集选控制电梯

在信号控制的基础上把呼梯信号集合起来进行有选择的应答。电梯为无司机操纵。在电梯运行过程中可以应答同一方向所有层站呼梯信号和按照操纵盘上的选层按钮信号停靠。电梯运行一周后若无呼梯信号就停靠在基站待命。为适应这种控制特点，电梯在各层站停靠时间可以调整，轿门设有安全触板或其他近门保护装置，以及轿厢设有过载保护装置等。

（5）下集合控制电梯

对于各层站的召唤信号，轿厢只在往下运行时响应召唤停靠，如果乘客欲从较低的层站到较高的层站去，须乘电梯到底层基站后再乘电梯到要去的高层站。

（6）并联控制电梯

将两台或三台电梯集中排列，共用层门外召唤信号，按规定程序自动调度，确定其运行状态。采用此控制方式的电梯，在无召唤信号时，在主楼面有一台电梯处于关门备用状态，另外一台或两台电梯停在中间楼层随时应答厅外召唤信号，前者称为基梯，后者称为自由梯。当基梯运行时，自由梯可以自动运行至基站等待。如厅外其他层站有召唤信号时，自由梯则前往应答与其运行方向相同的所有召唤信号。如果两台（或三台）电梯都在应答两个方向的召唤信号时，先完成应答任务的电梯返回主楼面备用。这种控制方式有利于提高电梯的运输效率，节省乘客的候梯时间。

（7）梯群控制电梯

将多台电梯进行集中排列，并共用层门外按钮，按规定程序集中调度和控制电梯。利用轿厢底下的负载自动计量装置及其相应的计算机管理系统，进行轿厢负载计算，并根据上下方向的停站数、厅外的召唤信号和轿厢所处的位置，选择最合适流量的输送方式，避免轿厢轻载启动运行、满载时中途召唤停靠和空载往返。这种控制方式有利于提高电梯的运输能力，提高效率，节省乘客的候梯时间，减少电力消耗，适用于配用电梯在三台以上的高层建筑中。

（8）智能控制电梯

一种先进的应用计算机技术对电梯进行控制的电梯。其最大的特点是，它能根据厅外召唤，给梯群中每部电梯做试探性分配，以心理性等候时间最短为原则，避免乘客长时间等候，同时可避免将厅门外召唤信号分配给满载性较大的电梯而使乘客候梯失望，从而提高了预告的准确性和运输效率，可以达到电梯的最佳服务效果。由于采用微机控制，取代了大量的继电器，因此故障率大大降低，控制系统可靠性大大增强。

此外，除以上分类方法外，还有按机房位置、开门方式、有无减速器、有无司机等多种分类方法。

三、电梯的型号

我国 JJ 45—86《电梯、液压梯产品型号编制方法》部颁标准中，有关电梯型号编制方法如下：

产品型号代号顺序图示如下：

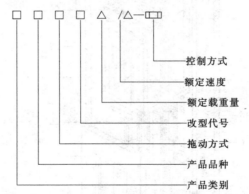

```
控制方式
额定速度
额定载重量
改型代号
拖动方式
产品品种
产品类别
```

说明：① 上图控制方式中的空格，用表 10-1 所示的代号表示。产品改型代号按顺序用小写汉语拼音字母表示。额定速度和额定载重量用阿拉伯数字表示。产品类别空格中，用 T 来表示电梯。

② 产品品种空格中，K 表示乘客梯的"客"；H 表示载货梯的"货"；L 表示客货（两用）梯的"两"。

③ 拖动方式空格中，J 表示交流；Z 表示直流；Y 表示液压。

控制方式代号表　　　　　　　　　　　　　　　　　　　　表 10-1

控 制 方 式	代表汉字	采用代号	控 制 方 法	代表汉字	采用代号
手柄开关控制，自动门	手、自	SZ	信 号 控 制	信 号	XH
手柄开关控制，手动门	手、手	SS	集 选 控 制	集 选	JX
按钮控制，自动门	按、自	AZ	并 联 控 制	并 联	BL
按钮控制，手动门	按、手	AS	梯 群 控 制	群 控	QK
			微处理机集选控制	微 集 选	WJX

产品型号示例：TKJ1000/1.6—JX

表示：交流乘客电梯，额定载重量 1000kg，额定速度 1.6m/s 集选控制。

四、电梯的基本组成

电梯设备并非是独立的整体设备，而是由机电合一的相关部件和组合件安装设置在机房、井道、底坑内，构成垂直运行的交通工具，服务于规定楼层的固定式升降设备。它具有一个轿厢，运行在至少两列垂直的或倾斜角小于 15°的刚性导轨之间，其基本结构如图10-1 所示。由曳引系统、导向系统、轿厢系统、门系统、重量平衡系统、电力拖动系统、电气控制系统和安全保护系统组成。

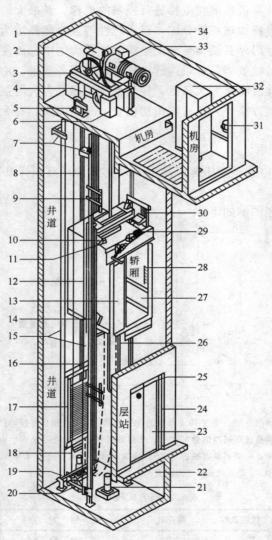

图 10-1　曳引电梯结构图

1—减速器；2—曳引轮；3—曳引机底座；4—导向轮；5—限速器；6—机座；
7—导轨支架；8—曳引钢丝绳；9—开关碰铁；10—紧急终端开关；11—导靴；
12—轿架；13—轿门；14—安全钳；15—导轨；16—绳头组合；17—对重；
18—补偿链；19—补偿链导轮；20—张紧装置；21—缓冲器；22—底坑；
23—层门；24—呼梯盒(箱)；25—层梯指示灯；26—随行电缆；27—轿厢；
28—轿内操纵箱；29—开门机；30—井道传感器；31—电源开关；
32—控制柜；33—曳引电机；34—制动器(抱闸)

1. 曳引系统

曳引系统的功能是输出与传递动力，使电梯运行。

(1) 曳引机　包括电动机、减速器、制动器和曳引轮在内的靠曳引绳和曳引轮槽摩擦力驱动或停止电梯的装置。

(2) 曳引绳　连接轿厢和对重装置，并靠与曳引轮槽的摩擦力驱动轿厢升降的专用钢丝绳。

2. 导向系统

导向系统的功能是保证轿厢与对重的相互位置，并限制其活动自由度，使轿厢和对重只能沿着导轨作升降运动。

(1) 导轨　使轿厢和对重运行的导向部件。

(2) 导轨支架　固定在井道壁或横梁上，支撑和固定导轨用的构件。

(3) 导靴　装在轿厢和对重架上，与导轨配合，强制轿厢和对重的运动服从于导轨的直立方向的部件。

(4) 导向轮　为增大轿厢和对重之间的距离，使曳引绳经曳引轮再导向对重装置或轿厢一侧而设置的绳轮。

(5) 反绳轮　设置在轿厢架和对重框架上部的动滑轮。根据需要曳引绳绕过反绳轮可以构成不同的曳引比。反绳轮的数量可以是 1 个、2 个或 3 个等，由曳引比而定。

3. 轿厢系统

轿厢系统是用于运送乘客和(或)货物的客体，是电梯的运行部件之一。

(1) 轿厢架　固定和支撑轿厢的框架。由上梁、立柱、底梁和拉杆等组成的承重构件。

(2) 轿厢体　具有与载重量和服务对象相适应的空间，由轿厢底、轿厢壁、轿门和轿厢顶组成。

4. 门系统

门系统的功能是防止坠落和挤伤事故的发生。

(1) 轿厢门　设置在轿厢入口的门。由门、门导轨架、轿厢地坎等组成。

(2) 层门　设置在层站入口的门，又称厅门。由门、门导轨架、层门地坎、层门联动机构等组成。

(3) 开门机　使轿厢门、层门自动开启或关闭的装置。

(4) 门锁装置　设置在层门内侧，门关闭后，将门锁紧，同时接通控制电路，使轿厢方可运行的机电连锁装置。

5. 重量平衡系统

重量平衡系统的功能是使曳引系统的原动力(电动机)功率消耗减少一半，以达到节能和提高效率的目的。

(1) 对重　由对重架和对重块组成，其重量与轿厢满载时的重量成一定的比例，与轿厢间的重量差具有一个恒定的最大值，又称平衡铁。

(2) 重量补偿装置　在高层电梯中，补偿轿厢与对重侧曳引绳长度变化对电梯平衡设计影响的装置。

6. 电力拖动系统

电力拖动系统的功能是提供动力、实行电梯速度控制。

(1) 曳引电动机　电梯的动力源。根据电梯配置可用交流电动机或直流电动机。

(2) 供电装置　为电梯的电动机提供电源的装置。

(3) 速度检测装置　检测轿厢运行速度，将其转变成电信号的装置。一般采用测速发电机或速度脉冲发生器，与电动机相连。

(4) 电动机调速控制　交流调速电动机的速度控制方式，有交流变极调速、交流变压调速和变频变压调速；直流电动机具有调速性能好和调速范围大的特点。

7. 电气控制系统

电气控制系统的功能是对电梯的运行实行操纵和控制。

(1) 操纵装置　对电梯的运行实行操纵的装置。包括轿厢内的按钮操纵箱或手柄开关箱、层站召唤按钮箱、轿顶和机房中的检修或应急操纵箱。

(2) 位置显示装置　设置在轿厢内和层站的指示灯，以灯光数字显示电梯运行方向或轿厢所在的层站。

(3) 控制屏(柜)　安装在机房中，由各种电子器件和电器元件组成，对电梯实行电气控制的设备。

(4) 平层装置　在平层区域内，使轿厢达到平层准确度要求的装置。由磁感应器和遮磁板构成。

(5) 选层控制器　对电梯运行的控制方式。有轿内开关控制、按钮控制、信号控制、集选控制、并联控制和梯群控制。

8. 安全保护系统

安全保护系统的功能是保证电梯安全使用，防止一切危及人身安全的事故发生。

(1) 安全钳装置　轿厢应装有能在下行时动作的安全钳装置。在达到限速器动作速度时，甚至在悬挂装置断裂的情况下，安全钳装置应能夹紧导轨而使装有额定载重量的轿厢制停并保持静止状态。当安全钳装置作用时，装在它上面的一个电气安全装置应在安全钳装置动作以前或同时使电动机停转。

(2) 限速器　通常安装在机房内或井道顶部，是限制轿厢(或对重)运行速度的装置。当轿厢运行速度达到限定值时，限速器动作，使轿厢两边安全钳掣块同步提起，夹住导轨。

(3) 缓冲器　设置在轿厢和对重的行程底部极限位置。如果缓冲器随轿厢或对重运行，则在行程末端应设有与其相撞的支座，支座高度至少要 0.5m。

(4) 超速保护开关　在限速器机械动作之前，开关动作，切断控制回路，使电梯停止运行。

(5) 上、下端站超越保护　在井道顶端、底端设置强迫减速开关、端站限位开关和终端极限开关。在轿厢或对重碰到缓冲器前切断控制电路。

(6) 电气安全保护　电梯机械类安全装置多数设置相应的电气设备，构成电气安全保护线路。如供电系统断相、错相保护装置；层门与轿门的电气联锁装置；紧急操作装置和停止保护装置；轿顶、轿内和机房的检修运行装置等。

五、电梯的性能

1. 输送能力

输送能力主要与额定速度、停站时间、额定载重量有关。交流曳引机组的速度一般比直流曳引机组低，这是由于交流电动机变速范围和特性不如直流电动机。速度高的电梯不一定运载能力大，只有减少停站时间和数目时，才能保持高速优势。因此，有些电梯采用隔层或隔多层停靠，有些则直达。还有采用占地小的双层三层轿厢，停站时上下分层与相应层楼平齐，同时可进出两层三层乘客和物品，停站时间大大减少。缩短开关门时间和低速平层时间，也是缩短停站时间的有效措施，增加机组功率和轿厢面积，可增加额定载重量。

2. 舒适感

舒适感与整机许多因素有关，是现代乘客梯的主要技术性能之一。人对垂直方向的加减速度感觉比水平方向的加减速感觉要敏感得多，乘汽车无不舒适的感觉，而乘相同加速度的电梯时，明显感到有上浮感——人向上漂浮，脚似乎有离地的失重感，这是由于上行减速和下降加速造成的，并随加减速的增大而失重感越明显；下沉感——人向下钻沉，脚承重增大，是上升加速和下降减速所致，同样也是速度变化越大，越明显，若加速度变化率控制在一定范围，则可使变速平稳，乘坐舒适感好。轿厢运行时的振动也会引起不适，若将振动控制在某一范围内，人们对它的感觉就不很明显。偶尔乘电梯者比经常乘电梯者，对不舒适感觉灵敏些。

3. 安全系统

安全系统是电梯主要组成部分，即使一般的电梯也有三种以上的安全装置。

（1）机械部分　当轿厢超速运动时，限速器控制制动器动作，安全钳可靠夹住导轨，急停；偶然发生轿厢蹲底冲顶时，缓冲器吸收动能，减缓冲击，人可避免受伤；还有用于排除故障的维修人员出入口—安全窗；人力驱动曳引机组使轿厢上下靠站的手轮等。

（2）电气部分　当轿厢超载超速超越行程时，停车的各种电气开关动作。轿门与厅门未关好，就不能启动曳引机组的继电气连锁装置。停电、过载、变相的停车继电器。现代化高级电梯则有几十种机、电、光、声、液压安全设施。例如，电磁、光电、声纳的门区检测系统，在入口上端或横向，发出电磁、光或超声波，当人物处在轿门与厅门必经之道时，接收检测信号，控制门再开启，有效防止人物卡住，确保安全才启动。轿厢内还备有电话，随时可与外界对话联系，一旦发生故障及时向总机报告，以便急修。全自动紧急停站系统，在突然停电时，自动接上备用电源，电梯轿厢自动停靠最近层站，自动开门送走乘客。在某一安全装置失灵时，其余仍能确保乘客的安全，人为事故通常是违反操作规程所致。防火安全装置，即自动警戒着火各层站并能报出着火层楼数。

4. 艺术造型

怎样使电梯造型与建筑艺术融合成一体，这历来是电梯设计者和建筑师共同关注的问题。19世纪初，西方用升降机来运送矿材和工人，对安全设施和内外装潢未予考虑。后来有了豪华乘客梯，轿厢内设有整容镜、软坐椅、吊灯、上等术料和玻璃制作的轿厢壁、表面精心镶嵌着各种金属饰条；厅门由大理石、染色玻璃组成；五光十色的雕刻和艺术品点缀，使电梯成了建筑艺术的组成部分。豪华的观光电梯艺术造型成了建筑设计师表现其设计艺术水平的点缀品。当悬挂高层建筑外的观光电梯运行时，宛如"活雕塑"，轿厢内外五光十色，霓虹灯也为之逊色，它们既可载客、观光、又可美化建筑，是科技和艺术的完美组合。

5. 电梯形式选择

电梯的造型是高层建筑设计者和用户必须考虑的。电梯数量与经济性，占地面积与装饰美观，候梯时间与停站层数，客流量与输送能力等矛盾都要进行分析计算，使所选的电梯满足服务要求，并在今后客流量变化时，也有潜力。运用现代化统计方法，把模拟客流数据，建筑物内各种货运参数，以及其他有关数据输入计算机，进行交通分析，选择最合理的电梯群布置，最后确定电梯的台数、载重量、速度、位置、层楼站等，以免产生建筑物内部交通混乱，提高建筑物使用率和经济效益，这比手工计算快得多。

第二节　电梯的安全使用管理

一、法定管理要求

根据国家标准《生产设备安全卫生设计总则》（GB 5083—1985）、《电梯制造与安装安全规范》（GB 7588—1995）、《电梯安装验收规范》（GB 10060—1993）以及《特种设备质量监督与安全监察规定》，电梯是属于特种设备之一。因此，加强其质量与安全管理，要从全过程、全方位入手，即从设计、制造、安装、使用、检验、维修保养和改造等，每个环节，都要严格遵循国家法规和标准的要求。例如，设计单位应将设计总图、安全装置和主要受力构件的安全可靠性计算资料，报送所在地区省级政府质量技术监督部门审查。制造单位应申请制造生产许可证和安全认定；安装和维修单位必须向所在地区省级政府管理部门申请资格认证，并领取认可资格证书；使用单位必须申请取得省级政府主管部门颁发的电梯检验合格证；操作人员必须经过专业培训考核合格，持有岗位操作资格证书；并且电梯设备的安全技术状况检验，必须按照规定由法定资格认可的单位进行检验，在用电梯安全定期监督检验周期为一年。

二、建立管理制度

1. 岗位责任制

这时一项明确电梯司机和维修人员工作范围、承担的责任及完成岗位工作的质和量的管理制度，也是管理好电梯的基本制度。岗位职责订得愈明确、具体，就愈有利于在工作中执行。因此，在制定此项制度时，要以电梯的安全运行管理为宗旨，将岗位人员在驾驶和维修保养电梯时应该做什么工作，以及达到的要求进行具体化、条理化、程序化。如星级宾馆、饭店，由于对电梯的服务标准和维修保养的要求比较高，因而对电梯维修管理人员的岗位职责制定得很详细，包括上班期间的着装、提前到岗时间、上班时间应该做什么工作、电梯的完好标准以及交接班等都有明确的要求。对电梯的日常检查、维护保养、定期检修以及紧急状态下应急处理的程序也作出了相应的规定。这说明，电梯的使用管理关键在于责任的落实。

2. 交接班制度

对于多班运行的电梯岗位，应建立交接班制度，以明确交接双方的责任，交接的内容、方式和应履行的手续。否则，一旦遇到问题，易出现推诿、扯皮现象，影响工作。

（1）交接班必须按时在电梯所在地进行。

（2）口头交接只宜用于无事故情况及一般事务性交待。

（3）填写工作记录，一方面交待本班工作，同时还记录电梯运行维修情况，以便日后查找。

（4）交班司机把轿厢返回底层基站，打扫轿厢保持室内清洁，将电源开关切断，召唤灯和指层灯熄灭。

（5）检查电梯的机械和电气部分，然后关掉轿厢内电扇和照明灯，离开轿厢后，应该将厅门关闭锁住。

（6）交班司机将当班运行和查验情况、存在问题、注意事项等，向接班司机详细交代。

（7）交接双方按巡检路线，检查主要部件是否正常工作，运转有无异状、异响、清洁状况。

（8）交班司机发现接班司机有醉酒或精神异常现象时，应拒绝交班，并请示汇报。

（9）在接班司机缺勤时，交班司机必须得到领导同意后，方能离开工作岗位，但必须做好离岗记录。

（10）接班司机要认真听取上一班的工作情况汇报。

（11）随后检查电梯各部分，确认完好后，接班试车。

3. 机房管理制度

机房的管理以满足电梯的工作条件和安全为原则，主要内容如下：

（1）非岗位人员未经管理者同意不得进入机房。

（2）保证机房照明、通讯电话的完好、畅通。

（3）机房内配置的消防灭火器材要定期检查，放在明显易取部位，并经常保持完好状态。

（4）保持室内温度在5～40℃范围内，有条件时，可适当安装空调设备，但通风设备必须满足机房通风要求。

（5）经常保持机房地面、墙面和顶部的清洁及门窗的完好，门锁钥匙不允许转借他人。机房内不准存放与电梯无关的物品，更不允许堆放易燃、易爆危险品和腐蚀挥发性物品。

（6）注意电梯电源配电盘的日常检查，保证其完好、可靠。

（7）注意防水、防鼠的检查，严防机房顶、墙体渗水、漏水和鼠害。

（8）保持通往机房的通道、楼梯间的畅通。

4. 维修保养制度

为了加强电梯日常运行检查和预防性检修，防止突发事故，使电梯能够安全、可靠、舒适、高效率地提供服务，应制定详细的操作性强的维修保养制度。在制定时，应参考电梯厂家提供的使用维修保养说明书及国家有关标准和规定，结合单位电梯使用的具体情况，将日常检查、周期性保养和定期检修的具体内容、时间及要求，做出计划性安排，避开电梯使用的高峰期。维修备件、工具的申报、采购、保管和领用办法及程序，也应列于此项管理制度中。

5. 技术档案管理制度

电梯是建筑物中的大型重要设备之一，应对每台电梯建立各自独立的技术档案。电梯的技术档案包括以下内容：

（1）电梯的技术文件内容

1）装箱单。

2）产品出厂合格证。

3）电梯机房井道图。

4）电梯使用、维护说明书。

5）电梯电气布置图。

6）电梯部件安装图。

7）电梯安装、调试说明书。

8）电梯安装部门提供的电梯安装验收证书。

9）政府授权检测验收部门的检测合格证明材料。

（2）设备档案卡

设备档案卡是以表格、卡片的形式将每台电梯产品的型号及性能特征、技术参数和安装、启用日期等内容表示出来，各使用单位可根据以下内容进行具体的设计。

1）电梯型号。

2）用途。

3）操纵方式。

4）额定载重量（kg）。

5）额定速度（m/s）。

6）层站数量。

7）电梯总行程高度。

8）电梯机房、井道平面图。

9）曳引机型号。

10）电动机型号额定功率（kW）、转速（r/min）、额定电压（V）、额定电流（A）。

11）控制柜型号。

12）轿厢指示灯形式及电压。

13）层门指示灯形式及电压。

14）操纵箱、板面、控制元件的组成与位置。

15）召唤信号方式。

16）轿厢的尺寸及内部装饰的颜色与材质区别。

17）轿门形式及规格。

18）层门形式及规格。

19）门锁形式。

20）层门门套情况。

21）限速器形式。

22）选层器形式。

23）缓冲器形式。

24）底坑深度。

25）顶站高度。

26）供电方式。

27）制造单位名称、地址、联系人。

28）出厂日期。

29）安装单位名称、地址、电话及联系人。

30）安装验收合格日期。

31）电梯开始使用的年、月、日。

32）电梯管理人员、司机、保养维护人员的姓名等。

33）备注。

（3）电梯运行记录

包括运行值班记录、维修保养记录、大中修记录、各项试验记录、故障或事故记录、改造记录等。对于主管部门的安全技术检验记录（整改意见）和报告书应一起归档管理。各种记录应认真填写，准确反映实际情况。

三、电梯安全使用的有效控制

1. 电梯设施的注意事项

电梯轿厢与层门口应保持清洁卫生，特别注意地坎槽中有否跌入杂物，以免影响门的正常开合；轿厢内禁止吸烟，并严禁人员在轿厢内互相拥挤、蹦跳，以防导致安全钳误动作引发事故；切勿用硬质棒料按动电梯按钮。

电梯机房门必须紧锁关闭，且通道保持畅通，不准储存杂物；机房内换气窗及通风装置应保持良好，使室内空气流动通畅，其室温在任何位置都应在 40℃ 以下；机房内需要提供足够光照度的人工照明；机房内应干燥、顶棚及墙壁不应有雨水侵入或渗漏；电梯井道底坑应保持清洁、干燥，必须有防止雨水侵入的措施。

2. 电梯运行的注意事项

电梯司机在服务时间内，应尽可能不离开岗位，如必须离开时应将层门关闭；开动电梯之前，必须将层门和轿厢门关闭，严禁在层门或轿厢门敞开的情况下，按下应急按钮来开动电梯作一般行驶；轿厢顶上，除属于电梯的固定设备以外，不得有其他物件存放或有人进入轿厢顶部；当电梯在工作运行状态时，严禁对电梯进行保洁、润滑或修理等。

电梯在层门和轿厢门关闭后，在上、下运行按钮接通情况下尚未能启动时，应防止驱动电动机单相运转或制动器失效而损坏电动机；电梯在行驶中，如发现运行速度有明显加快或减慢时，应立即在就近层楼停靠，停止使用，检查原因；当发现电梯在层门或轿厢门没有关闭，而仍能启动运行时，应立即停止使用，进行维修；当电梯门关闭后，如无任何召唤或指令信号，轿厢已开始运行，这时电梯应停止使用，进行维修；轿厢行驶的升降方向应与按下的分层按钮的层数相适应，如果其运行方向与预定方向相反时，应停止使用，进行维修；当轿厢在运行时，如发现有异常的噪声、振动、冲击的现象，应立即停止使用；电梯无论在停车或行驶时，如发现有失去控制的现象，应立即停止运行，检查维修；假如发现机房有大量漏油的情况时，应立即对电梯进行维修；当轿厢在正常负荷下，如有超越端站工作位置而继续运行，直至极限开关打开后才能停止时，电梯应停止使用，进行维修；假如电梯在正常使用条件下，发生安全钳误动作时，应停止使用，找出误动作原因后再进行维修；当发现电梯任何金属部位有麻电感觉时，应停止使用，进行维修；当发现电气元件的绝缘因过热而发出有焦糊的臭味时，电梯应停止使用，进行维修。

3. 紧急情况下的安全措施

（1）电梯在运行时因某种原因出现失控、超速和异常响声或冲击等，应立即按急停按钮和警铃按钮。若按下急停按钮也无法制动时，司机应保持镇静，控制轿内乘客秩序，劝阻乘客不要盲目行动打开轿厢门，等待维修人员前来解救疏散。

（2）电梯运行中突然停车，应先切断轿厢内控制电源，并用电话通知维修人员，由维修人员在机房用盘车的办法将轿厢移至附近层门口，再由专职人员用三角形钥匙打开轿门、厅门，安全疏散乘客。人力盘车前，一定要先切断电动机的电源开关。然后由一人用松闸扳手松开抱闸，另一人用盘车手轮慢慢盘车，两人应密切配合，防止溜车。尤其在轿厢轻载需往上盘车或对高速梯进行盘车时，要缓步松开抱闸，防止电梯失控。盘车前，维修人员应了解轿厢所处的大概位置。正式盘车过程中应与轿厢内司机或乘客保持联系。

（3）当轿厢因安全钳动作而被夹持在导轨上无法用盘车的方式移动时，应由维修人员先找出原因，排除故障后再启动运行，将乘客从就近层站救出，尽量不通过安全窗疏散。如果故障不能尽快排除，在利用安全窗疏散时，应先切断轿内控制电源，并注意救助过程中的安全。完成救助工作后，维修人员应对导轨的夹持面进行检查、修复。

（4）当发生火灾时，应尽快在安全楼层停车。司机或乘客应保持镇静，并尽快疏导乘客从安全楼梯撤离。除具有消防功能的电梯进入消防运行状态外，其余电梯应立即返至首层或停在远离火灾的楼层，并切除电源，关闭厅门、轿门，停止使用。若轿厢内电气设备出现火情，应立即切断轿内电源，用二氧化碳、干粉或1211灭火器进行灭火。

（5）当电梯在运行中发生地震时，应立即就近停车，将轿厢内乘客迅速撤离，关闭电源、厅门、轿门，停止使用。地震过后应对电梯进行全面细致的检查，修复脱轨、移位、断线等故障后，还要反复作试运行检查，必要时还应由政府主管部门进行安全技术检验，确认一切正常后，方可投入使用。

（6）当电梯某一部位进水后，应立即停梯，切断总电源开关，防止短路、触电事故的发生，然后采取相应的除湿烘干措施，在确认一切正常后，再投入运行。

（7）当电梯发生严重撞顶或蹲底时，必须经有关部门严格检查、修复、鉴定后方可使用。

第三节　电梯的维护保养

电梯与其他机电设备一样，正确使用，保养合理及时，可以弥补制造和安装方面的不足，及时排除故障苗子，可大大提高正常运行时间，减少维修和停车事件。若不及时保养，一些本可以通过定期维护克服的故障苗头，会扩大发展，以至造成大修理和更换部件。

电梯的维护保养可以分为两部分，一是电梯的日常检查和维护，一般由使用单位自己进行；二是电梯的定期维护保养，一般由使用单位委托生产厂家进行。

一、电梯的日常检查和维护

电梯在运行过程中的日常检查，可根据电梯的使用性质及频繁程度，按每天或两天进行一次，其目的是掌握电梯的运行状态和机房、轿厢内部及层站部分的完好状态，及时处理异常现象，保证电梯的正常使用。在日常的检查和维护中，对于检查发现的问题，应及时进行处理。对于一时不能处理但可缓步进行的项目，应记录下来，在其后的日常检查中继续观察，同时尽快安排时间处理。

电梯日常检查和维护的主要部位和内容有：

（1）制动器闸瓦与制动轮平均间隙是否为 0.7mm；制动时闸瓦与制动轮接触是否平稳；制动器动作有无异常；闸瓦有无断裂；线圈是否过热；紧固螺丝有无松动；制动轮表面有无划痕和油污。

（2）曳引轮转动有无异常响声和振动；轴承的润滑是否良好；曳引钢丝绳有无断丝、打滑、扭转、移位现象，并做好记录。

（3）电动机的油位、油色和温升是否正常，电动机的滑环、发电机整流子接触状况，有无火花，转动有无异常声响和振动。

（4）减速器传动有无异常响声，油位指示器油量是否正常，有无渗油、漏油现象。

（5）限速器的工作状态是否正常，有无异常响声或卡阻现象；限速器安全钳连接和润滑情况是否良好。

（6）曳引机各发热部位温度是否超过规定值。

（7）控制柜、配电盘、变压器等电气装置的电器元件动作是否正常，有无发热现象、异味或异常响声；控制柜接触器触点是否良好；各指示仪表是否正常。

（8）检查轿顶轮、导向轮、对重轮的转动情况、绳头装置是否滑动。

（9）各连接件、紧固件有无松动。

（10）机房通风设备是否完好；机房内温度是否正常。

（11）松闸扳手和盘车轮是否放在明显易取部位；机房照明和电话是否完好、畅通。

（12）机房四周不准搁放长杆件及其他与电梯运行和保养无关的可移动物。检查并清扫机房内各处，检查有无鼠迹；有无渗水、漏水现象。

（13）检查厅、轿门的连锁装置。

（14）厅门地坎槽内有无脏物、积灰；门扇开关是否顺畅。

（15）召唤装置和层楼指示是否正常。

（16）轿厢操纵箱各按钮、开关是否灵敏可靠，信号指示是否正常。

（17）轿厢门的开关动作是否正常，运转中有无卡阻、跳动或异常响声；安全触板是否好用。

（18）轿厢灯具、风扇是否使用正常，开关是否好用。

（19）检查轿厢的起停运行状态，是否平稳、平层准确、舒适，有无晃动、振动及来自井道里的异常响动。

（20）轿厢内部是否清洁，装饰面有无磕碰损坏、脏污。

二、电梯的定期维护保养

电梯的定期维护保养工作，由取得作业资格证书的电梯维护保养人员负责进行。电梯的类型不同，定期维护保养的要求也不同，电梯使用单位可以根据电梯生产厂家的有关规定制定相应的定期保养制度。一般按周、季度和年度的保养周期进行操作。

1. 每周保养检查

电梯保养人员每 7 天对电梯的主要机构和部件作一次保养、检查，并进行全面的清洁除尘、润滑工作。每台工作量应视电梯而定，一般每台电梯不少于 2 小时。其内容有：

（1）对各主要安全装置的工作情况进行检查，及时处理所发现的问题。

（2）检查轿厢和对重导靴油杯中的油质是否清洁，油量是否充足，并应更换或补充润滑油，保持毛毡的正常伸长量，使滑动导靴的导轨润滑良好，对采用滚动导靴的导轨，应保持工作面清洁无油污、灰尘。滚动导靴的滚轮应转动灵活、轮缘完整，对导轨工作面的压紧力应均匀。

（3）检查、调整电梯的平层装置和制动弹簧，使平层准确度控制在允许范围。

（4）检查自动门机构动作的可靠性和准确性，调整传动皮带的松紧度，对转动部位进行清洁、加油保养。检查轿门锁开关和厅门连锁锁钩啮合是否可靠。对门导轨进行清扫、润滑，使门的关闭和打开动作顺畅、准确到位。

（5）对导向轮、复绕轮、轿顶轮、对重轮、各张紧轮等进行清洁保养，并加以润滑，使之转动灵活。

（6）检查曳引绳。各传动钢带的连接固定是否完好，有无损坏或传动异常现象。

（7）对电动机的油位进行确认并适当补充，使之不低于油镜中线。

（8）清除电机换向器表面上的积碳，检查表面有无明显磨损、烧灼痕迹。

（9）调整发电机的传动皮带，使之松紧适度。

（10）确认制动器的抱闸间隙是否均匀，两侧闸瓦的动作是否同步，必要时作适当调整。对各转动部位应再加一次机油，保持良好润滑。

（11）检查限速器转动部分是否灵活。机械选层器的传动机构和滑动部件工作是否正常，有无停顿、卡阻现象，检查曳引链条的松紧是否合适并做适量润滑。对电气选层器应检查其动作是否准确。检查中对可操作的部位要进行清洁保养。

（12）逐一检查各信号指示、按钮、开关、指示仪表的可靠性和完好状况，并做好清洁、修复工作。

2. 季度保养检查

电梯保养人员每隔 90 天左右，对电梯的各重要机械部件和电气装置进行一次细微的调整和检查，视电梯而定其工作量，一般每台所用时间不少于 4 小时。其内容有：

（1）对电动机和发电机组进行检查。注意电刷的磨损是否超标，各刷的压力是否均匀，必要时作适当的调整，更换磨损超标不能继续使用的电刷。同时清洗换向器的工作表面，对磨损、烧灼的沟痕进行处理，以保证运行时无火花。

（2）对组成曳引机的各设备部件的轴承工作状态进行仔细监听，确认是否正常，电动机的轴向窜动是否在允许范围，抱闸的间隙是否超标。曳引机整体是否平稳，有无振动和冲击。曳引机各润滑部位的油质是否需要更换。

（3）对轿厢顶部各装置进行全面清扫，检查各部位的固定有无变化。重点对自动门机装置进行检查，清洁换向器表面灰尘和炭粉，对磨损过量的电刷进行更换，使其接触良好。酌情对电机轴承进行润滑。对底座和传动机关的定位螺栓重新紧固一遍，转动部位清洁后加油润滑。

（4）检查并清扫底坑各装置及底坑地面。对补偿装置应检查补偿绳的伸长量是否超过允许的调节量，补偿链的消声绳是否折断，对伸长超标的绳、链应进行截短、调整。补偿绳和补偿链的固定应牢靠，补偿绳的张紧滑轨应保持清洁和良好润滑。对底坑部位安装的各电气开关应保持安装位置正确、固定和外部清洁，接点动作可靠。

（5）检查制动器的滑移量，以低速空载上升运行，使轿厢停在最高第二层处，检查调整平层，使平层误差控制在电梯厂家规定的允许范围内。

（6）对曳引绳表面进行清扫，擦拭油垢、灰尘，检查润滑是否合适，有无断丝、扭股现象。若在日常检查中发现引绳有轻度打滑移位并已做过标记的，应仔细测量其位移量和轮槽的磨损情况，鉴定是否需要对轮槽进行修理；如轮槽油污过多，应认真擦洗。处理后，在使用中要继续观察，直至找出原因并消除，防止酿成事故。

检查并调整各曳引绳的张力，使其相互误差值不大于5%。绳头组合处应检查巴氏合金的封固是否完好，各固定螺栓有无松动，保证悬挂安全可靠。

（7）对电梯的导向装置进行检查维护。清洗导轨，检查导轨与支架各紧固部位有无变化，导轨工作面有无锈斑、伤痕，连接板部位是否正常。对导轨面上的缺陷应作修光处理。

清洗滑动导靴的靴衬，对磨损超差的应予以更换。对于滚动导靴的滚轮，如发现胶圈磨损严重，或脱胶、开裂，也必须更换，对轴承应加以润滑，保证其压贴导轨面的位置正确，转动灵活。

（8）检查井道内电气线路的安装有无松动，中间接线盒各端子的压线是否紧固，并对线盒内外进行清扫。检查随行电缆的外部有无损伤。

（9）对控制柜、信号柜及其他电气装置进行一次认真细致的清洁保养，检查压线的紧固性和接点的完好程度，处理发热、烧蚀的触头，更换受损的熔丝，保证柜体良好的通风散热。

3. 年度保养检查

电梯运行一年后，需要进行一次全面的技术检查，由电梯保养专业单位技术主管人员负责，组织安排维修保养人员，对电梯的机、电安全设备及各辅助设施进行一次全面的检查、维修，并按技术检验标准进行一次全面的安全性能测试，测试合格后，向有关部门申报验收，办理年度使用手续。其内容有：

（1）对电梯各装置部件进行全面细致的清扫，保持电梯整体清洁。

（2）对电梯各润滑部位、油质、油色和润滑状态进行全面检查，疏通油路，更换已脏污或变质的润滑油（脂）。保持整体润滑良好。

（3）对电梯各机构转动部位的磨损量进行检测，对相关配合位置的紧固性和准确性进行确认鉴定，调整位置间隙，更换磨损超差的机件，保证动作的准确可靠。

（4）检查各机座及支持部件的地脚螺栓和紧固螺栓的稳固性，并逐一进行紧固，保证机构工作稳定。

（5）检查各电气装置和线路、开关、指示灯、按钮是否完好，修复、更换、调整已损坏或工作不稳定的元器件，保证电气系统工作可靠、正确有效。

（6）对安全装置进行综合性检查和动作试验。并对载荷平衡系数、平层准确度、曳引机转速和机房、轿厢内及开关门噪声进行测试，以利于对电梯的性能进行评价。

（7）对过量伸长的曳引钢丝绳应当进行更换。

三、电梯维护保养的安全操作

电梯的结构特点和在建筑物中的安装条件决定了电梯维修保养操作的特殊性。为了确保维修中的安全，电梯维修保养人员一定要严格执行国家有关部门制定的电气安全工作规程。现将有关规定和要求综述如下：

（1）维修保养人员进行工作时，应通知使用单位或上级管理人员，并在电梯上和入口处挂贴必要标牌。

（2）电梯维修保养人员须有当地主管部门颁发的"电梯维修工操作证"，才能上岗操作。

（3）维修人员必须在身体条件许可的情况下，才能进行维修作业，操作前不能饮酒。操作中，要头脑清醒，精力集中，不做与电梯维修保养无关的事。

（4）维修保养电梯的电气设备时，电梯维修人员还须持有当地有关部门核发的"电工证"。

（5）进行维修操作时，通常应明确维修主持人，负责现场操作的统一指挥和协调工作。电梯司机和其他电梯维修人员应听从主持人的指挥。

（6）维修操作前，维修人员应按规定穿戴劳保用品。对需用的维修工具应进行仔细检查，确认安全可靠后方可使用。

（7）在进行人工盘车移动轿厢前，应先断开电源总开关。

（8）在打开厅门进入轿厢或轿厢顶之前，应先看清轿厢所处的实际位置，不可冒然进入。

（9）进行维修保养时，应断开相应的电源开关。确需带电作业时，应执行本地区《电气安全工作规程》，并设专人监护。在停电的电梯电源开关操作柄上悬挂"禁止合闸、有人操作"的警示牌。

（10）对电梯进行任何调整或工作时，保证外人离开电梯。轿厢内无人，再关闭轿厢门。

（11）在任何转动部件上进行清洁工作时，必须把电梯停驶并锁闭，才可注油和加润滑脂。

（12）如果一个人攀登轿厢顶部，在操作处必须设法挂贴醒目的标签"人在轿顶"或"正在检查"。如果无法做到这些，与驾驶员可用简单信号联系。如果维修操作与厅门按钮有关，要把厅门按钮电路切断。

（13）在电气装置周围工作时，应采取必要安全措施。

（14）保证有坚硬而可靠的轿顶面板，且站立处无油或油脂，注意凹凸处，打扫整洁。

（15）当轿厢移动时，要牢牢抓住轿顶绳头板或其他固定部件，不可握住钢丝绳。在双绕钢丝绳悬挂的电梯上，握住钢丝绳会造成严重伤害。

（16）如果电梯靠近井道壁，注意电梯轿厢移动时，把身体限制在轿厢尺寸以内，防止与井道突出物或对重相碰。

（17）正确操纵轿厢顶部的按钮，并先加以检查。

（18）某些自动控制电梯，检查前先切断召唤电钮，然后操纵检修开关上下开动轿厢。

（19）当轿厢顶净空受限制，观察顶部障碍物颇为重要。身体应避让顶部突出物。

（20）按一般守则，保养人员从顶层站进入轿厢顶部。

（21）只有在轿厢停止时，才可检查钢丝绳。

（22）应特别注意对重的相应移动，电梯可能从控制装置中接到电源，故应停车保养，且必须切断控制装置的主电路隔离开关。

（23）进入底坑前，把底坑制停开关、限位开关以及其他装置上的开关切断，防止轿厢上下移动。不可进入浸湿的底坑或在那里工作。

（24）禁止在井道、底坑和轿厢顶上维修操作时吸烟和使用明火。

（25）在轿顶、轿厢和底坑作业时，必须听从维修主持人的指挥，未经许可，不得随意进出轿顶、轿厢或底坑。

（26）保养检修时，应尽量避免在井道内上、下（如轿顶和底坑）同时作业。如确实需要，维修人员应配戴安全帽，维修主持人应现场监视各部位操作。

（27）在轿厢顶部检修时，应断开安全钳联动开关和轿顶检修箱中的急停开关。

（28）在底坑作业时，应断开限速器张紧装置的安全开关和底坑检修用的急停开关。

（29）维修作业时，严禁将安全窗开关、安全钳开关等各种安全开关用机械方法或电气短路方法封起来运行。

（30）检修保养时，如需在机房操纵电梯，必须先关闭厅门、轿门，切断门机回路后再进行。

（31）在底坑作业时，出、入应使用梯子，且梯子应在底坑地面上放置平稳。维修人员出入底坑禁止吊拉随行电缆或轿底其他部件。

（32）维修时不得擅自改动原有线路，确需改动时，应先征得有关部门同意后方可进行。其改动部分应有与实际相符的图纸资料，并记入电梯技术档案，有关维修人员应全面了解改动的内容。

（33）维修作业需用电焊、气焊、喷灯时，应遵守有关的安全操作规程，并在操作现场采取相应的安全防范措施。

（34）在维修工作未结束而维修人员需离开现场时，应关闭各厅门，切断总电源开关，关闭喷灯、电焊、气焊、强光灯等热源设备，整理作业现场。对一时无法关闭的厅门，应在门口设置"危险、切勿靠近"警告牌，必要时应留人现场值班。

（35）维修结束后，应清点维修工具、材料，清理现场脏物、垃圾，剩余的油类、维修材料应回收保存，不准存放在轿顶或底坑，同时撤掉悬挂的警示牌；恢复所有开关至原来位置，在有人监视的情况下送电试运行，观察运行状态，一切正常后再投入正式运行；详细填写维修记录，办理有关移交手续，对于大修过的电梯，应经当地政府主管部门安全技术检验合格后，方可投入运行。

第四节　电梯使用常见故障及排除

因电梯产品型号不同，出现故障的原因及排除方法略有不同，现以国产电梯为例，简要介绍如下，见表10-2。

电梯常见故障分析及排除方法　　　　　　　　　　　　　　　表 10-2

故 障 现 象	原 因 分 析	排 除 方 法
电梯在运行中，曳引机有轴向窜动	由于曳引机蜗杆推力轴承磨损，引起启动时，曳引机轴向前门头方向窜动，在停止时向反方向退回，影响电梯乘座舒适感	拆开曳引机后门头盖，更换后门头内的轴承，并调节后门头间隙，可适当减垫片厚度，使电机的定子间隙沿圆周最大偏差不超过0.2mm，这样电梯运行平稳，舒适感增强

故 障 现 象	原 因 分 析	排 除 方 法
电梯在运行中，曳引机产生径向晃动	由于曳引机轴上的法兰盘松动，曳引机在启动和停车时都较迟缓，使曳引机轴和电动机轴不同步工作	对法兰盘重新固定，拧紧法兰盘上螺栓，并校正电动机轴与蜗杆轴的同心度
电梯运行时，曳引机减速箱冒烟或电机过载鸣叫	曳引机减速箱里齿轮油杂质多或油变质，使前门头上油孔堵塞，引起前门头铜套与蜗杆轴缺油咬死。润滑油位低于油位线也很常见	拆开电动机、制动器、前门头和蜗杆轴，修刮咬死的前门头铜套和修整蜗杆轴。如铜套磨损，应进行更换，再按上述次序安装并校正好，最后清洗减速箱，并换新齿轮油
电梯在运行中，快车转慢车平层后停车不及时	由于制动器闸带使用过久，闸带磨损严重，引起制动过程中刹车不及时，电梯平层不准确，当轿厢满载后，轿厢在高层制动时刹不住曳引机轴，轿厢向低层下滑	拆除旧的闸带，更换新的闸带，在铆接新闸带时，固定制动带的铆钉头，必须在沉头座中，不允许与制动轮接触，然后把铆接好的闸瓦和闸瓦臂装上曳引机，并调节制动器与制动轮的间隙
电梯在指令信号登记下，启动后运行的速度一直很慢，时间一长，总开关内熔丝烧断	制动器制动线圈良好，但在线圈通电后，抱闸只打开很小的间隙，使电机超负荷运行，电枢电流超过额定值，总开关箱内熔丝烧断	调节制动器与制动轮的间隙，制动器松闸时两侧闸瓦离开制动轮表面间隙应在 0.1～1mm 之间
轿厢在额定重量时，不能运行	① 制动器压簧压力超过制动器线圈的吸合力 ② 曳引钢丝绳有油打滑	① 调整压簧两端螺母，使制动盘和制动闸带有适当的间隙 ② 用煤油或汽油清洗曳引钢丝绳和绳轮槽内的油污
电梯运行中轿厢有抖动和晃动	① 蜗轮副齿侧间隙过大或蜗杆推力轴承磨损 ② 曳引机地脚螺栓或挡板压板松动	① 更换中心距调整垫片及轴承盖处垫片或更换轴承 ② 检查紧固地脚螺栓和挡板压板进行紧固
轿厢运行时产生抖动、噪声、钢丝绳滑移，影响平层精度	曳引钢丝绳张力不均匀，使绳轮槽磨损不均匀，绳槽磨出花纹状，使轿厢产生抖动、噪声。轿厢运行时，钢丝绳在绳槽内产生相对滑移而降低曳引能力，影响平层精度	现场车修绳槽或更换曳引轮。现场车修绳槽，必须将曳引绳摘下，利用减速箱与轴承座螺孔固定专用刀架，用样板刀车修绳槽。更换曳引轮必须将主轴拆下，拧入螺栓使曳引轮脱出，新曳引轮在现场预热轮缘，趁热套入，重新钻铰连接螺栓孔，并用螺栓固紧。最后挂上钢丝绳，断开总电源，站在轿厢顶上，用手拉试曳引钢丝绳，将松的钢丝绳拧紧，直至四根钢丝绳松紧基本一致为止
电梯向上运行时正常，向下运行时轿厢突然停止运行	由于轿顶安全窗没有关好，电梯向上运行时，井道内空气压力向下，使安全窗能关闭，安全窗限位开关接通，电梯正常运行；当下行时，轿厢内空气压力向上，安全窗一开一闭，限位开关一断一通地切断或接通 JY 控制电源，造成轿厢运行突然停止	应及时关好安全窗，使安全窗限位开关能接通 JY 控制回路

故 障 现 象	原 因 分 析	排 除 方 法
电梯厅轿门的快慢门在关闭和开启中有撞击声,严重时厅轿门不能开闭,影响正常使用	由于门摆杆弯曲,厅门或轿门在开闭中碰到摆杆,从而发出撞击声,严重时门摆杆搁住快慢门,使门机空转。影响电梯正常使用	拆下弯曲的门摆杆,在钳工平台上给予平整,使之恢复原来位置,然后将门摆杆装上
电梯在运行中,突然发生断电现象,将乘客关在轿厢里		① 首先保持镇静,按下操纵箱面板上的警铃按钮或用电话通知外面人员,电梯轿厢内有人被关在里面 ② 当外面人员得到呼叫消息后,应迅速到机房,将制动器弹簧螺杆上的螺栓用板头旋松,使闸瓦松开,然后用手向下盘动飞轮使轿厢到最近层楼的平层位置上,将乘客送出电梯 ③ 乘客首先不要惊慌,更不应随意按动操纵箱面板上的开关按钮,因为一旦突然供电,操纵箱按钮发生混乱,电梯容易出事故,应耐心等待急修人员 ④ 警铃呼叫无用时,电梯操纵人员应采取自救措施,设法从安全窗爬出轿厢后,将厅门门锁橡皮头向不带锁的门方向横向拉动,将门打开
电梯厅轿门不能开启和关闭,电梯无法启动	① 由于厅轿门传动机构被动轮角铁撑杆弯曲,造成传动轮与被动轮的直线距离缩短,使传动机构链条脱落,厅轿门不能开启和关闭 ② 使用不当,厅轿门的门挂脚被撞断,造成厅门或轿门拖地搁死,电梯的厅轿门不能开启和关闭	① 登上轿顶,重新校正角铁撑杆,使弯曲部分恢复到原来位置 ② 更换被撞坏门挂脚,并调整门滑块间隙
某层楼的厅门锁锁不上,电梯无法正常运行	由于某层的厅门门锁使用过久,造成锁臂固定螺钉磨损严重,引起锁臂不在定位点上或锁臂脱落,使该楼厅门关不上	修复损坏的门锁部件,不能修复时,更换新的厅门门锁
电梯在运行中,轿厢在某层站平层区域提前停车,造成上行时,轿厢踏板低于厅外地坎,下行时,轿厢踏板高于厅外地坎	由于厅门门锁上的两橡皮轮之间距离太小,轿门上刀片不能穿进橡皮轮间,而是撞在其中一只橡皮滚轮上,撞击厉害时橡皮轮和偏心轴会一起撞掉,造成厅门限位连锁开关被打开断路,电梯提前停车	调整两橡皮轮间距,使轿门上的刀片在轿门关到位时顺利通过,对撞掉的轮和轴重新装上
电梯厅轿门在开闭过程中,经常滑出地坎槽	由于厅轿门的门滑块磨损严重,已无法给厅轿门起定位作用	更换磨损严重的门滑块,保证厅轿门在开闭中始终沿着地坎槽运动
电梯的基站厅门,只关了一部分门,就停止运动了	由于基站厅门上的三角钥匙锁的锁头固定螺帽松动,使锁头有很大一部分露出厅门外,引起轿门慢门关闭时,勾住了快门,厅门就停止运动	用扳手将三角钥匙门锁松动部分再重新固定,然后修复厅门被撞坏地方,电梯基站厅门就能恢复正常

故 障 现 象	原 因 分 析	排 除 方 法
安全钳经常产生误动作，轿厢运行时突然刹住	① 限速器没有调整好或偏心凸轮与橡胶滚轮接触表面有一层油腻，运行时橡胶滚轮离心力增大，使另一端楔块卡住凸轮齿槽，使安全钳产生误动作 ② 安全钳楔块与导轨间隙太小或相摩擦 ③ 张紧轮与轴缺油，引起张紧轮发热咬死 ④ 限速器钢丝绳张紧力不够	① 调整限速器弹簧，使限速器的转速与曳引机转速同步；对橡胶滚轮表面的油腻，应用酒精揩去并对限速器定期进行保养 ② 按技术要求，调整安全钳楔块与导轨侧面的间隙，使间隙保证在 2～3mm 范围内 ③ 对底坑的张紧轮注油，保证张紧轮转动灵活，进行定期保养 ④ 重新调整限速器钢丝绳张紧力，并紧固
自动门工作时，忽快忽慢的运行	① 门机的电动机故障 ② 门机调速回路电压波动大，导致电动机转速不稳	① 拆修电动机，或更新一个合格的 ② 测自动门机构电路电压，若交流电压正常，整流后的直流电压波动大，应更换整流二极管
轿厢架变形，产生倾斜，使安全钳座体与导轨端面相擦，电梯运行时把导轨拉毛	① 安装时轿厢架螺栓没紧固，角尺板没点焊牢固，引起轿厢架变形、倾斜 ② 货物没均匀堆放在轿厢中，电梯长期使用，会造成轿厢架走位变形，把导轨拉毛	① 把轿厢架的上、下梁与直梁连接螺栓旋松，电梯开检修速度下行到最低层，轿厢架向下倾斜一边垫一根方木头，并用楔块使轿底矫正，再用水平仪校正上梁水平，然后紧固螺栓，最后用电焊焊牢角尺板 ② 用上述方法修理故障后，为保证导轨端面不拉毛，修整安全钳座体钳口端面，使导轨端面与座体钳口端面保证 5～8mm 的距离
电梯运行时，轿厢有振动感	① 由于导轨和导靴衬的配合间隙增大 ② 导轨不直，尤其是两轨接头处 ③ 电动机轴与蜗杆轴不同心	① 更换导靴衬，并调节导轨与导靴的间隙，偏差不大于 1mm ② 校正导轨的偏移和不直，按技术要求，轿厢两导轨全长偏差不大于 1mm，各导轨接头处应平整光滑，缝隙不大于 0.5mm
电梯运行时，曳引钢丝绳逃出轿顶轮或对重轮槽	① 机房里钢丝绳预留孔中有硬质杂物落下嵌入钢丝绳绳槽中，或保养不当，有硬物没清除落入绳槽中，以致电梯运行过程中杂物将钢丝绳顶出轮槽 ② 安装不当，绳轮传动中心位置未校准，以致电梯运行过程中，曳引钢丝绳滑出绳轮槽	① 加强保养，机房里钢丝绳预留孔高 3cm，以防止机房中石子、砖头等杂物从预留孔落入绳轮槽中 ② 曳引机移位，以保证载重处于中心位置
电梯运行时，对重左右晃动	由于导靴衬磨损，配合间隙增大，使对重晃动。导轨不直	维修人员上轿顶，让司机把电梯的轿厢开到与对重同一位置，拆下旧靴衬，更换上新靴衬，并调节与导轨的间隙。校正导轨直线性，按技术要求，对重两导轨全长偏差不大于 1mm

故 障 现 象	原 因 分 析	排 除 方 法
电梯运行中，导向轮、对重轮、轿厢轮发出异常噪声	轮中的轴承因缺润滑脂，引起绳轮和轴发热咬死	电梯开检修速度运行，将电梯开至顶层，用钢丝绳把轿厢吊住，然后更换对重轮中轴承。同理，可换轿厢轮中轴承。导向轮中轴承只要放松钢丝绳即可

复习思考题

1. 简述电梯的种类。
2. 电梯型号的表示方法是什么？
3. 简述电梯的组成部分。
4. 电梯安全使用应建立哪些管理制度？
5. 电梯运行应注意哪些事项？
6. 电梯日常检查和维护的主要部位和内容有哪些？
7. 电梯维护保养的安全操作规定和要求是什么？
8. 电梯使用的常见故障有哪些？如何处理？

主 要 参 考 文 献

1 陈耀宗，姜文源，胡鹤钧，张延灿，张淼主编. 建筑给排水设计手册. 北京：中国建筑工业出版社，1992

2 姜海，谢景屏编著. 消防与监控系统运行管理与维护. 北京：中国电力出版社，2003

3 付光强主编. 给水排水系统运行管理与维护. 北京：中国电力出版社，2003

4 蔡秀丽主编. 建筑设备工程. 北京：科学出版社，2003

5 太原工业大学，哈尔滨建筑工程学院，湖南大学编. 建筑给水排水工程. 北京：中国建筑工业出版社，1991

6 余宁主编. 热工学与换热器. 北京：中国建筑工业出版社，2001

7 卜广林，吴世媛编著. 水电基本知识. 北京：中国建筑工业出版社，1986

8 西南交通大学水力教研室编. 水力学. 北京：高等教育出版社，1961

9 蒋春玉，张元培，陈家芳编著. 电梯安装与使用维修实用手册. 北京：机械工业出版社，2002

10 刘佩武，朱显昌，李秧耕编著. 电梯的使用与维修. 北京：机械工业出版社，1994

11 卜宪华主编. 物业设备设施维护与管理. 北京：高等教育出版社，2003

12 王积莺主编. 暖通与空调工程. 北京：中国电力出版社，2002

13 赵庆利主编. 供热系统调试与运行. 北京：中国建筑工业出版社，2001

14 曹叔维，周孝清，李峥嵘编著. 通风与空气调节工程. 北京：中国建筑工业出版社，1998

15 吴恬，吴祥生编著. 建筑水暖设备工程. 北京：科学技术文献出版社，1996